浙江省普通高校"十三五"新形态教材

应用型本科院校土木工程专业系列教材

U0280306

第3版

工程地质

GONGCHENG DIZHI

主　编■张广兴　张乾青

副主编■管林波　李　红　赵元一

参　编■韩同春　朱建明

重庆大学出版社

内 容 提 要

本书是按照住房和城乡建设部制定的"高等学校土木工程本科指导性专业规范"和我国注册土木工程师（岩土）的考试要求，以及国家相关标准而编写的工程地质教材，主要内容包括地质作用与地质地貌、岩石及其工程性状、地质构造及地质图、岩体及其工程地质问题、地下水及其对工程的影响、土体及其工程性质、不良地质作用及防灾减灾、岩土工程勘察、工程地质实验与实习等。

本书认真贯彻"多样性与规范性相统一、拓宽专业口径、规范内容最小化、核心内容最低标准"四项原则，编写中突出了工程地质基础理论、基本知识和基本技能的教育，兼顾通用性、实用性和时代先进性，旨在培养学生掌握工程地质的基本理论和实践技能。

本书可作为建筑工程、水利工程、港口工程、道路工程、桥梁工程等土木工程各专业的专业教材和技术人员培训教材。

图书在版编目（CIP）数据

工程地质/张广兴,张乾青主编.--3 版.--重庆：
重庆大学出版社,2020.1
应用型本科院校土木工程专业系列教材
ISBN 978-7-5689-0519-0

Ⅰ.①工…　Ⅱ.①张…②张…　Ⅲ.①工程地质—高
等学校—教材　Ⅳ.①P642

中国版本图书馆 CIP 数据核字（2019）第 211031 号

应用型本科院校土木工程专业系列教材
工 程 地 质
（第 3 版）

主　编　张广兴　张乾青
副主编　管林波　李　红　赵元一
责任编辑：林青山　　版式设计：林青山
责任校对：邬小梅　　责任印制：张　策
＊
重庆大学出版社出版发行
出版人：饶帮华
社址：重庆市沙坪坝区大学城西路 21 号
邮编：401331
电话：（023）88617190　88617185（中小学）
传真：（023）88617186　88617166
网址：http://www.cqup.com.cn
邮箱：fxk@cqup.com.cn（营销中心）
全国新华书店经销
重庆升光电力印务有限公司印刷
＊
开本：787mm×1092mm　1/16　印张：18.75　字数：483千
2020 年 1 月第 3 版　　2020 年 1 月第 6 次印刷
ISBN 978-7-5689-0519-0　定价：59.00 元

前　言

　　工程地质是建筑工程、水利工程、港口工程、道路工程、桥梁工程等土木工程各专业的必修课程。工程地质与土木工程密切相关,各类工程建设的方式、规模和类型无不与建筑场地的地质环境相互作用,所以工程地质对土木工程影响很大。它不仅是一门实践性很强的学科,同时又是一门重要的技术基础课程,在土木工程专业的人才培养中起着十分重要的作用。

　　本教材的编写以习近平新时代中国特色社会主义思想为指导,在教材内容的选择上注重立德树人及现代化土木工程专业可持续发展的基本思想,在内容的编排组织上体现了“互联网+”教材的时代性。本书按照土木工程专业应用型技术人才应有的工程地质知识结构及注册土木工程师(岩土)以及注册结构工程师的考试大纲基本要求,在编写中突出了工程地质基本理论、基本知识和基本技能的教育,并兼顾通用性、实用性和时代先进性。全书共分为10章,内容包括:地质作用与地形地貌、岩石及其工程性状、地质构造及地质图、岩体及其工程地质问题、地下水及其对工程的影响、土体及其工程性质、不良地质作用及防灾减灾、岩土工程勘察、工程地质实验等。

　　本书强调学生对工程地质学基本概念、基本原理和基本处理方法的掌握,并融入了国际工程教育《华盛顿协议》的对毕业生的要求,树立学生正确的环境保护和可持续发展的意识。在内容上按照注册岩土工程师的要求增加了地貌、岩体力学和防灾减灾相关章节。在版式上突出了每章开头提出带启发性的导读,做到有的放矢。针对工程地质学科实践性强的特点,本书采用彩图,并在知识点处配置二维码,学生可通过扫码观看野外工程地质视频。另外,针对现代多媒体教学的要求制作了教学 PPT;在工程地质实验环节上增加了实验指导书和相关工程地质图片。本书强调基础理论、工程实践与现场试验相结合，旨在培养学生掌握工程地质问题的分析方法和解决工程地质问题的基本能力。

本书由同济大学浙江学院张广兴副教授、山东大学张乾青教授担任主编，同济大学浙江学院管林波、李红、赵元一担任副主编。管林波、李红参加了第4、第6章的部分内容编写；张乾青参加了第7、第10章的部分内容编写；浙江大学韩同春参加了第5章的部分内容编写；北京航空航天大学朱建明参加了第3章的部分内容编写；赵元一参加了第9章的部分内容编写。

本书在编写过程中，参阅了很多相关的专业书籍资料及部分互联网上的图片，谨此向本书参考和引用相关内容的作者表示诚挚的感谢，同时感谢为本书提供视频素材的各位朋友，感谢同济大学浙江学院对本书提供的支持！最后还特别感谢已故的浙江大学张忠苗教授在本书发展过程中的重要贡献。

本教材拟采用开放的方式，教材中的每个二维码所对应的知识点视频资源都可以在后台进行不断的迭代更新，本书的各位读者如果在某些知识点上拍摄有更适合本教材的视频内容，烦请将内容发到我的邮箱 zgxzju@163.com，我将定期更新后台视频资源，如选用您的资源，后台此资源的名称将附上您的名字。愿这本开放式教材能在大家的努力帮助下，不断迭代更新，越来越好，笔者在此不胜感谢！

编　者

2019 年 6 月

目　录

1

绪　论

1.1　工程地质问题的提出

为什么要学习工程地质学？如何学习工程地质学？工程中会遇到什么地质问题？如何解决工程中遇到的地质问题？本书将介绍工程地质学的内容、研究方法和相应问题的处理措施。

► 1.1.1　典型工程地质事故分析

工程地质事故层出不穷，涉及人类生活的方方面面，下面介绍几个典型的事故。

1)山体崩塌事故

图 1.1 是 2004 年 12 月浙江甬台温高速公路某地段大面积山体崩塌的情况。山体为方斗岩，此次山体崩塌形成了约长 65 m、高20 m、宽 40 m，总方量超过 1.5 万 m^3 的锥形堆积体，崩塌物中岩石最大块径达 15 m 以上，单体方量达 800 m^3 以上，崩塌后的边坡形成了高30~40 m的陡直临空面，致使温州大桥白鹭屿至乐成镇一段的高速公路双向车道全部瘫痪，经过 32 d 的清障工作才恢复通车。山体崩塌往往发生在雨季或台风季节，但事故发生前温州已

图 1.1　浙江甬台温高速公路大面积山体崩塌事故

多日未降雨。分析认为,事故发生的主要原因是路堑边坡高陡,此处方斗岩存在三组不良结构面组合,尤其是缓倾外倾结构面的存在导致边坡不稳定,不稳定边坡在长期雨水渗透和行车震动等作用下造成此次崩塌。同时,由于陡直临空面的形成,仍有可能再次发生崩塌。应对办法是先对发生事故的南侧山体采用挖土机将崩塌体挖除并进行边坡削坡整治,同时进行锚杆注浆加固。

2)泥石流灾害

2004 年 8 月,台风登陆后经过浙江乐清市,带来 12 级以上大风和特大暴雨,8 h 降雨量达 730 mm,引发特大山洪,导致温州乐清市某村庄的一座山岭塌方,造成了特大泥石流灾害(见图 1.2)。几万立方米的巨石在雨水的夹带下沿溪而下,把沿溪而建的 20 多间民房全部夷为平地,原来宽一两米的小溪,被泥石流冲刷成一条宽 20 多米的乱石滩,几百块重达数吨的巨石横卧在乱石滩上。此次泥石流灾害共造成 39 人死亡,8 人失踪。所以在建筑物规划设计前,要先进行不良地质条件的岩土工程勘察与评价以避免此类事故的发生。

图 1.2 温州乐清市某村庄山岭塌方引起泥石流灾害

3)地震诱发的地质灾害

2008 年 5 月 12 日 14 时 28 分,在四川省汶川县(震中位于北纬 31°、东经 103.4°,震源深度为 14 km)发生里氏 8.0 级地震,这次地震是中华人民共和国成立以来破坏性最强、波及范围最广、救灾难度最大的一次地震(见图 1.3)。汶川地震导致映秀镇 92% 的房屋倒塌,北川县城 80% 的房屋倒塌,共造成 69 227 人遇难,17 923 人失踪,造成了连接青藏高原东部山脉和四川盆

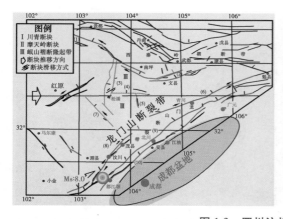

图 1.3 四川汶川 8.0 级地震灾害

地之间长大约 275 km 的断层,同时地震还触发了大量的次生地质灾害。此次地震是印度洋板块向亚欧板块俯冲,造成青藏高原快速隆升,在高原东缘沿龙门山构造带向东挤压,构造应力能量的长期积累,最终在龙门山北川—映秀地区突然释放而发生。

4)建筑物地基事故

比萨斜塔是意大利比萨大教堂的一座钟楼,塔高 55 m 共 8 层。斜塔在 1173 年 9 月 8 日破土动工,建到第 4 层时出现倾斜,1178 年被迫停工,1272 年重新开工,1278 年又停工,1360 年再次复工,直到 1370 年全塔竣工,建塔前后历时近两百年,可谓世界建筑史上一奇。

斜塔呈圆柱形,塔身 1 至 6 层由优质大理石砌成,塔顶 7 至 8 层由轻石料和砖砌成,全塔总荷重为 145 MN,地基承受接触压力高达 500 kPa,斜塔自北向南倾斜,倾角约 5.5°,塔顶离开竖向中心线的水平距离 5 m 多,倾斜已达极危险状态(见图 1.4),所以 2003 年对其进行了加固处理。

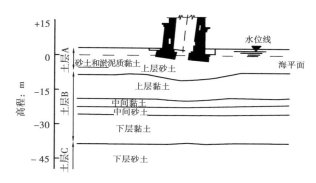

图 1.4　比萨斜塔

经过后来的分析发现,造成比萨塔倾斜的主要原因是塔身基础面积较小,其基础的集中荷载大于淤泥质黏土和砂土地基的承载力,且地基略有不均,所以形成塔身偏心荷载,导致塔身倾斜,而地基的后期塑性变形则使倾斜不断加剧。其实,比萨斜塔旁边还建造有主教堂(始建于1063 年,到 1092 年建成)和洗礼堂(始建于 1153 年,到 13 世纪末建成),地质条件相似。由于主教堂和洗礼堂基础底面积大,总高度相对较低,对地基的单位面积荷载相对较小,因此主教堂和洗礼堂虽有沉降,但沉降基本均匀,一直正常使用。

5)高速公路路基及桥梁事故

图 1.5 为 2004 年福建罗长高速公路亭江长柄高架桥发生的路基特大坍塌,左幅长 70 余米的路基断裂后,从中央分隔带直立整体侧向滑移,横向推移影响距离约 100 m,坍塌深度约10 m,形成一个巨大的 U 形断裂,未坍塌的高速公路右幅发生纵向裂缝,并有扩大趋势。该路段地基处于沿海山区沟壑地形海相沉积的复杂地质状况地段,在地表水和短时间集中暴雨渗入路基后,地基和填土路基强度降低,在高路堤的重力作用下,导致地基失稳,产生整体滑移。该软土路基工程设计中没有采用桩基础及边坡加固是一大欠缺。图 1.6 为浙江某桥梁溶洞桩基塌陷事故。

6)建筑物桩基础事故

温州某商厦位于温州车站大道,该工程原设计为 9 层,共布桩 186 根 X 形预制桩,施工时增加 3 层,共 12 层,增补 5 根钻孔桩,框架结构,标准层的平面面积为 569.5 m²,有地下室一层。

图 1.5 福建罗长高速公路路基坍塌　　　　　图 1.6 浙江某桥梁溶洞桩基塌陷

该建筑采用桩筏基础,筏板厚 2 m,基础平面尺寸为 33.2 m×17.8 m,基础埋深 5 m。于 1995 年打桩,采用 X 形预制桩,260 t 压桩机施工。桩截面尺寸为 500 mm×500 mm 且为 X 形截面,桩侧土为高含水量、高灵敏度的淤泥和淤泥质土,桩端设计为粉质黏土。最初压桩施工以压桩力主控,桩长为辅控,设计桩长为 37 m,实际桩长由于压桩力控制不一定达到设计桩长。1996 年商厦竣工时运行正常。2003 年 12 月 21 日突然发生沉降,沉降速率最大为 7 mm/d,累计沉降最大达 131 mm,且发生倾斜达 8.6‰(见图 1.7)。

经过分析,事故的原因主要为:一是建筑物使用期间,二次装修增加了上部荷载,且荷载分布不均匀;二是设计时布桩选型和布置不合理,楼房的重心与基础反力中心有一定量的偏离,结构选型不合理,抗侧向刚度弱,设计安全度低,加层后布桩亦不合理;三是在桩基实际施工时由压桩力控制桩端可能未达到持力层,预制桩打桩挤土严重,使桩成为摩擦桩,在外因作用下因侧阻软化造成刺入破坏;四是黎明立交桥、车站大道的汽车震动使土体产生振动蠕变而引发沉降,同时,较大的振动荷载导致了桩侧摩阻力和桩端阻力的下降。本工程后来通过静压锚杆桩加固,最后控制了房屋基础沉降并交付使用。

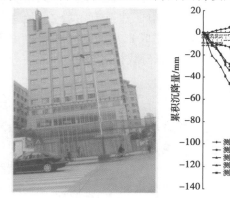

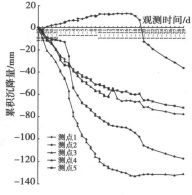

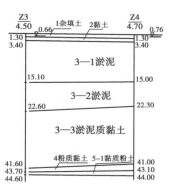

图 1.7 温州某商厦及事故时沉降实测值

7)大坝溃坝

Malpasset 双曲拱坝位于法国南部 Rayran 河上,坝高 66 m,水库总库容 5.1×10⁷ m³。Malpasset 拱坝于 1954 年末建成并蓄水,库水位上升缓慢,至 1959 年 11 月中旬,库水位才达到 95.2 m。此时坝址下游 20 m、高程 80 m 处有水自岩石中流出。因一场大雨,到 12 月 2 日晨,库水位猛增到 100 m。当日下午,工程师们到大坝视察,因未发现大坝有任何异常,决定 18:00 开闸放水,以降低库水位。开闸后未发现任何震动现象,管理人员晚间对大坝进行了反复巡视,亦未见任何异常现象,于近 21:00 离开大坝。21:20 大坝突然溃决,当时库水位为100.12 m。据坝下游 1.5 km 这一灾难的少数目击者叙述,他们首先感到大坝剧烈颤动,随之听到类似动物吼叫的突发巨响,感到强烈空气波的冲击,接着看到巨大的水墙顺河谷奔腾而下,电力供应中断。洪水出峡谷后流速仍达 20 km/h,下游 12 km 处 Frejus 城镇部分被毁,死亡 421 人,财产损失达 300 亿法郎(见图 1.8)。

图 1.8 Malpasset 双曲拱坝溃坝破坏

Malpasset 拱坝失事至今已 50 多年,对其失事的原因至今尚未取得完全一致的认识。但绝大多数专家都认为,坝基内过大的孔隙水压力是造成失事的主要原因。

西德 Aachen 大学 Wittke 教授在 1984 年秋考察了 Malpasset 拱坝遗址后,随即开展了对该坝失事原因的研究。Wittke 根据岩体渗流的增量荷载理论,用有限元方法分析坝与坝基在水压力、自重及渗流荷载作用下的变形和应力。结果表明,拱坝坝踵处岩体在垂直片理方向产生拉应力,该处片理产生张裂缝。库水进入裂缝并将裂缝劈开至下部断层处,在裂缝内形成全水头压力,使左坝肩至断层的岩块失稳,导致了大坝溃决。

► 1.1.2 工程地质问题

由上面这些实例可见,工程地质问题是指与人类工程活动有关的地质问题。如建筑物所处地质环境的区域构造稳定问题、地基岩体稳定问题、地下硐室围岩稳定问题、边坡岩体稳定问题、水库渗漏问题、淤积问题、边岸再造及坝下游冲刷问题,以及与上述问题相联系的建筑场地的规划、设计和施工条件等方面的问题。它们都会影响建筑物修建的技术可行性、经济合理性和安全可靠性。工程地质问题是工程建筑与工程地质条件(地质环境)相互作用、相互制约而引起的,而研究两者之间的相互制约关系,促使矛盾转化和解决,既保证工程安全、经济、正常使用,又合理开发和利用地质环境,就成了工程地质学的基本任务。

由于工程地质条件复杂多变,不同类型的工程对工程地质条件的要求又不尽相同,所以工程地质问题是多种多样的,工程地质问题概括起来主要有以下 5 个方面:

(1)地质灾害问题

包括崩塌、滑坡、泥石流、采空区等带来的地质灾害问题。

(2)区域稳定性问题

区域稳定性研究主要涉及影响稳定性的各种因素和标志分析,包括区域地质环境、地壳结构、构造活动、地应力场、地震活动、液化以及活断层等对工程稳定性的影响。区域稳定性问题越来越引起土木工程界的注意,对于大型水电工程、地下工程以及建筑群密布的城市地区的影响,已成为需要首先论证的问题。

(3)地基沉降变形问题

地基在上部结构的荷载作用下将产生大小不同的沉降变形。若产生过量的或不均匀的沉降变形,就会使建筑物发生裂缝、倾斜、塌陷,影响正常运用,甚至毁坏。

地基沉降变形问题实例

（4）地基、斜坡或硐室围岩的稳定性问题

基坑稳定性
问题实例

例如，水坝地基的承载能力或抗滑强度过小，便会发生坝基滑移，危及坝体的安全和稳定。边坡开挖太缓，将大大增加开挖工程量，增加投资；过陡，又可能失稳破坏。隧道、地下厂房等工程，在开挖过程中或开挖后，破坏了地下岩体的原始平衡条件，有时也能增加新的荷载，其围岩便会出现一系列不稳定现象。对此，不给予可靠防治，便难以保障建筑物的正常使用。

（5）渗漏问题

如水库、渠道及坝基的渗漏会造成水量的大量损失，使水库或输水建筑物不能达到预期的目的。这种渗漏，有时还会影响地基、斜坡及围岩的稳定性。

此外，还有环境工程地质问题、天然建筑材料的储量和质量以及其他一些问题，也是与工程建筑密切相关的问题。

1.2 工程地质学的定义与发展

► 1.2.1 工程地质学的定义

工程地质学广义地讲是研究地质环境及其保护和利用的科学。狭义地讲是将地质学的原理运用于解决与工程建设有关的地质问题的一门学科。工程地质学通过岩土工程地质勘察，研究建筑场地的岩土类型及性质、地质结构与构造、地形地貌、水文地质、不良地质现象等工程地质问题，预测和论证工程地质问题发生的可能性并采取必要防治措施，以确保建筑物的安全、稳定和正常使用。工程地质工作是各类土木工程设计和施工的基础，为保证工程建设的合理规划以及建筑物的正确设计、顺利施工和正常使用，提供可靠的地质科学依据，是岩土工程的重要组成部分。国家现在实行注册土木工程师（岩土）制度，要求土木工程者必须掌握工程地质学知识，工程地质（学）是土木工程专业的必修课程。

► 1.2.2 工程地质学的发展

工程地质学是在地质学基础上随着工程建设需要发展起来的。地质学在 18 世纪开始成为一门独立的学科。17 世纪以前，许多国家成功地建成了至今仍享有盛名的建筑物，但人们在建筑实践中对地质环境的考虑，完全依赖于建筑者个人的感性认识。17 世纪以后，由于产业革命和建设事业的发展，出现并逐渐积累了关于地质环境对建筑物影响的文献资料。第一次世界大战结束后，整个世界开始了大规模建设时期。1929 年，奥地利的太沙基出版了世界上第一部《工程地质学》。1932 年在莫斯科地质勘探学院成立了由 Ф·Л·萨瓦连斯基领导的工程地质教研室，专门培养工程地质专业人才，并奠定了工程地质学的理论基础。20 世纪 50 年代以来，在世界工程建设发展中，工程地质学逐渐吸收了土力学、岩石力学和计算数学中的某些理论和方法，逐渐完善了工程地质学科体系。各国的工程地质学家与土力学家、岩体力学家在对各种工程岩土体稳定性分析和评价过程中紧密协作配合，并于 1975 年开始召开了国际工程地质协会、国际岩石力学学会和国际土力学及基础工程学会的秘书长联席会议，以期成立地质方面综合性的国际学术团体。

我国1979年成立了中国地质学会工程地质专业委员会,广大工程地质工作者开展了卓有成效的工作。回顾中国工程地质学的创立与发展,大体上经历了4个阶段。

第一,地质学的萌生时期(20世纪上半叶):中国地质学家把自己的知识应用于工程活动,始于20世纪20年代所进行的建筑材料的地质调查。其后,1933年对北方大港港址进行了地质勘察,对甘新、滇缅、川滇公路和宝天线铁路进行了地质调查。1937年对长江三峡和四川龙溪河坝址进行了地质调查。20世纪40年代中后期,在水利工程方面曾对岷江、大渡河、溺江、台湾大甲溪、黄河和其他水系进行了一些概略的考察工作,这些都体现了工程地质学在我国的萌生。

第二,创立与发展阶段(20世纪50年代到70年代末):在30年的时间里,中国工程地质学逐步形成了以区域稳定性、地基稳定性、边坡稳定性和地下工程围岩稳定性为研究内容,以工程岩土体变形破坏机理为核心的工程地质评价与预测的研究框架;建立了地质力学与地区历史相结合,工程地质学与土力学、岩体力学、地震力学相结合的分析研究方法;广泛应用并发展了钻探、物探技术和钻孔电视、声波测试、原位大型力学试验、土层静力动力触探、模型试验以及计算机等技术。从地质成因和演化过程认识工程岩体(地质体)的结构及其赋存环境,从工程岩体(地质体)结构的力学特性及其对工程作用的响应入手,分析工程岩体变形破坏机理,进而评价与预测工程作用下岩体(地质体)的稳定性。创立与发展了以工程岩体(地质体)结构和工程建设与地质环境相互作用为研究核心的中国工程地质理论、方法与技术体系。

第三,活跃发展阶段(20世纪80年代至90年代):中国工程地质学在这一阶段取得了重要的突破与进展。地质理论上从区域背景、成因演化、物质成分综合分析和勘测评价与地质推理,发展到岩体结构控制工程岩体稳定性、地基与上层建筑相互作用的工程地质过程研究,深化了对工程岩体变形破坏机理的认识,从描述、理解、评价,向预测、预报延伸,并向过程控制方向发展。监测、探测、物理模拟、原位测试技术的进步和计算机技术的广泛应用与发展,数值分析与数值模拟兴起,加速了工程地质过程的综合集成分析和定量化进程。工程地质学与岩体力学、工程技术相融合,将工程建设前期的工程地质条件评价延伸到工程后效研究,从预测预报发展到施工监控和岩土体加固技术。基于数字遥感技术和区域地质构造、地质环境要素分析相结合,开拓了环境工程地质、地质灾害及其防治研究的新方向。软岩、膨胀岩、可溶岩、风化岩、断层岩、胀缩土、红黏土、盐渍土、黄土、冻土、沼泽土和软土等特殊岩土的工程地质特性、评价和改良取得了一系列新的进展。

第四,创新发展阶段(20世纪90年代至今):随着我国工程建设的大规模开展,工程地质学在应用中得到了大发展。高坝水库(如三峡大坝)建设、高速公路建设、跨海大桥建设、山区铁路(如青藏铁路)与高速铁路建设、引水工程(如南水北调)建设、超高层建设、海洋开发等大项目既为工程地质工作者提供了大展宏图的平台,又对工程地质工作者提出了新问题、新挑战,同时也促进了工程地质勘察技术的创新与提高,促进了工程地质理论的完善。工程地质学科与相关学科进行了进一步相互渗透与交叉融合,如岩土体三维激光扫描技术、卫星遥感图像技术、最新原位测试技术等不断得到发展创新,使得工程地质研究从定性阶段向定量阶段逐渐跨越。可以说目前任何重大的项目都可得到详细的工程地质勘察评价。这说明我国的工程地质事业取得了长足发展。当然,学无止境,有很多新课题还有待于年轻一代去不断研究探索。

1.3　工程地质学的研究对象和工程地质条件

▶ 1.3.1　工程地质学的研究对象

工程地质学的研究对象是工程地质条件与人类的工程建筑活动之间的矛盾。

工程建筑与地质环境二者相互作用、相互制约。一项工程建筑在兴建之前必须研究能否适应它所处的地质环境,分析在它兴建之后会如何作用于地质环境,会引起哪些变化,预测这些变化对建筑物的稳定性造成的危害,对此作出评价,并研究采取怎样的措施才能消除这种危害;还要预测这些变化对建筑周围环境造成的危害,也要作出评价,并制订保护环境的对策。这一整套研究的核心就是工程建筑与地质环境二者之间的相互制约、相互作用的关系,也就是工程地质学的研究对象。

▶ 1.3.2　工程地质条件

工程地质条件是与人类活动有关的各种地质要素的综合,包括地形地貌条件、岩土类型及其工程地质性质、地质结构与构造、水文地质条件、不良地质作用以及天然建筑材料等六大方面,是一个综合概念。

工程地质条件是长期地质历史发展演化的结果,它反映了地质发展变化过程,即内外动力地质作用的性质和强度。工程地质条件的形成受大地构造、地形地势、水文、气候等自然因素的控制。各地的自然因素不同,地质发展过程不同,其工程地质条件也就不同;同一地区的工程地质条件各要素之间则是相互联系、相互制约的,这是因为它们受着同一地质发展历史的控制,形成一定的组合模式。认识工程地质条件必须从基础地质入手,了解地区的地质发展历史,各要素的特征及其组合的规律性,这对于解决实际问题是大有帮助的。

1)地形地貌

地形是指地表高低起伏状况、山坡陡缓程度、沟谷宽窄等形态特征;地貌则说明地形形成的原因、过程和时代。地形地貌条件对建筑场地的选择有着重要意义,特别是对线性建筑如铁路公路、运河渠道等的路线方案选择意义更为重大。

2)岩土类型及性质

在工程中针对岩土的研究,除了要了解其成因类型、形成时代、埋藏深度、厚度变化、延伸范围、风化特征及产状要素外,还要进行岩土的物理性质试验,定量地确定有关指标,因为工程设计的合理性在很大程度上取决于岩土参数的准确性。岩土性质的优劣对建筑物的安全经济具有重要意义,大型建筑物一般要建在性质优良的岩土上,软弱不良的岩土体上工程事故不断,地质灾害多发,常需避开。

3)地质结构与构造

这包括地质构造、土体结构与岩体结构。地质构造确定了一个地区的构造格架、地貌特征和岩土分布。断层,尤其是活断层,会给建筑带来很大的危害,在选择建筑物场地时必须注意断层的规模、产状及其活动情况。土体结构主要是指土层的组合关系,亦即由层面所分隔的各层土的类型、厚度及其空间变化。特别要注意地基中强度低的软弱土层,它对地基承载力和建筑物的沉降起着决定性的作用。岩体结构是指结构面形态及其组合关系,尤其是层面、泥化夹层、不整合面、断层带、层间错动、节理面等结构面的性质、产状、规模和组合关系。岩体结构面的空间分布,对建筑物的安全稳定有重要影响。形成时代新、规模大的活动性断裂,对地震等灾害具有控制作用。

4)水文地质条件

这包括地下水的成因、埋藏、分布、动态变化和化学成分等。地下水是降低岩土体稳定性的主要因素。地下水位较高一般对工程不利,地基土含水量大,黏性土处于塑态甚至流态,地基承载力降低,道路易发生冻害,水库常造成浸没,隧洞及基坑开挖需进行排水。滑坡、地下建筑事故、水库渗漏、坝基渗透变形以及许多地质灾害的发生都与地下水的参与有关,甚至起到主导作用。工程建设中经常要考虑水文地质条件,如在计算地基沉降量时要考虑地下水位的变化,在分析基础抗浮设计、基坑涌水、流砂等工程地质问题时,地下水位的变化是首先要考虑的因素。在溶岩地区,地下水的溶蚀造成地基中的洞穴,给基础设计带来困难。地下水的水质对混凝土材料还可能产生一定的腐蚀,所以需要作水质分析。

5)不良地质作用

这是指对工程建设有不良影响的自然地质作用。地壳表层经常受到内动力地质作用和外动力地质作用的影响,会对建筑物的安全造成很大威胁,所造成的破坏往往是大规模的,甚至是区域性的,主要包括岩溶、滑坡、崩塌、泥石流、地面沉降、地震等灾害,以及工程活动引起的对建筑物构成威胁和危害的不良地质现象。它影响建筑物的整体布局、设计和施工方法。

6)天然建筑材料

天然建筑材料是指供建筑用的土料和石料。为了节省运输费用,应该遵循"就地取材"的原则,用料量大的工程尤其应该如此。天然建筑材料的有无,对工程的造价有较大的影响,其类型、质量、数量以及开采运输条件,往往成为选择场地、拟订工程结构类型的重要条件。而不同地质条件的建筑材料适合不同的工程需要,所以必须搞清天然建筑材料的地质成因、物理性质和力学性能。

1.4　工程地质学的研究内容和分析方法

▶　1.4.1　工程地质学的研究内容

工程地质学的研究和工程地质问题的解决涉及的学科种类繁多,它几乎涉及了基础科学的各门学科,包括数学、物理学、化学、天文学、生物学等。它也涉及了地质学中的各门分支学科,包括普通地质学、构造地质学、地层学、地史学、岩石学、矿物学、地质力学、地下水动力学、第四纪地质学、岩石(体)力学等。工程地质学研究内容是多方面的,主要包括地形与地貌、岩石与岩体、岩体的地质构造、第四纪堆积物与土的工程性状、地表水与地下水性质、不良地质现象及防治对策、岩土工程地质勘察等内容。

▶ **1.4.2 工程地质学的分析方法**

工程地质学分析时需要将勘察中得到的各种地质单元如有关地质性质、岩体力学性能、水文地质性状等不同表现形式的信息相互紧密联系起来,加上考虑工程地质环境、水工建筑物的要求及施工处理措施,同时还要综合运用不同的分析方法。常用的分析方法包括以下四种:

(1)自然地质历史分析法

英国地质学家莱伊尔首先提出了"将今论古"的现实主义原理和方法,即以观察和研究现代地质作用过程和结果为基础,再将野外调查到的历史地质作用结果与现代地质作用结果相类比,以推断地质史上产生这些结果的地质作用过程,从而利用现在的已知推断过去的未知。古生物学就是典型的自然地质历史分析法。

应用这种现实主义原理复原地质史时,要充分注意历史发展决非简单的重复循环,过去的环境不完全相同于现代的环境,过去的地质作用也不完全相同于现代的地质作用。在古今类比中,绝不能简单而机械地套用,必须用辩证的观点作指导,综合各方面的资料,考虑当时的具体条件,进行具体分析。这种方法称为历史比较法,它是地质学研究中常用的主要方法。

(2)工程地质建模与计算

对工程建筑物的设计和使用的要求来说,只是定性地论证是不够的,还要求对一些工程地质问题进行定量预测和评价。在阐明主要工程地质形成机制的基础上,还必须建立相应的模型进行计算和预测。例如,地基稳定性分析、地面沉降量计算、地震液化可能性计算等。

数值模拟是人们在广泛吸收现代数学、力学理论的基础上,借助于现代科学技术的产物——计算机来获得满足工程要求的数值解的方法。工程地质领域常用的数值模拟方法有:有限单元法、边界单元法、离散单元法和有限差分法。

工程地质领域应用数值模拟手段还存在一些局限性,如计算模拟不够完善,材料本构关系尚不能完全代表岩土体的真实力学特性,计算参数的随机性和不确定性,地质体变形的描述理论仍待发展等,这些还有待进一步努力加以完善和解决。

(3)工程地质实验与现场试验

采用定量分析方法论证地质问题时,都需要采用实验测试方法,即通过室内或野外现场试验,取得所需要的岩土的物理性质、水理性质、力学性质数据。通过长期观测地质现象的发展速度也是常用的试验方法。

(4)工程类比法

对某些工程地质问题,工程中常常采用工程类比的方法。即将拟设计的工程项目与周边工程条件相类似的成功工程实例进行工程对比,吸取其他工程的成功经验和失败教训。这种方法在工程勘察或建设初期,特别是在工程资料收集不足的情况下,是一种有效的方法。

必须注意,上述4种方法往往是结合在一起的,综合应用才能事半功倍。

1.5 本课程的学习内容与要求

工程地质学是一门综合性很强的学科,本书是为土木工程专业学生开设的工程地质课程而编写的教材。本课程主要包括了以下内容,要求学生在学习中掌握工程地质的基本概念、基本原理及分析研究方法。

（1）岩石及其工程性状

包括地球的层圈构造，三大类岩石的形成及其各自的特点，矿物的形态和特性，三大类岩石的相互转化，岩石的基本物理力学性质以及岩石的工程性状等。

（2）地形地貌与地质构造

包括地质作用、地质年代、各种地貌单元的类型与特征、地壳构造运动的类型、岩层产状、水平岩层与倾斜岩层在地形地质上的表现、褶皱构造、节理构造与玫瑰花图、断层、地质图的阅读与分析以及地质构造对工程的影响等。

（3）岩体及其工程地质问题

包括岩体的工程分类，结构体与结构面、岩体结构的类型、软弱夹层对工程影响、岩体力学特性、风化岩体性状、岩体中的天然应力及测量，另外对地下硐室围岩、边坡岩体及岩石地基设计施工中的工程地质问题进行了分析。

（4）土体及其工程性质

包括土的工程分类，第四纪土的地质成因及特征、土的三相关系以及特殊土的工程地质特征等内容。

（5）地下水及其对工程的影响

包括地下水的分类，地下水的物理化学性质、土的渗透性与渗流及地下水对工程的影响等方面的内容。

（6）不良地质作用及防灾减灾

包括地震、地裂缝及处理对策，崩塌滑坡、泥石流、岩溶土洞、采空区及其处理措施，台风带来的地质灾害，地质灾害危险性评估和场地选址的工程评价。

（7）岩土工程勘察

包括岩土工程勘察的基本要求、工程地质测绘、勘探与取样、室内土工试验、静力载荷试验、静力触探、动力触探与标贯、十字板剪切试验、扁铲侧胀试验、旁压试验、波速测试及地球物理勘探等现场原位测试方法。现场原位监测，包括深层土体水平位移监测、地下水位监测、地面沉降监测、基坑支撑内力监测、岩土工程勘察报告的内容及编写要求。

（8）工程地质实验

包括矿物及三大类岩石的室内标本鉴定，山地地貌及地质构造的野外认知实习，岩土体及钻探取样等的认知实习，不良地质作用的视频认知，土的渗透试验等。

本章小结

（1）工程地质问题是指与人类工程活动有关的地质问题。工程地质问题是工程建筑与工程地质条件（地质环境）相互作用、相互制约而引起的，而研究两者之间的相互制约关系，促使矛盾转化和解决，既保证工程安全、经济、正常使用，又合理开发和利用地质环境，就成了工程地质学的基本任务。工程地质问题主要包括地质灾害问题，区域稳定性问题，地基沉降变形问题，地基、斜坡或硐室围岩的稳定性问题，渗漏问题等。

（2）工程地质学广义上讲是研究地质环境及其保护和利用的科学。狭义上讲是将地质学的原理运用于解决与工程建设有关的地质问题的一门学科,是岩土工程的重要组成部分。

(3)工程地质学的研究对象是工程地质条件与人类的工程建筑活动的矛盾。

(4)工程地质条件是与人类活动有关的各种地质要素的综合,包括地形地貌条件、岩土类型及其工程地质性质、地质结构与构造、水文地质条件、不良地质作用以及天然建筑材料等六大方面,是一个综合概念。

(5)工程地质学研究内容主要包括地球与地貌、岩石与岩体、岩体的地质构造、第四纪堆积物与土的工程性状、地表水与地下水性质、不良地质现象及防治对策、岩土工程地质勘察等内容。

(6)工程地质学常用分析方法包括自然地质历史分析法、工程地质建模与计算、工程地质实验与现场试验,工程类比法。上述 4 种方法往往是结合在一起的,综合应用才能事半功倍。

思考题

1.1　工程地质问题包括哪几个方面?

1.2　工程地质学的定义。

1.3　工程地质学的研究对象是什么?

1.4　工程地质条件有哪些?

1.5　工程地质学的研究内容包括哪些?

1.6　工程地质学的分析方法有哪些?

2 地质作用与地形地貌

由于内、外动力地质作用的长期影响,在地壳表面形成的各种不同成因、不同类型、不同规模的起伏形态,称为地貌。地貌学是专门研究地壳表面各种起伏形态的形成、发展和空间分布规律的科学。地貌条件与公路、桥梁、隧道等工程建设有着密切的关系。公路是建筑在地壳表面的线型建筑物,它常常穿越不同的地貌单元,在公路勘察设计、桥隧位置选择等方面,经常会遇到各种不同的地貌问题。因此,地貌条件便成为评价公路工程地质条件的重要内容之一。为处理好各类工程与地貌条件之间的关系,提高工程的设计质量,就必须学习和掌握一定的地貌知识。

本章将重点介绍地质作用,地貌形态,各种地貌单元的类型与特征,如剥蚀地貌、山麓地貌、河流地貌、湖积与海岸地貌、冰川地貌、风成地貌等,以及不同地貌地区工程建设时应注意的问题等方面内容。

2.1 地质作用

地球处在太阳系中,除了绕太阳公转外还在自转。随着地球的演变,地壳的内部结构、物质成分和表面形态不断发生着变化。一些变化速度快,易为人们感觉到,如地震和火山喷发等;另一些变化则进行得很慢,不易被人们发现,如地壳的缓慢上升、下降以及某些地块的水平移动等。虽然这些活动缓慢,但经过漫长的地质年代,可能导致地球面貌的巨大变化。地质学中将自然动力促使地壳物质成分、结构及地表形态变化发展的作用叫作地质作用。根据地质作用的动力来源可将地质作用分为外动力地质作用和内动力地质作用。各种地质作用的主要形式如图 2.1 所示。

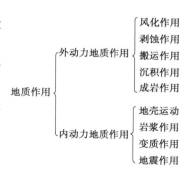

图 2.1 地质作用类型

▶ 2.1.1 外动力地质作用

地壳的变化和地质作用

外动力地质作用是由地球外部的能量引起的。主要来自宇宙中太阳的辐射热能和月球的引力作用,它引起大气圈、水圈、生物圈的物质循环运动,形成了河流、地下水、海洋、湖泊、冰川、风等地质营力,从而产生了各种地质作用。在太阳辐射能的作用下,水从海洋表面蒸发,被气流带到陆地上空,通过大气降水落到地面,其中一部分渗入地下,然后以地表水或地下水的形式流回海洋。月球引力引起潮涨潮落,造成海平面的上升与下降。

按地质营力不同,外动力地质作用可分为风化作用、剥蚀作用、搬运作用、沉积作用和成岩作用。外动力地质作用主要发生在地表,它使地表原有的形态和物质组成不断遭受破坏,又不断形成新的地表形态和物质组成。外动力作用的方式,一般按风化→剥蚀→搬运→沉积→硬结成岩的程序进行。

外动力地质作用,一方面通过风化和剥蚀作用不断地破坏露出地面的岩石,另一方面又把高处剥蚀下来的风化产物通过流水等介质,搬运到低洼的地方沉积下来重新形成新的岩石。外动力地质作用总的趋势是切削地壳表面隆起的部分,填平地壳表面低洼的部分,不断使地壳的面貌发生变化。

外动力地质作用主要影响因素是气候和地形。潮湿气候区由于水量充足,风化作用进行得很彻底,河流、湖泊、地下水的地质作用均十分发育。干旱气候区则以物理风化和风的地质作用为主。冰冻气候区占统治地位的是冰川的地质作用。即使是同一种地质营力,在不同的气候区所起的作用也有所不同,例如湖泊的地质营力,在干旱气候区和潮湿气候区作用的特点就有明显差异。地形条件对外动力地质作用的方式和强度具有影响,相对而言,大陆以剥蚀作用为主,而海洋则以沉积作用为主。山区地形陡,地面流水的流速大,剥蚀作用强烈,而在平原区则以沉积作用为主。

▶ 2.1.2 内动力地质作用

内动力地质作用是由地球内部的能量,如地球的旋转能、重力能和放射性元素蜕变产生的热能所引起的。内动力地质作用包括地壳运动、岩浆作用、变质作用和地震作用。

(1)地壳运动

地壳运动也叫地质运动,是指由地球内动力所引起的地壳岩石发生变形、变位(如弯曲、错断等)的机械运动。残留在岩层中的这些变形、变位现象叫作地质构造或构造形迹。地壳运动产生各种地质构造,因此,在一定意义上又把地壳运动称为构造运动。地壳运动按其运动方向可以分为水平运动和垂直运动两种形式。

①水平运动:指地壳或岩石圈块体沿水平方向移动,如相邻块体分离、相聚和剪切、错开,它使岩层产生褶皱、断裂,形成裂谷、盆地及褶皱山系,如我国的横断山脉、喜马拉雅山、天山、祁连山等均为褶皱山系。

②垂直运动:指地壳或岩石圈相邻块体或同一块体的不同部分作差异性上升或下降,使某些地区上升形成山岳、高原,另一些地区下降形成湖、海、盆地。所谓"沧海桑田"即是古人对地壳垂直运动的直观表述。

同一地区地壳运动的方向随着时间推移而不断变化,某一时期以水平运动为主,另一时期则以垂直运动为主,且水平运动的方向和垂直运动的方向也会发生更替。不同地区的构造运动常有因果关系,一个地区块体的水平挤压可引起另一地区的上升或下降,反之亦然。

（2）岩浆作用

地壳内部的岩浆,在地壳运动的影响下,向外部压力减小的方向移动,上升侵入地壳或喷出地面,冷却凝固成为岩石的全过程,称为岩浆作用。岩浆作用形成岩浆岩,并使围岩发生变质现象,同时引起地形改变。

（3）地震作用

地震一般是由于地壳运动引起地球内部能量的长期积累,达到一定的限度而突然释放时,导致地壳一定范围的快速颤动。按地震产生的原因,可分为构造地震、火山地震和陷落地震、激发地震等。

（4）变质作用

由原先存在的固体岩石（火成岩、沉积岩或早期变质岩）在岩浆作用（高温、高压、化学活动性气体）或构造作用下,使得原岩在成分、结构构造方面发生改变而形成新的岩石的改造过程称为变质作用。母岩经变质作用产生的新的岩石称为变质岩。

各种内动力地质作用相互关联,地壳运动可以在地壳中形成断裂,引发地震,并为岩浆活动创造通道。而地壳运动和岩浆活动都可能引起变质作用。由此可见,地壳运动在内动力地质作用中常起主导作用。

内动力地质作用与外动力地质作用紧密关联、相互影响,内动力地质作用总的趋势是形成地壳表层的基本构造形态和地壳表面大型的高低起伏,而外动力地质作用则是破坏内动力地质作用形成的地形和产物,总是"削高填低",形成新的沉积物,同时又进一步塑造了地表形态。地壳上升时,遭受剥蚀。地壳下降时,接受沉积。内、外动力地质作用始终处于对立统一的发展过程中,成为促使地壳不断运动、变化和发展的基本力量。

2.2　地貌形态

地貌是地壳表面各种不同成因、不同类型、不同规模的起伏形态。地貌单元主要包括剥蚀地貌、山麓斜坡堆积地貌、河流地貌、湖积与海岸地貌、冰川地貌、风成地貌。

地貌形态是由地貌基本要素所构成。地貌基本要素包括:地形面、地形线和地形点,它们是地貌形态的最简单的几何组分,决定了地貌形态的几何特征。

（1）地形面

地形面可能是平面、曲面或波状面。例如山坡面、阶地面、山顶面和平原面等。

（2）地形线

两个地形面相交组成地形线（或一个地带）,或者是直线或者是弯曲起伏线,例如分水线、谷底线、坡折线等。

（3）地形点

地形点是两条（或几条）地形线的交点,或孤立的微地形体构成地形点,这实际上是大小不同的一个区域,例如山脊线相交构成山峰点或山鞍点、山坡转折点和河谷裂点等。

任何一种地貌形态的特点,都可以通过描述其地貌形态特征和形态测量特征反映出来。

地貌基本形态具有一定的简单的几何形状,但是地貌形态组合特征、就不能用简单的几何形状来表示,而必须考虑这一形态组合的总体起伏特征、地形类别和空间分布形状。例如,山前由若干洪积扇群集所构成的洪积平原,这是一种地貌形态组合,其中每一个洪积扇作为一个基本地貌形态,具有扇形几何特征,但这一形态组合的特征则是纵向倾斜、横向和缓起伏,呈条状分布的洪积倾斜平原。

地貌的成因研究,涉及地貌形成的物质基础、地貌形成的动力和影响地貌形成发展的因素。地貌形成的物质基础是岩石和地质构造。地貌形成的动力主要有两类,即内动力地质作用和外动力地质作用。地貌的形成发展是内、外营力相互作用的结果。

2.3 地貌单元的类型与特征

地貌单元主要包括剥蚀地貌、山麓斜坡堆积地貌、河流地貌、湖积与海岸地貌、冰川地貌、风成地貌。

▶ 2.3.1 剥蚀地貌

剥蚀地貌包括山地、丘陵、剥蚀残山、剥蚀平原(图 2.2)。各地貌单元的主要地质作用和地貌特征见表 2.1。

剥蚀地貌

图 2.2 剥蚀地图

表 2.1 剥蚀地貌特征

成因	地貌单元		主导地质作用	地貌特征
构造、剥蚀地貌	山地	高山	构造作用为主,强烈的冰川刨蚀作用	山地地貌的特点是具有山顶、山坡、山脚等明显的形态要素
		中山	构造作用为主,强烈的剥蚀切割作用和部分的冰川刨蚀作用	
		低山	构造作用为主,长期强烈的剥蚀切割作用	

续表

成因	地貌单元	主导地质作用	地貌特征
构造、剥蚀地貌	丘陵	中等强度的构造作用,长期剥蚀切割作用	丘陵是经过长期剥蚀切割、外貌成低矮而平缓的起伏地形
	剥蚀残山	构造作用微弱,长期剥蚀切割作用	低山在长期的剥蚀过程中,极大部分的山地都被夷平成为准平原,但在个别地段形成了比较坚硬的残丘,称剥蚀残山。一般常成几个孤零屹立的小丘,有时残山与河谷交错分布
	剥蚀平原	构造作用微弱,长期剥蚀和堆积作用	剥蚀平原是在地壳上升微弱、地表岩层高差不大的条件下,经外力的长期剥蚀夷平所形成。其特点是地形面与岩层面不一致,上覆堆积物很薄,基岩常裸露于地表;在低洼地段有时覆盖有厚度稍大的残积物、坡积物、洪积物等

▶ 2.3.2　山麓斜坡堆积地貌

山麓斜坡堆积地貌包括:洪积扇、坡积裙、山前平原、山间凹地。如图 2.3 所示,其地貌单元的主要地质作用和地貌特征见表 2.2。

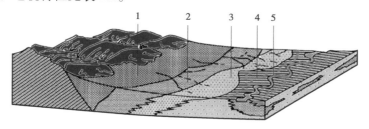

1.洪积扇中心粗砾石沉积;2.洪积扇过度区砂砾石沉积;3.洪积扇边缘细砂黏土沉积;
4.河漫滩细砂沉积或冲积平原砂黏土沉积;5.河流及河床沉积

图 2.3　洪积扇结构图

表 2.2　山麓斜坡堆积地貌特征

成因	地貌单元	主导地质作用	地貌特征
山麓斜坡堆积地貌	洪积扇	山谷洪流洪积作用	山区河流自山谷流入平原后,流速减低,形成分散的漫流,流水挟带的碎屑物质开始堆积,形成由顶端(山谷出口处)向边缘缓慢倾斜的扇形地貌。
	坡积裙	山坡面流坡积作用	坡积裙是由山坡上的水流将风化碎屑物质,携带到山坡下,并围绕坡脚堆积,形成的裙状地貌。

续表

成因	地貌单元	主导地质作用	地貌特征
山麓斜坡堆积地貌	山前平原	山谷洪流洪积作用为主,夹有山坡面流坡积作用	山前平原是由多个大小不一的洪(冲)积扇互相连接而成,因而呈高低起伏的波状地形。
	山间凹地	周围的山谷洪流洪积作用和山坡面流坡积作用	被环绕的山地所包围而形成的堆积盆地,称为山间凹地。山间凹地由周围的山前平原继续扩大所组成,凹地边缘颗粒粗大,一般呈三角形,凹地中心,颗粒逐渐变细,地下水位浅,有时形成大片沼泽洼地。

▶ 2.3.3 河流地貌

河流所流经的槽状地形称为河谷,它是在流域地质构造的基础上,经河流的长期侵蚀、搬运和堆积作用逐渐形成和发展起来的一种地貌,凡由河流作用形成的地貌,称河流地貌。河流地貌包括河床、河漫滩和阶地。河谷各要素如图2.4所示。

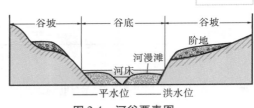

图 2.4　河谷要素图

(1)河流的地质作用

河水在流动时,对河床进行冲刷破坏,并将所侵蚀的物质带到适当的地方沉积下来,故河流的地质作用可分为侵蚀作用、搬运作用和沉积作用。

河流水流有破坏地表并掀起地表物质的作用。水流破坏地表有三种方式,即冲蚀作用、磨蚀作用和溶蚀作用,总称为河流的侵蚀作用。

河流在其自身流动过程中,将地面流水及其他地质营力破坏所产生的大量碎屑物质和化学溶解物质不停地输送到洼地、湖泊和海洋的作用称为河流的搬运作用。河流的搬运作用按其搬运方式可分为机械搬运和化学搬运两类。

河流的沉积作用是指当河流的水动力状态改变时,河水的搬运能力下降,致使搬运物堆积下来的作用过程。河流的沉积作用一般以机械沉积作用为主。

(2)河床

河谷中枯水期水流所占据的谷底部分称为河床。河床横剖面呈一低凹的槽形。从源头到河口的河床最低点连线称为河床纵剖面,它呈一不规则的曲线。山区河床较狭窄,两岸常有许多山嘴突出,使河床岸线犬牙交错,纵剖面较陡,浅滩和深槽彼此交替,且多跌水和瀑布。平原地区河床较宽浅,纵剖面坡度较缓,有微微起伏。

河床发展过程中,由于不同因素的影响,在河床中形成各种地貌,如河床中的浅滩与深槽、沙波,山地基岩河床中的壶穴和岩槛等。

(3)河漫滩

河流洪水期淹没河床以外的谷底部分,称为河漫滩。平原河流河漫滩发育且宽广,常在河床两侧分布,或只分布在河流的凸岸。山地河谷比较狭窄,洪水期水位高度较大,河漫滩的宽度较小,相对高度却比平原河流的河漫滩要高。

河漫滩的形成与发展由于横向环流作用,河床一岸侵蚀,谷坡不断后退,原先的"V"形河谷则逐渐展宽,被侵蚀的物质有一部分堆积在河床底部,另一部分较细小的颗粒被环流带到另一岸堆积,形成河床浅滩,如图2.5所示。

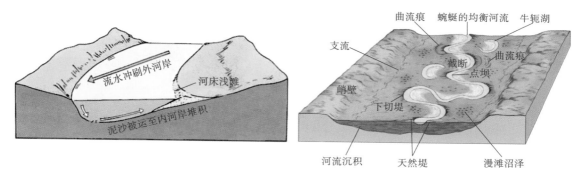

图 2.5　河漫滩的形成

枯水期有一部分河床浅滩露出水面,河床开始弯曲,向河床突出的一岸称为凸岸,凹进的一岸为凹岸。如果河床继续向凹岸方向移动,凸岸的河床浅滩不断展宽,以至枯水期有大片露出水面,形成雏形河漫滩。河谷再继续展宽,洪水期在河床内和在雏形河漫滩上的堆积条件开始变化,这时雏形河漫滩上水较浅,并且水流很慢,流水沿河床底部挟带的粗粒碎屑物质,不可能被带到雏形河漫滩上,只能将细沙或黏土物质搬运到这里堆积,因而在原来的较粗粒物质之上覆盖了一层薄薄的细粒物质,这时雏形河漫滩就转化为河漫滩。随着河床弯曲度的增大,同一河床上的上下河段就愈接近,形成狭窄的曲流颈,在水流长期作用下,曲流颈的部位形成很多细小的沟,当遇到较大洪水时,曲流颈就可能被水流冲开,河道截弯取直。取直后的新河道比降大,水流流速快,河道受强烈侵蚀。弯河道则与此相反,比降小,流速小,发生大量堆积,直至完全断流,新河道就发展成为通过全河水量的单独河床,被淤的老河床在洪水期还可能有流水通过,枯水期形成湖泊,称为牛轭湖。由此可见,河漫滩的形成需具有河床侧方移动及洪枯水位变化两个条件。

（4）河流阶地

河流阶地是在地壳的构造运动与河流的侵蚀、堆积作用的综合作用下形成的。当河漫滩河谷形成之后,由于地壳上升或侵蚀基准面相对下降,原来的河床或河漫滩便受到下切,而没有受到下切的部分就高出于洪水位之上,变成阶地,于是河流又在新的水平面上开辟谷地。此后,当地壳构造运动处于相对稳定期或下降期时,河流纵剖面坡度变小,流水动能减弱,河流垂直侵蚀作用变弱或停止,侧向侵蚀和沉积作用增强,于是又重新拓宽河谷,塑造新的河漫滩。在长期的地质历史过程中,若地壳发生多次升降运动,则引起河流侵蚀与堆积交替发生,从而在河谷中形成多级阶地。紧邻河漫滩的一级阶地形成的时代最晚,一般保存较好;依次向上,阶地的形成时代愈老,其形态相对保存越差。

由于构造运动和河流地质过程的复杂性,河流阶地的类型是多种多样的。一般可以将它分为下列3种主要类型:侵蚀阶地、堆积阶地和基座阶地,如图2.6所示。侵蚀阶地是由基岩构成,阶地面上往往很少保留冲积物。堆积阶地由冲积物组成。根据河流下切程度不同,形成阶地的切割叠置关系不同又可分为:上叠阶地,是新阶地叠于老阶地之上;内叠阶地,新阶地叠于老阶地之内。基座阶地是阶地形成时,河流下切超过了老河谷谷底而达到并出露基岩。

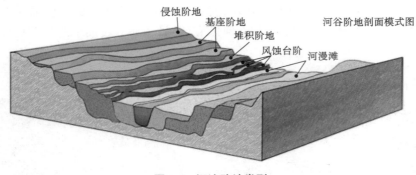

图 2.6 河流阶地类型

湖积地貌

▶ 2.3.4 湖积地貌

湖积地貌包括湖积平原和沼泽地。其地貌单元的主要地质作用和地貌特征见表2.4。

表 2.4 湖积地貌特征

成因	地貌单元	主导地质作用	地貌特征
湖积地貌	湖泊平原	湖泊堆积作用	由于地表水流将大量的风化碎屑物带到湖泊洼地,使湖岸堆积、湖边堆积和湖心堆积不断地扩大和发展,形成了大片向湖心倾斜的平原,称为湖泊平原
	沼泽地	沼泽堆积作用	湖泊洼地中水草茂盛,大量有机物在洼地中积聚,久而久之产生了湖泊的沼泽化。当喜水植物渐渐长满了整个湖泊洼地,便形成了沼泽地。在平原上河流弯曲的地段,容易产生沼泽地,大多曾是河漫滩湖泊或牛轭湖的地方。另一方面,当河流流经沼泽地时,由于沼泽地的土质松软,侧向侵蚀强烈,河道往往迂回曲折,有时形成许多小的牛轭湖

海岸地貌

▶ 2.3.5 海岸地貌

海岸是具有一定宽度的陆地与海洋相互作用的地带,其上界是风暴浪作用的最高位置,下界为波浪作用开始扰动海底泥沙处。现代海岸带由陆地向海洋可划分为滨海陆地、海滩和水下岸坡 3 部分。海岸地貌包括海岸侵蚀地貌和堆积地貌。海岸地貌特征见表2.5。

表 2.5 海岸地貌特征

成因	地貌单元	主导地质作用	地貌特征
海岸地貌	海岸侵蚀地貌	海水冲蚀作用	海岸侵蚀地貌主要包括海蚀崖、海蚀穴、海蚀洞、海蚀窗、海蚀拱桥、海蚀柱、海蚀平台(见图 2.7)
	海岸堆积地貌	海水堆积作用	根据外海波浪向岸作用方向与岸线走向之间的角度关系,泥沙横向移动过程可形成各种堆积地貌:水下堆积阶地、水下沙坝、离岸堤、泻湖和海滩等。由于岸线走向变化使波浪作用方向与岸线夹角增大或减小,以致泥沙流过饱和而发生堆积,形成各种堆积地貌:凹形海岸堆积地貌、凸形海岸堆积地貌、岸外岛屿等(见图 2.8)

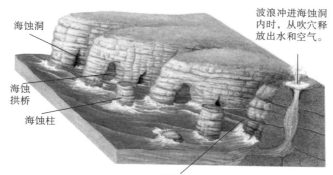

图 2.7　海岸侵蚀地貌

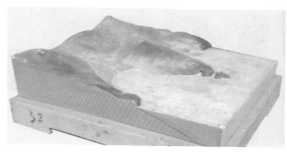

（a）模型图

（b）实景图

图 2.8　海岸堆积地貌

冰川地貌

▶　2.3.6　冰川地貌

　　在高山和高纬地区,气候严寒,年平均温度在 0 ℃以下,常年积雪,当降雪的积累大于消融时,地表积雪逐年增厚,经一系列物理作用过程,积雪就逐渐变成微蓝色的透明的冰川冰。冰川冰是多晶固体,具有塑性,受自身重力作用或冰层压力作用沿斜坡缓慢运动,就形成冰川。冰川进退或积消引起海面升降和地壳均衡运动,从而使海陆轮廓发生较大的变化。此外,冰川对地表塑造是很强烈的,仅次于河流的作用,所以冰川也是塑造地形的强大外营力之一。因此,凡是经冰川作用过的地区,都能形成一系列冰川地貌。

　　冰川地貌包括冰蚀地貌、冰碛地貌和冰水堆积地貌 3 部分,其特征见表 2.6。

表 2.6　冰川地貌特征

成因	地貌单元	主导地质作用	地貌特征
冰川地貌	冰蚀地貌	冰川刨蚀作用	冰蚀地貌是由冰川的侵蚀作用所塑造的地形,如围谷、角峰、刃脊、冰斗、冰窖、冰川槽谷和悬谷(见图 2.9)
	冰碛地貌	冰川堆积作用	冰川融化使冰川携带的碎屑物质堆积下来,形成冰碛物。冰碛物往往是巨砾、角砾、砾石、砂、粉砂和黏土的混合堆积,粒度相差十分悬殊,明显地缺乏分选性,冰碛地貌主要有冰碛丘陵、冰碛平原、终碛堤、侧碛堤等

续表

成因	地貌单元	主导地质作用	地貌特征
冰川地貌	冰水堆积地貌	冰水堆积侵蚀作用	冰川附近的冰融水具有一定的侵蚀搬运能力,能将冰川的冰碛物再经冰融水搬运堆积,形成冰水堆积物。在冰川边缘由冰水堆积物组成的各种地貌,称冰水堆积地貌,如冰水扇和外冲平原、冰水湖、冰砾阜阶地、冰砾阜、锅穴、蛇行丘等(见图 2.10)

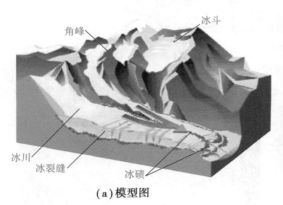

(a)模型图

(b)实景图

图 2.9　冰蚀地貌组成

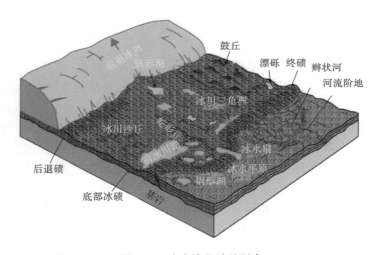

图 2.10　冰水堆积地貌形态

▶　2.3.7　风成地貌

风成地貌

　　风成地貌是指在风力作用地区,在同一时间内,一个地区是风蚀区,另一个地区则是风积区,其间的过渡性地段为风蚀—风积区,各地区相应发育不同数量的风蚀地貌(图 2.11)和风积地貌(图 2.12),其特征见表 2.7 所示。

图 2.11　风蚀地貌

图 2.12　风积地貌

表 2.7　风成地貌特征

成因	地貌单元	主导地质作用	地貌特征
风成地貌	风蚀地貌	风的吹蚀和堆积作用	风蚀地貌形态,主要见于风蚀区,有时沙漠中也有一定数量存在,如风蚀石窝、风蚀蘑菇、风蚀柱、雅丹地貌、风蚀盆地等。
	风积地貌	风的堆积作用	风积地貌形态主要形态包括沙地、沙丘和沙垄

2.4　不同地貌地区工程建设时应注意的问题

1)剥蚀地貌地区工程建设时应注意的问题

①在山地地区进行大型水电站、大型构筑物、隧道工程施工时,需要注意高边坡稳定性、地质构造稳定性及地质灾害(崩塌、滑坡、泥石流等)评价。在海拔较高的山上进行施工时要注意工程的抗冻性和岩土中水的膨胀性。

②在丘陵地带建设时,工程选址可行性论证阶段应避开地质灾害高发地段和地质构造不稳定地段。在工程施工时,要密切注意恶劣气象条件带来的地质灾害,同时注意保护丘陵的原生态环境,做到人与自然环境和谐相处。

③剥蚀残山和剥蚀平原由于剥蚀程度的不同和原始地形的不同,岩土体残积的厚度也不同,岩土体的性状也不同。因此,在工程建设时必须进行详细的工程地质勘察。

2)山麓斜坡堆积地貌地区工程建设时应注意的问题

①在洪积扇堆积的多是分选性较差的洪积土,多为碎石土。一般是上游堆积的颗粒较大,呈角砾状;下游堆积的颗粒相对较细,呈圆砾状,一般工程性状较好;但其间也有可能夹有黏性土或淤质土,造成软夹层。所以工程建设时必须注意地层的均匀性。

②坡积裙和山前堆积平原堆积较多的是分选性很差的坡积土、残积土和冲积土,颗粒大小不一,一般孔隙大,厚度受地形影响,所以在工程建设时应注意堆积斜坡的稳定性、堆积颗粒的密实度及地下水的冲刷性。

③山前堆积平原其颗粒多为砾石、砂、粉土或黏性土,而且堆积的厚度不一致,工程建设时必须注意沉降的均匀性,必须进行详细的工程地质勘察。

3)河流地貌地区工程建设时应注意的问题

①在工程选址论证阶段,必须注意该地河流的最高洪水位、河流的冲刷规律、河岸的稳定性和地基发生管涌的可能性。一般不得在谷地、谷边及河岸冲刷岸建筑。

②在河流阶地建筑时,必须详细了解阶地的稳定性和地层情况,及上游发生滑坡、泥石流等地质灾害的可能性,以确保工程安全。

③河流阶地的冲积土层往往具有不均匀性和丰富的储水性,要注意建筑物的不均匀沉降。

④古代河流和现代河流的流向往往不一致,所以在建设时要注意了解古河道的走向,以减少建筑物的差异沉降。

4)湖积与海积地貌地区工程建设时应注意的问题

①湖积地貌往往堆积的是湖积土,海积地貌往往堆积的是海积土,这两类土统称淤积土,其工程性状往往较差,一般是压缩层。

②湖积土和海积土在其他条件一定时,一般堆积年代越古老,固结程度越好,工程性状要好一些;堆积年代越年轻,固结程度越差,工程性状相对也差一些。

③湖积土、海积土在同一地区堆积的厚度也不一样,均匀性也不一样,所以工程建设时必须考虑建筑物沉降的稳定性和均匀性。

5)冰川地貌地区工程建设时应注意的问题

①冰川地貌形成的冰水堆积物是冰积岩土,在常年冻土地区建设时应注意冰积岩土的分选性、稳定性和发生冰川雪崩地质灾害的可能性。

②季节性冻土地区要注意冰积岩土的冻胀性和冻融性。

③冻土及寒冷地区施工混凝土要注意热胀冷缩问题。

6)风成地貌地区工程建设时应注意的问题

①工程建设中要注意风成地貌岩土的干缩性和浸水后的湿陷性。

②风沙地区选址时要注意沙尘暴的地质灾害和风成地貌的滑坡崩塌的地质灾害。

③风沙地区选址和建设中要了解地下水的分布规律和水土保持工作。

本章小结

(1)地质学中将自然动力促使地壳物质成分、结构及地表形态变化发展的作用叫做地质作用。根据地质作用的动力来源可将的地质作用分为外动力地质作用和内动力地质作用。

(2)地貌是地壳表面各种不同成因、不同类型、不同规模的起伏形态。地貌形态是由地貌基本要素所构成。地貌基本要素包括:地形面、地形线和地形点。

(3)地貌单元主要包括剥蚀地貌、山麓斜坡堆积地貌、河流地貌、湖积与海岸地貌、冰川地貌、风成地貌。

(4)剥蚀地貌包括山地、丘陵、剥蚀残山、剥蚀平原。

(5)山麓斜坡堆积地貌包括洪积扇、坡积裙、山前平原、山间凹地。

（6）河流所流经的槽状地形称为河谷，它是在流域地质构造的基础上，经河流的长期侵蚀、搬运和堆积作用逐渐形成和发展起来的一种地貌，凡由河流作用形成的地貌，称河流地貌。河流地貌包括河床、河漫滩和阶地。

（7）河流的地质作用可分为侵蚀作用、搬运作用和沉积作用。

（8）湖积地貌包括湖积平原和沼泽地。

（9）海岸是具有一定宽度的陆地与海洋相互作用的地带，其上界是风暴浪作用的最高位置，下界为波浪作用开始扰动海底泥沙处。现代海岸带由陆地向海洋可划分为滨海陆地、海滩和水下岸坡 3 部分。海岸地貌包括海岸侵蚀地貌和堆积地貌。

（10）冰川地貌包括冰蚀地貌、冰碛地貌和冰水堆积地貌三部分。

（11）风成地貌是指在风力作用地区，在同一时间内，一个地区是风蚀区，另一个地区则是风积区，其间的过渡性地段为风蚀—风积区，各地区相应发育不同数量的风蚀地貌和风积地貌。

思考题

2.1　什么是地质作用？地质作用有哪些类型？

2.2　内动力地质作用分为哪些类型？哪种作用占主导地位？其影响因素有哪些？

2.3　外动力地质作用包括哪 5 种？其影响因素有哪些？外动力作用的方式是怎样的？

2.4　地貌按形态和成因可划分哪几种类型？

2.5　剥蚀地貌包括哪 4 种类型？山地、丘陵、剥蚀残山、剥蚀平原各有怎样的特点？剥蚀地貌地区进行工程建设时应注意哪些问题？

2.6　山麓地貌包括哪 4 种类型？洪积扇、坡积裙、山前平原、山间凹地各有怎样的特点？山麓地貌地区进行工程建设时应注意哪些问题？

2.7　河流的地质作用有哪几种？河谷可分为哪几类？河谷、河漫滩、河流阶地各有哪些特点？河流地貌地区进行工程建设时应注意哪些问题？

2.8　湖积与海岸地貌各有哪几种类型？各自的特点是什么？湖积与海岸地貌地区进行工程建设时应注意哪些问题？

2.9　冰川地貌、风成地貌的特点是什么？各包括哪些形态要素？冰川地貌、风成地貌地区进行工程建设时应注意哪些问题？

3

岩石及其工程性状

　　地壳是由岩石和岩体组成的。岩石是多种多样的,在大陆中,地壳以硅铝层为主,也称花岗岩质层,平均密度约为 $2.7~g/cm^3$;在海洋中,地壳以硅镁层为主,也称玄武岩质层,平均密度约为 $2.9~g/cm^3$。岩石是由一种或多种矿物组成的,不同的矿物和不同的矿物组合形成了不同的岩石,地壳中有岩浆岩、沉积岩和变质岩三大类岩石。岩石不同于一般固体介质,具有特殊的结构。岩石在结构上连续是相对的,而不连续才是绝对的。岩石力学性质在很大程度上取决于它的矿物成分与结构构造,而岩体力学性质往往又与岩石力学性质直接相关。

　　本章将重点介绍地球的层圈构造,三大类岩石的形成及其各自的特点,矿物的形态和特性,三大类岩石的相互转化,岩石的基本物理力学性质以及岩石的工程性状等内容。

3.1　地球的层圈构造与岩石的形成

▶ 3.1.1　地球的层圈构造

　　地球层圈构造包括外部层圈构造和内部层圈构造。地球外部层圈分为大气圈、水圈和生物圈,地球内部则分为地壳、地幔、地核 3 个层圈。

地球的层圈构造

　　现在世界上最深的钻井不过 12.5 km,即使是火山喷溢出来的岩浆,最深也只能带出地下 200 km 左右的物质。目前对地球内部的了解,主要是借助于地震波勘探研究的成果。地震波主要包括体波和面波,体波又分为纵波(P 波)和横波(S 波),面波可分为瑞利波(R 波)和勒夫波(L 波)。地球内部地震波的纵波传播速度总体上是随深度增加而递增的。但其中出现两个明显的一级波速不连续界面、一个明显的低速带和几个次一级的波速不连续面。

　　在地球内部若干个不连续面中,有两个变化最为显著的面,即第一地震分界面,也称莫霍面

（33 km）和第二地震分界面，也称古登堡面（2 898 km）。在陆地上，莫霍面平均位于地下33 km处。此面之上，纵波速度为7.6 km/s，穿过此面后，陡然增至8.0 km/s；相应地，横波速度由4.2 km/s增至4.4 km/s；密度从2.90 g/cm³增至3.32 g/cm³。古登堡面位于地下大约2 898 km深处，纵波穿过此面时，纵波速由13.64 km/s降为8.10 km/s，横波至此则突然消失（说明外部地核可能为液态岩浆）。以这两个不连续面作为分界面，将地球内圈分为地壳（0~33 km）、地幔（33~2 898 km）和地核（2 898~6 371 km）三个圈层（见图3.1）。

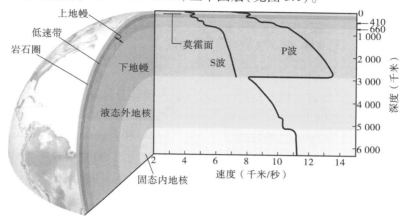

图3.1　典型剖面的地球内部结构及P波和S波的速度分布

1）地壳

地壳是莫霍面以上的地球表层。地壳厚度是变化的，大陆地区厚度最大为70 km，平均厚度约为33 km；大洋地区海底地壳厚度最小为2 km，平均厚度约6 km。地壳物质的密度一般为2.6~2.9 g/cm³，其上部密度较小，向下密度增大。地壳通常为固态岩石所组成（局部有火山岩浆），包括沉积岩、岩浆岩和变质岩三大岩类。地壳在横向上是极不均一的，按地壳的物质组成、结构、构造及形成演化的特征，可分为大陆地壳与大洋地壳两种类型。大陆地壳厚度大且呈双层结构，上层为花岗岩质层（硅铝层），下层为玄武岩质层（硅镁层）；大洋地壳厚度小，呈单层结构，以玄武岩为主。

地壳中含有周期表中所有的元素。元素在地壳中的分布情况可用其在地壳中的平均质量分数（克拉克值）来表示。地壳中最主要的化学成分的克拉克值见表3.1。

表3.1　地壳中主要的化学成分

元　素	克拉克值/%	元　素	克拉克值/%	元　素	克拉克值/%
O	49.13	Fe	4.20	Mg	2.35
Si	26.00	Ca	3.25	K	2.35
Al	7.45	Na	2.40	H	1.00

从表3.1可知，组成地壳最主要的化学元素有9种，它们占了地壳总质量的98.13%，其余90多种元素只占1.87%。可见，元素在地壳中分布是很不均匀的。地壳中氧占49.13%，硅占26%，其中二氧化硅的含量最高，是最重要的造岩元素。

2)地幔

地幔主要由固态物质组成,位于莫霍面之下,古登堡面之上,体积约占内圈总体积的80%,质量约占内圈总质量的67.8%。根据地球980 km左右的次一级不连续面(雷波蒂面),可将地幔进一步分为上下两部分。上地幔物质的平均密度约为3.5 g/cm³。在深度为50~250 km范围内,存在一地震波传播的低速带。推断该带内岩石的温度已接近其熔点,所以地震波的纵波速度比别处低。该带又称为软流圈(高温熔融岩浆)。地球内圈中包括地壳在内的整个软流圈之上的部分称为岩石圈。下地幔(980~2 898 km)因地球内部压力大,物质结合更加紧密,密度达5.1 g/cm³以上。

3)地核

地核是地球内部古登堡面至地心的部分,其体积占地球总体积的16.2%,质量却占地球总质量的31.3%,地核的密度达9.98~12.5 g/cm³。根据地震波的传播特点可将地核进一步分为3层:外核(深度2 898~4 170 km)、过渡层(4 170~5 155 km)和内核(5 155 km至地心)。在外核中,根据横波不能通过、纵波发生大幅度衰减的事实推测其为液态;在内核中,横波又重新出现,说明其又变为固态;过渡层则为液体-固体的过渡状态。地核主要由铁、镍物质组成。

▶ 3.1.2 三大类岩石的形成

岩石是天然产出的由一种或多种矿物按一定规律组成的自然集合体,少数岩石也可包含有生物遗骸。岩石构成地壳及上地幔的固态部分,是地质作用的产物。

岩石的形成(见图3.2)受各种地质作用的影响。

地壳深部的液态岩浆沿地壳裂缝缓慢上升,在地壳深部形成的岩石称为深成岩浆岩,在地壳浅部形成的岩石称为浅成岩浆岩,岩浆喷出地表后冷凝形成的岩石称为喷出岩浆岩。

火山灰沉积以及岩石风化以后经搬运、沉积成岩作用形成的岩石称为沉积岩。

岩浆岩或沉积岩经过变质作用形成的岩石称为变质岩。

岩石的形成

野外岩石标本的采集与描述

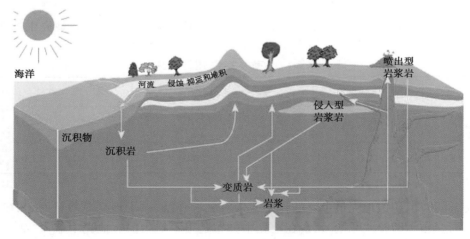

图3.2 岩石的形成

这就是地壳中形成的三大类岩石,而岩石是由各种矿物组成的。

3.2　矿　物

矿物是组成岩石的基本物质单元。矿物是地壳中的元素在各种地质作用下由一种或几种元素结合而成的天然单质或化合物,它是在地质作用中产生的,具有一定化学成分、结晶构造、外部形态和物理性质的天然物质。绝大多数矿物为化合物,如石英(SiO_2)、正长石(K[$AlSi_3O_8$])、方铅矿(PbS)等;少数矿物为单质,如石墨(C)、金刚石(C)、自然金(Au)等。

矿物不仅具有一定的化学成分,而且绝大多数的矿物具有确定的内部构造,即内部的原子或离子是在三维空间成周期性重复排列的,具有这种结构的称为晶体。绝大多数矿物都是晶体,它们具有各自特定的晶体结构,因而具有一定形态及物理性质。石英与非晶质的玻璃其化学成分都是 SiO_2,但石英的质点排布有规律,而玻璃则没有。所以,石英在适当的条件下可具有一定的晶形。

▶　3.2.1　矿物的分类

1)按照矿物的成因分类

自然界的矿物按其成因可分为以下三大类型。

原生矿物:在成岩或成矿的时期内,从岩浆熔融体中经冷凝结晶过程中所形成的矿物,如石英、长石、辉石、角闪石、云母、橄榄石、石榴石等。

矿物的形成

次生矿物:原生矿物遭受风化作用而形成的新矿物,如高岭石、蒙脱石、伊里石、绿泥石等,或在水溶液中析出生成的,如方解石、石膏、白云石等。

变质矿物:在变质作用过程中形成的矿物,如区域变质的结晶片岩中的蓝晶石和十字石等。

2)按照矿物的物质成分分类

自然界的各种元素可以结合成各种不同种类的矿物,而且各种矿物在地质作用下有可能相互转化,地壳中已知的矿物有 3 000 多种,但常见的不过 200 多种。矿物按照其物质成分可分为造岩矿物和造矿矿物两大类:

造岩矿物指斜长石、正长石、石英、白云母、黑云母、角闪石、辉石、橄榄石、方解石、石榴石等组成岩石的常见矿物。

金属造矿矿物指磁铁矿、赤铁矿、黄铜矿、黄铁矿和方铅矿等形成矿产的常见矿物。

▶　3.2.2　矿物的形态特征

矿物的形态特征受其成分、结晶构造和成因的影响,相同结晶构造的矿物,其形态特征也必然有共同的规律。矿物根据其形态特征可分为单体形态和集合体形态。

1)单体矿物形态

（1）结晶质和非结晶质矿物

造岩矿物绝大部分都是结晶质的,结晶质的基本特点是组成矿物的元素质点(离子、原子或分子)在矿物内部按照一定的规律重复排列,形成稳定的格子构造,在生长过程中如条件适宜,能生成具有一定几何外形的晶体,如食盐的正立方晶体(见图3.3),石英的六方双锥晶体等。在结晶质矿物中,还可根据肉眼能否分辨而分为显晶质和隐晶质两类。

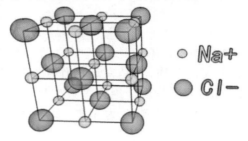

○ Na+

○ Cl-

图3.3 食盐晶体构造

非晶质矿物内部质点排列没有一定的规律性,所以外表就不具有固定的几何形态,如蛋白石($SiO_2 \cdot nH_2O$)、褐铁矿($Fe_2O_3 \cdot nH_2O$)等。非晶质可分为玻璃质和胶质两类。

(2)矿物的结晶习性

在相同条件下生长的同种晶粒,总是趋向于形成某种特定晶形的特性称为结晶习性。

尽管矿物的晶体多种多样,但归纳起来,根据晶体在三维空间的发育程度不同,可分为以下三类(见图3.4)。

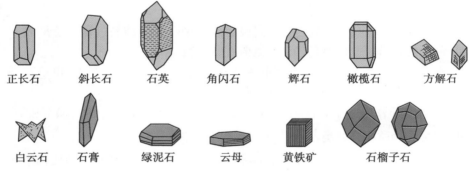

| 正长石 | 斜长石 | 石英 | 角闪石 | 辉石 | 橄榄石 | 方解石 |

| 白云石 | 石膏 | 绿泥石 | 云母 | 黄铁矿 | 石榴子石 |

图3.4 常见矿物晶体的形态

①一向延长

晶体沿一个方向特别发育,其余两个方向发育差,呈柱状、棒状、针状、纤维状等,如角闪石、辉石、石棉、纤维石膏、文石等。

②二向延长

晶体沿两个方向发育,呈板状、片状、鳞片状等。如板状石膏、云母、绿泥石等。

③三向延长

晶体在三维空间发育,呈等轴状、粒状等。如岩盐、黄铁矿、石榴子石等。

2)矿物集合体形态

同种矿物多个单体聚集在一起的整体就是矿物集合体。矿物集合体的形态取决于单体的形态和它们的集合方式。集合体按矿物结晶粒度大小进行分类,肉眼可辨认其颗粒的叫显晶矿物集合体,肉眼不能辨认的则叫隐晶质或非晶质矿物集合体。

显晶集合体形态有规则连生的双晶集合体,如接触双晶和穿插双晶以及不规则的粒状、块状、片状、板状、纤维状、针状、柱状、放射状、晶簇状等。其中晶簇(见图3.5)是以岩石空洞洞壁或裂隙壁作为共同基底而生长的晶体群。

图3.5 辉锑矿晶簇

隐晶和胶态集合体可以由溶液直接沉积或由胶体沉积生成。主要形态有球状、土状、结核体、鲕状、豆状、分泌体、钟乳状、笋状集合体等。其中结核体是围绕某一中心自内向外逐渐生长而成。钟乳状集合体通常是由真溶液蒸发或胶体凝聚,由同一基底逐层堆积而成,可呈葡萄状、肾状、石钟乳状等。分泌体是在形状不规则或球状孔洞中,胶体或晶质矿物由洞壁向中心逐层沉淀填充而成。

► 3.2.3 矿物的物理性质及化学成分

1)矿物的物理性质

自然界中的大多数矿物都具有确定的物理性质,不同矿物的化学成分或内部构造不同,因而反映出不同的物理性质。研究矿物的物理性质,可作为对矿物进行鉴定的依据。矿物的物理性质是鉴别矿物的重要依据。矿物的物理性质主要包括形状、颜色、条痕、透明度、光泽、硬度(见图3.6)、解理、断口、密度等,见表3.2。

| 滑石 | 石膏 | 方解石 | 萤石 | 磷灰石 |

| 正长石 | 石英 | 黄玉 | 刚玉 | 金刚石 |

图3.6 摩氏硬度特征矿物(从左到右,矿物硬度越来越大)

表 3.2 矿物的物理性质

序号	物理性质名称	定　义	分类及特征	
1	形状	矿物的形状是指固态矿物单个晶体的形态，或矿物晶体聚集在一起的集合体的形态	常见矿物的形状有柱状、针状、板状或矿物集合体的形状有纤维状、粒状、放射状、鳞片状、晶簇等	
2	颜色	矿物的颜色是矿物对不同波长可见光吸收程度的不同反映。它是矿物最明显、最直观的物理性质	根据成色原因可分为自色、他色和假色。①自色是矿物固有的颜色，颜色比较固定。对造岩矿物来说，由于成分复杂，颜色变化很大。一般来说，含铁、锰多的矿物，如黑云母、普通角闪石、普通辉石等，多呈灰绿、褐绿、黑绿以至黑色；含硅、铝、钙等成分多的矿物，如石英、长石、方解石等，颜色较浅，多呈灰白、灰白、淡红、淡黄等浅色；②他色是矿物混入了某些杂质所引起的，与矿物的本身性质无关。他色不固定，随杂质的不同而异。如纯净的石英是无色透明的，混入杂质就呈紫色、玫瑰色、烟色。由于他色不固定，对鉴定矿物没有很大的意义；③假色是由于矿物内部的裂隙对光的折射、散射所引起的。如方解石理面上常出现的彩虹。假色对某些矿物具有鉴定意义	
3	条痕	条痕是矿物粉末的颜色，一般是指矿物在白色无釉的瓷板（条痕板）上划擦时留下的粉末的颜色。条痕可消除假色，减弱他色，常用于矿物鉴定	某些矿物的条痕与矿物的颜色是不同的，如黄铁矿的颜色是浅铜黄色，而条痕是绿黑色。条痕是矿物去掉了矿物反射光所造成的色差，增加了吸收率，扩大了眼睛对不同颜色的敏感度，因而比矿物的颜色更为固定，但只适用于矿物，对浅色矿物，对浅色矿物的薄片及同样厚度的光源比较加以确定条痕对鉴定矿物具有鉴定意义	
4	透明度	透明度是指矿物透过可见光能力，即光线透过矿物的程度。透明度受厚度的影响，故一般以 0.03 mm 的规定厚度作为标准进行对比	肉眼鉴定矿物时，一般可分成透明、半透明、不透明三级。这种划分无严格界限，鉴定时用矿物的边缘较薄处，并以相同厚度的薄片及同样厚度的光源比较加以确定	
5	光泽	光泽指矿物表面反射光线的能力，它是用来鉴定矿物的重要标志之一。	根据矿物表面反光程度的强弱，用类比法常分为三大类：①金属光泽，矿物平滑表面那种反光耀眼，比金属的亮光强，犹如电镀的金属表面，如磨光的铁器等；②半金属光泽，比金属光泽弱，似未磨光的铁器；③非金属光泽，矿物表面的反射相对较弱，如石英、滑石表面的反射。非金属光泽按矿物表面	

序号	性质	含义	说明
5	光泽	光泽指矿物表面反射光线的能力，它是用来鉴定矿物的重要标志之一。	性质与矿物集合体的结合方式不同又可划分为下列5小类： ① 金刚光泽，矿物表面反光较强，状若钻石，如金刚石； ② 玻璃光泽，矿物表面像玻璃板反光，如石英晶体表面，多出现在矿物凹凸不平的断口上，如石英断口； ③ 珍珠光泽，矿物象珍珠或贝壳内面出现的乳白色彩光，如白云母薄片等； ④ 丝绢光泽，矿物表面出现在纤维状矿物的集合体表面，状若丝绢，如石棉、绢云母等； ⑤ 土状光泽，矿物表面反光暗淡，如高岭淡土，如高岭石和铝土矿等
6	硬度	硬度指矿物抵抗外力刻划、研磨或压入等机械作用的能力。它是岩石软硬程度的重要标志，也是鉴别矿物的一个重要特征。不同的矿物由于其化学成分和内部构造不同而具有不同的硬度。在鉴别矿物的硬度时，应在矿物的新鲜晶面或解理面上进行	鉴定矿物时常用已知硬度的某种矿物（如铁刀刃）对另一种未知硬度的矿物或物体。摩氏硬度计以软到硬刻划其相对硬度的高低。摩氏硬度计从软到硬依次为：1滑石，2石膏，3方解石，4萤石，5磷灰石，6正长石，7石英，8黄玉，9刚玉，10金刚石，如图2.8所示。例如，将需要鉴定的矿物与摩氏硬度计中的3方解石对刻，结果被方解石划伤而其自身又能刻动2石膏，说明待鉴定矿物硬度大于2石膏而小于3方解石，即在2~3（定为2.5）。可以看出，摩氏硬度只反映矿物相对硬度的顺序，并不是矿物的绝对硬度值。在野外调查时，常用指甲（硬度2~2.5）、铅笔刀（硬度2~2.5）、玻璃（硬度5~5.5）、钢刀刃（硬度5.5~6）鉴别某种矿物的硬度6~7）鉴别某种矿物的硬度
7	解理与断口	矿物晶体在外力作用（如敲打、挤压等）下，沿着一定方向发生破裂并裂成光滑平面的性质，这些光滑的平面称为解理面。如矿物受外力作用，在任意方向破裂并呈各种凹凸不平的断面（如贝壳状、锯齿状等），则这样的断面称为断口	根据其解理发育的程度可分为： ① 极完全解理（极易裂开成薄片，解理面大而完整，平滑光亮）； ② 完全解理（沿解理面常裂开成小块，断口较容易出现）； ③ 中等解理（解理面小而不光滑，断口也常为断口）； ④ 不完全解理（很难出现解理面，其碎块常为断口）。 矿物解理的完全程度和断口是互相消长的，解理完全时则不显断口。反之，解理不完全或无解理时，则断口明显
8	相对密度	矿物都有其特有的物质组成，因而各自具有不同的相对密度	矿物相对密度变化幅度很大，例如铱的相对密度小于1，而铱族自然元素矿相对密度可达约23。一般根据经验用手掂量，将矿物的相对密度分为轻、中等和重三级。一般将相对密度小于2.5的矿物称为轻矿物（如岩盐、石膏等），相对密度大于4的称为重矿物（如黄铁矿、磁铁矿等）。地壳中大多数矿物的相对密度为2.5~4

矿物除普遍具有表 3.2 中的物理性质外,还有一些矿物具有独特的性质,如导电性、磁性、弹性、挠性、延展性、脆性、放射性等,这些性质同样是鉴定矿物的可靠依据。矿物受外力作用后发生弯曲变形,外力解除后仍能恢复原状的性质称为弹性,如云母的薄片具有弹性。矿物受外力作用后发生弯曲变形,当外力解除后不能恢复原状称为挠性,如绿泥石、滑石具有挠性。矿物能锤击成薄片或拉长细丝的特性称为延展性,如自然金、自然银等具有延展性。矿物的一些简单化学性质,对于鉴定某些矿物也是十分重要的。如方解石滴上稀盐酸能剧烈起泡,白云石滴上浓盐酸或热酸可以起泡,其他矿物不具备这种性质,常以此作为鉴定它们的依据。

2)矿物的化学成分和结晶构造

矿物成分

矿物的化学成分和结晶构造,在一定地质条件下综合反映了矿物的形态和物理性质。因此,研究矿物的化学成分和结晶构造对于鉴定矿物、利用矿物和分析矿物的形成条件等方面都是很重要的。

①地壳中化学元素的分布具有不均匀性,不同元素组成的矿物种数及各种矿物在地壳总质量中所占的比率也不相同。矿物种数最多的是那些占有质量分数较多的元素,如含氧的矿物种数占矿物总种数的 80%;含硅的矿物占 25%。但也有些占有质量分数小的元素反而比占有质量分数大的元素形成的矿物种数多。形成矿物种类不仅与占有质量分数有关,而且更重要的是与元素本身的化合特性有关。有些矿物是独立的矿物,另一些矿物往往混于其他矿物中。

②元素在自然界以原子、离子、分子三种状态存在于物质之中,在矿物中化学元素主要是以离子状态(少数呈分子、原子状态)存在,根据离子的最外电子层结构可将离子分为三种类型:惰性气体型离子、铜型离子、过渡型离子。元素间性质不同,各自形成一系列独立的矿物种。所以多种元素在同一条件下互相作用,就会形成共生的一些矿物群。如热水溶液中富集有 Si^{4+}、Fe^{2+}、Pb^{2+}、Zn^{2+}、Cu^{2+}、S^{2-} 及 O^{2-} 等许多离子,这些离子按其化合性质不同可分别形成 SiO_2(石英)、FeS_2(黄铁矿)、PbS(方铅矿),ZnS(闪锌矿)和 $CuFeS_2$(黄铜矿)等。这些元素不能共同形成一种矿物,各矿物彼此嵌生,量少的有时可被包在量多的矿物中。

③质点有规律地排布成格子状构造是矿物晶体的共同规律。比较一下金刚石(C)、食盐($NaCl$)、萤石(CaF_2)及方解石($CaCO_3$)的结晶构造,可以看出,不同成分的矿物其结晶构造不同,而且成分越简单,结晶构造也越简单。结晶构造中质点之间的作用力或者联结力称为化学键。

④矿物的化学成分并不是固定不变的,它可以在一定的范围内发生变化。对于同种化学成分的物质,在不同条件下,也可以形成不同的结构。

类质同象是指矿物中两种或两种以上的类似质点互相替换,使矿物的化学成分和某些物理性质发生一定变化,但不改变其晶体结构的现象。

类质同象是矿物中一种相当普遍的现象,比如闪锌矿,有浅色的 ZnS,也有深色的 $(Zn,Fe)S$。后者实际是少量的 Fe^{2+} 代替了 Zn^{2+},占据了这些 Zn^{2+} 在晶格中的位置。随着含铁量的增加,闪锌矿的颜色与条痕色将不断加深,相对密度也将增大,但晶形和物理性质却不发生变化。经 X 射线分析证明,两者的晶体结构是相同的,仅晶格常数有微小变化(见图3.7)。

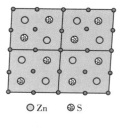 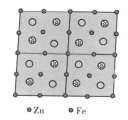

○ Zn ⊗ S   ● Zn ● Fe

ZnS 构造之(001)   (Zn,Fe)构造之(001)

图 3.7　闪锌矿构造中 Fe 的类质同象

同质多象是指同种化学成分的物质,在不同环境(温度、压力、介质酸碱度等)条件下,可以形成两种或两种以上结构不同、形态和性质各异的晶体的现象。

这种现象在矿物中也不少,典型的例子是金刚石和石墨,两者成分都是 C。金刚石是在极高压力条件下形成的,石墨则是在较低压力条件下形成的。由于生成环境的差异,它们的晶体内部结构完全不同(见图 3.8),物理性质也极不相同,石墨很软、摩氏硬度仅为 1,而金刚石极硬,摩氏硬度为 10。

晶体的结构是化学成分在一定条件下的产物,是成分与环境的统一。因此,研究同质多象可以获得有关矿物形成条件的信息。

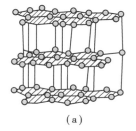 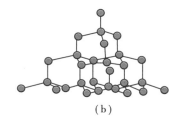

(a)   (b)

图 3.8　石墨(a)和金刚石(b)的构造

⑤矿物的化学成分虽然可变,但还是有规律的,它是在一定范围内变化的,并且其主要化学成分间原子数的比值是一定的,所以每种矿物有一定的化学成分,并可以用化学式来表示。结晶水以 αH_2O (α 为定数),胶体水以 nH_2O (n 为不定数),写在化学式的最后,并以“·”分开,如石膏——$Ca[SO_4]\cdot 2H_2O$,蛋白石——$SiO_2\cdot nH_2O$。

▶ 3.2.4　常见造岩矿物的鉴定

自然界产出的矿物,已知有 3 000 种左右,而对于形成岩石的造岩矿物则不过数 10 种。主要造岩矿物,绝大多数为硅酸盐,其余为氧化物、硫化物、卤化物、碳酸盐和硫酸盐等。正确地识别和鉴定矿物,对于岩石命名、鉴定和研究岩石的性质,是一项非常重要的工作。准确的鉴定方法需要借助各种仪器和化学分析,最常用的为偏光显微镜、电子显微镜等。但对于一般常见造岩矿物,用简易鉴定方法或称肉眼鉴定方法即可进行初步鉴定。所谓简易鉴定方法,即借助一些简单工具如小刀、放大镜、条痕板等对矿物进行直接观察测试。为便于鉴定,表 3.3 列出了常见造岩矿物的鉴定特征。

表 3.3　主要造岩矿物鉴定特征表

序号	矿物名称化学成分	形态	颜色	光泽	解理,断口	硬度	相对密度	其他特征
1	黄铁矿 FeS_2	立方体,五角十二面体或致密块状	浅铜黄色,条痕为绿黑色	金属光泽	不规则断口	6~6.5	4.9~5.2	易风化,受风化后会生成硫酸及褐铁矿。有时晶面有条纹。常见于岩浆岩或沉积的砂岩和石灰岩中
2	石英 SiO_2	六棱柱状,端部为锥形,集合体为晶簇状	纯的为无色透明,乳白色,含杂质时颜色各异	玻璃光泽,断口油脂光泽	无解理,偶见贝壳状断口	7	2.65	化学性质稳定,抗风化能力强,含石英越多的岩石,岩性越坚硬。广泛分布于各种岩石和土层中。燧石、玉髓(石髓)、玛瑙及蛋白石(含水分子)为石英的隐晶质变种,呈多种颜色、蜡状光泽,其他特征同石英
3	赤铁矿 Fe_2O_3	常呈显晶质的板状、鳞片状、粒状及隐晶质的致密块状、豆状、肾状等集合体	钢灰至铁黑色,条痕樱桃红色	金属光泽至半金属光泽	无解理	5~6	5.0~5.3	为重要的铁矿石,风化土状者硬度很低,可染手,可被还原为磁铁矿,在氧化条件下形成,包括热液成、区域变质型和风化型等
4	褐铁矿 $Fe_2O_3 \cdot nH_2O$	块状、土状、多孔状、肾状、钟乳状等	黄褐或灰褐色,条痕为黄色	半金属光泽,土状者为土状光泽	无解理	1~4	3.3~4.0	胶体状块体,在盐酸内缓慢溶解,易风化,土状者硬度低,褐铁矿实际上是多种矿物的混合物,为含铁的风化后的产物,也可沉积而成
5	方解石 $CaCO_3$	常见单形为菱体或六方柱体,集合体为致密块状、粒状、晶簇状等	白色或无色透明,常被杂质染成浅黄、浅红、紫褐、黑等色	玻璃光泽	三组完全解理,斜交成菱面体	3	2.6~2.9	与稀盐酸作用后剧烈起泡,是石灰岩、大理岩的主要造岩矿物成分,可溶于水,无色透明者称冰洲石

序号	矿物名称及化学式	形态	颜色	光泽	解理、断口	硬度	密度	其他特征
6	白云石 CaMgCO₃(OH)₂	晶体呈菱面体,集合体常呈粒状,致密块状	白,灰白或浅黄,淡粉红色	玻璃光泽	三组完全解理,斜交成菱面体	3.5~4.0	2.8~2.9	粉末遇稀盐酸起泡,是白云岩,大理岩的主要矿物成分,可溶于水
7	石膏 CaSO₄·2H₂O	板状,片状,少数呈柱状,针状,集合体呈粒状,致密块状或纤维状	白色,有时无色透明,含杂质时呈灰,褐,黄等色	玻璃光泽,解理面呈珍珠光泽,纤维状集合体呈丝绢光泽	三组解理,一组完全,两组中等	1.5~2	2.3	多形成于盐湖或封闭的海湾中,呈层状或混于沉积岩层中。脱水后变成硬石膏,硬石膏吸水后可变成石膏,同时体积膨胀,可达30%,在水流作用下可形成溶孔,洞隙
8	橄榄石 (Mg、Fe)₂SiO₄	常呈他形粒状,晶体为短柱状	橄榄绿,淡黄绿色至黑绿色	断口油脂光泽,晶面玻璃光泽	无解理,可见贝壳状断口	6.5~7	3.27~4.37	粉末溶于浓硫酸,析出SiO₂胶体,易风化,风化后呈暗褐色。主要产于基性或超基性岩浆中
9	角闪石 (Ca、Na)₂₋₃(Mg、Fe、Al)₅[Si₆(Si、Al)₂O₂₂](OH、F)₂	晶体呈长柱状,有时为纤维状集合体	暗绿色或黑绿色	玻璃光泽	两组解理,中等或完全,交角56°(143°)	5.5~6	3.1~3.3	较易风化,风化后可形成黏土矿物,碳酸盐及褐铁矿等。多产于中,酸性岩浆和某些变质岩中
10	辉石 (Ca、Mg、Fe、Al)₂[(Si、Al)₂O₆]	短柱状,常呈粒状,块状集合体	深黑,褐黑,紫黑,褐黑等	玻璃光泽	两组解理,中等或完全,交角87°(93°)	5~6	3.23~3.52	较易风化,风化产物同角闪石,多产于基性或超基性岩浆中

续表

序号	矿物名称化学成分	形态	颜色	光泽	解理、断口	硬度	相对密度	其他特征
11	正长石 K[AlSi₃O₈]	短柱状或厚板状,可有卡式双晶	肉色、褐黄、浅黄色,或带浅黄的灰白色	玻璃光泽	两组解理,正交,一组完全,一组中等或完全	6	2.57	较易风化,完全风化后形成高岭石,绢云母石,方解石和铝土矿等次生矿物。广泛分布于酸性或中性岩浆岩中,也可产于某些变质岩,沉积岩中
12	斜长石 Na[AlSi₃O₈]与 Ca[AlSi₂O₈]混合	晶体呈板状或板柱状,常见聚片式双晶	白色或灰白色	玻璃光泽	两组解理交角86°(94°),一组完全,一组中等或完全	6	2.60~2.76	主要性质同正长石,但广泛分布于中性、基性岩浆岩和某些变质岩中。成分中以Na为主者为酸性斜长石,以Ca为主者称基性斜长石,二者之间称中性斜长石
13	白云母 KAl₂[AlSi₃O₁₀](OH)₂	多呈片状或鳞片状集合体,晶体为板状或短柱状	浅灰、浅黄、浅绿色,薄片无色	晶面为玻璃光泽,解理面珍珠光泽,薄片透明	一组极完全解理	2.5~3	2.7~3.1	薄片具有弹性,较黑云母抗风化能力强,呈丝绢光泽的小鳞片状集合体称为绢云母。主要分布于变质岩中
14	黑云母 K(Mg,Fe)₃[AlSi₃O₁₀](OH)₂	多呈片状或鳞片状集合体,晶体为板状或短柱状	黑色、深褐色	晶面为玻璃光泽,解理面珍珠光泽,薄片透明	一组极完全解理	2.5~3	3.02~3.13	薄片具有弹性,薄片易风化。风化后可变成蛭石,薄片失去弹性。广泛分布在岩浆岩、变质岩中。成岩较多时,母岩合乎云母。当岩合云岩分布在岩浆岩和变质岩中
15	绿泥石 (Mg,Al,Fe)₆[(Si,Al)₄O₁₀](OH)₈	常呈片状、鳞片状或粒状集合体	浅绿、深绿或黑绿色	玻璃光泽,解理面珍珠光泽	一组极完全解理	2~2.5	2.68~3.40	薄片具挠性,不具弹性,是长石、辉石、角闪石、橄榄石等的次生矿物,在变质岩中分布最多

序号	矿物名称及化学式	形态	颜色	光泽、解理		硬度	密度	主要特征
16	蛇纹石 $Mg_6[Si_4O_{10}](OH)_8$	致密块状，有时为纤维状，片状或胶状隐晶质集合体	浅黄绿或深暗绿色	块状为油脂光泽，蜡状光泽，纤维状为丝绢光泽	无解理	2~3	2.6~2.9	常有似蛇皮状青、绿色花纹，可溶于盐酸。主要由富含镁的超基性岩等变质而成，常与石棉共生
17	石榴子石 $Mg_3Al_2[SiO_4]_3$	菱形十二面体，四角八面体，集合体为粒状或致密块状	深褐或紫红、褐黑等色	玻璃光泽，断口油脂光泽	不平坦断口	6.5~8.5	3.5~4.2	较稳定，如风化则变为褐铁矿等。主要产于变质岩中
18	滑石 $Mg_3[Si_4O_{10}](OH)_2$	通常呈密块状，片状或鳞片状集合体	白色，淡红或浅灰等色	油脂光泽，解理面呈珍珠光泽	一组极完全解理	1	2.58~2.83	具滑感，性质软弱，为富镁质超基性岩、白云岩等变质后形成的主要变质矿物
19	高岭石 $Al_4[Si_4O_{10}](OH)_8$	鳞片状，致密细粒状或鳞片状，土状集合体	纯者白色，含杂质时颜色各异	致密块体呈蜡状光泽，土状光泽	一组完全解理，断口	2.0~3.5	2.60~2.63	与蒙脱石、水云母等同为黏土矿物，主要富含铝硅酸盐（长石、云母等）的火成岩和变质岩经风化作用而形成。具吸水性、可塑性、压缩性
20	蒙脱石 $(Al_2Mg_3)[Si_4O_{10}](OH)_2$	常呈隐晶质土状块体，有时呈细鳞片状集合体	浅白色、灰白色，有时微带绿色	密块者一蜡状光泽，鳞片状者呈土状光泽	鳞片状者一组完全解理	2.0~3.5	2.0~2.7	亲水性比高岭石更强，吸水后体积可膨胀几倍，并具有很强的吸附力及阳离子交换能力。主要由基性火山岩在碱性环境中风化而成，为膨润土的主要成分

续表

序号	矿物名称化学成分	形态	颜色	光泽	解理、断口	硬度	相对密度	其他特征
21	叶腊石 $Al_2[Si_4O_{10}](OH)_2$	常呈叶片状、鳞片状或隐晶质致密块状	白色、浅绿、浅黄或浅灰色	玻璃光泽，致密块状者呈油脂光泽，解理面珍珠光泽	一组极完全解理	1~1.5	2.65~2.90	具滑腻感，性软，薄片具挠性。主要由中酸性喷出岩、凝灰岩或酸性结晶片岩经热液作用变质而成
22	铝土矿 $Al_2O_3 \cdot nH_2O$	鲕状、土状、致密块状等胶体形态	灰白、灰褐、黑灰、砖红	土状光泽	不平坦断口	3左右	2.5~3.5	粉末具滑感，常有其他微细矿物颗粒混入，如高岭石、赤铁矿、蛋白石等。主要为外生成因，由铝酸盐矿物风化沉积而成

3.3 岩浆岩

▶ 3.3.1 岩浆岩概念

岩浆岩概念

岩浆岩亦称火成岩,它是由炽热的岩浆在地下或喷出地表后冷凝形成的岩石。岩浆起源于地壳深部或地幔上部,处于高温高压条件下,以液体为主,溶解有挥发成分并可含有部分固体,以是硅酸盐为主的成分复杂的熔融体。地下深处的炽热岩浆处于高温高压的环境,一旦地壳运动引起岩石圈出现裂隙时,岩浆就沿着裂隙运移上升,当达到一定位置时,即发生冷凝结晶而成为岩石。这种包括岩浆活动和冷凝结晶成岩的全过程,就称为岩浆作用。

岩浆岩按照成因可分为以下 3 类:

深成岩:地下深处岩浆沿裂隙上升,但未达到地表,只在地面以下的较深部位冷凝结晶生成的岩石。

浅成岩:岩浆上升到地壳较浅的部位或接近地表时冷凝结晶而成的岩石。

喷出岩:从岩浆喷溢出地表,冷凝形成的岩石。

岩浆主要含氧、硅、铝、镁、铁、钙、钠、钾、锰、钛、磷、氢等元素,称为主要造岩元素。其中以氧最多,占总质量的 58%~65%,其次是硅。这些元素在岩浆中主要呈离子和络离子形式存在。岩浆岩的主要化学成分有 SiO_2,Al_2O_3,Fe_2O_3,FeO,MgO,CaO,Na_2O,K_2O 和 H_2O 等氧化物。其中 SiO_2 含量最多,它的含量大小直接影响岩浆岩矿物成分的变化,并直接影响岩浆岩的性质。按 $\omega(SiO_2)$ * 可将岩浆岩划分为以下四类:

①酸性岩 = $\omega(SiO_2)$ > 65%;

②中性岩 = $\omega(SiO_2)$ = 52%~65%;

③基性岩 = $\omega(SiO_2)$ = 45%~52%;

④超基性岩 = $\omega(SiO_2)$ < 45%。

从超基性岩至酸性岩,随着 SiO_2 增加,FeO,MgO 逐渐减少,Na_2O,K_2O 逐渐增加,Al_2O_3 和 CaO 由超基性的纯橄榄岩至基性的辉长岩增加较大,随后向酸性的花岗岩则减少。岩浆的主要物理性质之一是其黏性。在同样条件下,富含 SiO_2 的酸性岩浆温度低(700~900 ℃),黏性比贫 SiO_2 的基性岩浆大,而流动性小。所以酸性熔岩流往往形成面积小而厚度大的穹状岩体,而基性熔岩流由于温度高(1 000~1 300 ℃)流动性大常常流动展开,形成面积大而厚度较小的层状岩体。岩浆的黏性还与挥发成分的含量及岩浆的温度有关。挥发成分多而温度高者黏性小。

组成岩浆岩的矿物有 30 多种,按其颜色及化学成分的特点可分为浅色矿物和深色矿物两类。浅色矿物富含硅、铝成分,如正长石、斜长石、石英、白云母等;深色矿物富含铁、镁物质,如黑云母、辉石、角闪石、橄榄石等。但对于某一具体岩石来讲,并不是这些矿物都同时存在的,而

---

* $\omega(SiO_2)$——SiO_2 的质量分数,即岩浆中 SiO_2 的质量占岩浆总质量的百分数。

通常仅是由两三种主要矿物组成。例如辉长岩,就是由斜长石和辉石组成的,花岗岩则是由石英、正长石和黑云母组成的。

▶ 3.3.2 岩浆岩的产状

岩浆岩的产状,即指岩浆岩体在地壳中产出的状况,表现为岩体的形态、规模、同围岩的接触关系及其产出的地质构造环境等。岩体产状反映岩浆性质,岩浆活动情况及其与有关的地质构造运动的相互关系。岩浆岩的产状可分为侵入岩岩体产状和喷出岩岩体产状两大类(见图3.9)。

(a)实景图

(b)示意图

图3.9 岩浆岩产状

1)浅成侵入岩的产状

浅成岩(形成深度<3 km)的岩体规模不大,出露面积几十平方米至几千平方米。常见产状有岩床、岩盆、岩盘、岩墙。

①岩床:指岩浆顺岩层面侵入形成的板状岩体。与岩层呈平行接触关系。

②岩盆:岩浆侵入到岩层之间,由于底板岩层下沉断裂,冷凝后形成中央向下凹的盆状侵入体。

③岩盘:产于岩层间的底部平坦,顶部拱起,中央厚而边缘薄,在平面上呈圆形的侵入体。

④岩墙:又称岩脉,为充填在岩石裂隙中的板状岩体,横切岩层,与层理斜交。

2)深成侵入岩的产状

深成岩(形成深度>3 km)的岩体一般较大,分布面积在几平方千米至几千平方千米变化。常见产状有岩株和岩基。

(1)岩株

近于呈树干状向下延伸的岩体,规模较大,但较岩基为小,出露面积小于 100 km²。

(2)岩基

一种大规模的深成岩体,出露面积超过 100 km²。常产于褶皱带的隆起部分,延伸与褶皱轴向一致。

3)喷出岩的产状

喷出岩的产状决定于岩浆的成分和地形等方面特征,主要有以下几种:

(1)熔岩流

由岩浆喷出地表后沿山坡或河谷向低处流动,然后冷却凝固形成。其形状呈狭长的带状或宽阔而平缓的舌状。

(2)熔岩被

由黏性小、流动性强的基性岩浆喷至地表后四处流动形成的厚度不大,覆盖大片面积的岩体。

(3)火山锥

由火山喷发物质围绕火山口堆积形成的圆锥形火山体。

▶ **3.3.3 岩浆岩的结构和构造**

1)岩浆岩的结构

岩浆岩的结构是指岩石中(单体)矿物的结晶程度、颗粒大小、形状以及它们的相互组合关系。岩浆岩的结构特征,是岩浆成分和岩浆冷凝时的物理环境的综合反映。它是区分和鉴定岩浆岩的重要标志之一,同时也直接影响岩石的强度。岩浆岩的结构分类见表3.4。

表 3.4 岩浆岩的结构分类

序号	岩浆岩结构分类	岩浆岩结构名称	岩浆岩结构特征	常见岩石
1	按岩石中矿物结晶程度划分	全晶质结构	岩石全部由结晶质矿物组成,先结晶的矿物常按自己生长规律成为自形晶,后结晶的矿物因空间受到限制常生成为半自形或不规则形状的他形晶	多见于深成岩和浅成岩中,如花岗岩、闪长岩
		半晶质结构	岩石由结晶质矿物和非晶质矿物组成	多见于浅成岩和喷出岩,如流纹岩
		非晶质结构	岩石几乎全部由玻璃质矿物组成,又称玻璃质结构,是岩浆迅速上升至地表时温度骤然下降来不及结晶所致	多见于喷出岩中,如黑曜岩等

续表

序号	岩浆岩结构分类	岩浆岩结构名称	岩浆岩结构特征	常见岩石
2	按岩石中矿物颗粒的绝对大小划分	显晶质结构	岩石全部由结晶颗粒较大的矿物组成，用肉眼或放大镜可以辨认。按矿物颗粒的粒径大小又可分为： 粗粒结构（颗粒粒径>5 mm）； 中粒结构（颗粒粒径为 1~5 mm）； 细粒结构（颗粒粒径为 0.1~1 mm）； 微粒结构（颗粒粒径<0.1 mm）	花岗岩等
		隐晶质结构	岩石全部由结晶微小的矿物组成，用肉眼和放大镜均看不见晶粒，只有在显微镜下可识别	是浅成侵入岩和喷出岩中常有的一种结构
3	按岩石中矿物颗粒的相对大小划分	等粒结构	岩石中的矿物全部是显晶质粒状，同种主要矿物结晶颗粒大小大致相等	等粒结构是深成岩特有的结构
		不等粒结构	岩石中主要矿物的颗粒大小不等，且粒度大小成连续变化系列	
		斑状结构	岩石由两组直径相差甚大的矿物颗粒组成，其大晶粒散布在细小晶粒中，大的叫斑晶，细小的叫基质。基质为隐晶质及玻璃质的，称为斑状结构；基质为显晶质的，则称为似斑状结构	斑状结构为浅成岩及部分喷出岩所特有的结构。似斑状结构主要分布于浅成侵入岩和部分中深成侵入岩中

2）岩浆岩的构造

岩浆岩的构造是指（集合体）矿物在岩石中排列的顺序和填充的方式所反映出来岩石的外貌特征。岩浆岩的构造特征，主要决定于岩浆冷凝时的环境。常见的岩浆岩构造有块状构造、流纹构造、气孔构造和杏仁状构造四种，其特征见表 3.5 所示。

岩浆岩构造

表 3.5　岩浆岩的构造分类

序号	岩浆岩构造分类	岩浆岩构造特征	常见岩石
1	块状构造	岩石中矿物均匀分布，无定向排列现象，岩石呈均匀致密的块体	它是绝大多数岩浆岩的构造，全部侵入岩都是块状构造，部分喷出岩也是块状构造
2	流纹构造	岩石中不同颜色的条纹、拉长的气孔和长条形矿物，按一定方向排列形成的流动状构造	它反映岩浆喷出地表后流动的痕迹，多见于喷出岩中，如流纹岩

序号	岩浆岩构造分类	岩浆岩构造特征	常见岩石
3	气孔构造	岩浆喷出地面迅速冷凝过程中,岩浆中所含气体或挥发性物质从岩浆中逸出后,在岩石中形成的大小不一的气孔	喷出岩
4	杏仁状构造	具有气孔状构造的岩石,气孔被次生矿物(如方解石、石英等)所充填形成的一种形似杏仁状的构造	多见于喷出岩中,如安山岩

▶ 3.3.4 岩浆岩的分类

岩浆岩的种类繁多。据统计,现有的岩浆岩名称已达 1 100 多种。为了反映它们之间的变化规律,必须对岩浆岩进行分类。分类的依据是岩石的化学成分、矿物成分、结构、构造和产状等(见表 3.6)。

表 3.6 岩浆岩的分类

颜 色				浅←————————————————————→深			
岩浆岩类型				酸性岩	中性岩	基性岩	超基性岩
$\omega(SiO_2)/\%$				>65	65~52	52~45	<45
主要矿物				正长石		斜长石	不含长石
成因类型	次要矿物			石英 云母 角闪石	角闪石 黑云母 辉石 石英<5%	角闪石 辉石 黑云母 正长石<5% 石英<5%	橄榄石 角闪石 辉石 黑云母	角闪石 斜长石 黑云母
	产状	构造	结构				
喷出岩	火山锥 熔岩流 熔岩被	杏仁 气孔 流纹 块状	非晶质 (玻璃质)	黑曜岩、浮岩等		少见	
			隐晶质、斑状	流纹岩	粗面岩	安山岩	玄武岩	少见
侵入岩	浅成	岩床 岩墙	块状	斑状全晶细粒	花岗斑岩	正长斑岩	闪长玢岩	辉绿岩	苦橄玢岩
	深成	岩株 岩基		结晶斑状全晶中、粗粒	花岗岩	正长岩	闪长岩	辉长岩	橄榄岩 辉岩

► 3.3.5 常见岩浆岩的特征(见表 3.7)

表 3.7　常见岩浆岩的特征

名称	颜色	产状	结构和构造	造岩矿物	岩类	
花岗岩	多为肉红、灰白色	产状多为岩基和岩株	全晶质粒状结构;块状构造	主要造岩矿物为石英、正长石和钾长石,次要造岩矿物为黑云母、角闪石等	酸性深成岩	
流纹岩	常为灰白、粉红、浅紫色	岩流状产出	斑状结构或隐晶结构,斑晶为钾长石、石英,基质为隐晶质或玻璃质;块状构造,具有明显的流纹和气孔状构造	主要造岩矿物为石英、正长石和钾长石,次要造岩矿物为黑云母、角闪石等	酸性喷出岩	
花岗斑岩	灰红或浅红	多为小型岩体或为大岩体边缘	似斑状结构,斑晶及基质均由钾长石、石英组成;块状构造	主要造岩矿物为石英、正长石和钾长石,次要造岩矿物为黑云母、角闪石等	酸性浅成岩	
正长岩	浅灰或肉红色	多为小型侵入体	全晶质粒状结构;块状构造	主要造岩矿物为正长石、黑云母、辉石等	中性深层侵入岩	
正长斑岩	浅灰或肉红色	多以岩脉、岩墙或岩株状产出	斑状结构,斑晶多为正长石,有时为斜长石,基质为微晶或隐晶结构;块状构造	主要造岩矿物为正长石、黑云母、辉石等	中性浅层侵入岩	
粗面岩	浅红或灰白	喷出岩产出	斑状、粗面状、球粒状结构,块状、流纹状;气孔状构造	主要造岩矿物为正长石、黑云母、辉石等	中性喷出岩	
闪长岩	灰或灰绿色	常以岩株、岩床等小型侵入体产出	全晶质中、细粒结构;块状构造	主要造岩矿物为角闪石和斜长石,次要造岩矿物为辉石、黑云母、正长石和石英	中性深层侵入岩	
闪长玢岩	灰色或灰绿色	常呈岩脉或在闪长岩体边部产出	斑状结构,斑晶主要为斜长石,有时为角闪石;块状构造	主要造岩矿物为角闪石和斜长石,次要造岩矿物为绿泥石、高岭石和方解石	中性浅层侵入岩	

名称	颜色	产状	结构和构造	造岩矿物	岩类	
安山岩	灰、灰棕、灰绿等色	产状以陆相中心式喷发为主，常与相应成分的火山碎屑岩相间构成层火山，有的呈岩钟、岩针侵出相产出	斑状结构,斑晶多为斜长石,基质为隐晶质或玻璃质；块状构造,有时含气孔、杏仁状构造	主要造岩矿物为角闪石和斜长石	中性喷出岩	
辉长岩	灰黑至暗绿色	多为小型侵入体,常以岩盆、岩株、岩床等产出	中粒全晶结构；块状构造	主要造岩矿物为辉石和斜长石,次要造岩矿物为角闪石和橄榄石	基性深层侵入岩	
辉绿岩	暗绿和绿黑色	多以岩床、岩墙等小型侵入体产出	典型的辉绿结构,其特征是粒状的微晶辉石等暗色矿物充填于由微晶斜长石组成的空隙中；块状或杏仁状构造	主要造岩矿物为辉石和斜长石,二者含量相近	基性浅成侵入岩	
玄武岩	辉绿、绿灰或暗紫色	喷溢地表易形成大规模熔岩流和熔岩被,但也有呈层状侵入体的	隐晶和斑状结构,斑晶为斜长石、辉石；常有气孔、杏仁状构造	主要造岩矿物为辉石和斜长石,次要造岩矿物为角闪石和橄榄石	基性喷出岩	
橄榄岩	橄榄绿色	—	全晶质,中、粗粒结构；块状构造	主要造岩矿物为橄榄石和少量辉石	超基性喷出岩	

3.4 沉积岩

▶ 3.4.1 沉积岩的概念

沉积岩是在地表和地下不太深的地方形成的地质体,它是在常温常压下,由风化作用、生物作用和某些火山作用所形成的松散沉积层,经过成岩作用后形成的。

沉积岩具有以下特点:

①沉积岩是地质体,是在地质历史发展过程中形成的,有其自己的发生和发展历史,在空间分布上有一定的位置和规律。

②沉积岩是在地表地质条件下形成的,因而与岩浆岩和变质岩有显著区别。

③沉积岩是松散沉积层经成岩作用方能成岩,松散沉积层与沉积岩有质的区别。沉积岩按体积约占岩石圈(厚度 16 km)的 5%,但在地表的分布面积很广,约占地球表面积的 75%,是地表常见的岩石。

▶ 3.4.2 沉积岩的形成与物质成分

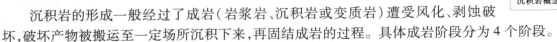

1)沉积岩的形成

沉积岩的形成一般经过了成岩(岩浆岩、沉积岩或变质岩)遭受风化、剥蚀破坏,破坏产物被搬运至一定场所沉积下来,再固结成岩的过程。具体成岩阶段分为 4 个阶段。

(1)风化阶段

地表或接近地表的岩石受温度变化,水、氧和生物等因素作用,在原地发生机械崩解或化学分解,形成松散碎屑物质、新的矿物或溶解物质。这些风化产物构成了沉积岩的物质来源。按作用的性质不同,可进一步分为物理风化、化学风化和生物风化 3 类。

①物理风化:主要指地表岩石受气温变化的影响,发生冷热、干湿或冻融的长期反复交替,使得岩石因组成矿物颗粒之间的连接遭到破坏而破碎崩解的过程。地壳岩石因上覆岩石被剥蚀发生卸荷作用而引起的岩石体积向上膨胀,也可产生平行岩石表面的膨胀裂隙,使岩石遭薄片状剥离。物理风化是一种机械破坏作用,它不改变岩石的化学成分。

②化学风化:系指岩石在 H_2O、O_2 和 CO_2 等作用下发生的化学分解。其结果不但使岩石破碎,还使岩石的矿物成分和化学成分发生变化。也包括流水对可溶性岩体以溶解方式的破坏作用。

③生物风化:指表层岩石受生物活动影响而遭破坏的过程。这种作用既可是物理的,也可是化学的。人类的工程建设活动,植物根系生长对岩石的撑裂,穴居动物钻孔和打洞,都会对岩石产生机械破坏作用。而生物新陈代谢过程中产生的有机酸、亚硝酸、碳酸以及生物死亡后遗体分解产生的腐植质等则对岩石有化学破坏作用。

上述 3 种风化作用并非孤立地进行,而是互相联系和影响的。物理风化使岩石破碎,有利于水的渗透,这给化学风化创造了条件;化学风化使岩石变得松软,降低了抵抗破坏的能力,这又促进了物理风化的进行。但是,在一定的自然条件下,却经常是以某一种风化作用占主导地位。如在高寒和干燥地区以物理风化为主,而潮湿炎热地区以化学风化为主。

(2)搬运阶段

原岩风化产物,除一部分残留在原地外,大部分被流水、风、冰川、重力及生物等搬运到其他地方。搬运方式包括机械搬运和化学搬运。流水的搬运使得碎屑物质颗粒逐渐变细,并从棱角状变成浑圆形。化学搬运是将溶解物质带到湖海中去。搬运作用的方式亦可分为拖曳搬运、悬浮搬运和溶液搬运。

①拖曳搬运:被流水和风搬运的较粗粒物质,在地面上或沿河床底滚动或跳跃前进。被搬运物质大多数在搬运途中逐渐停积于低洼处或沉积于河床底部,部分被带入海洋。

②悬浮搬运:被搬运物质颗粒较细,随风在空中或悬浮于水中前进,搬运距离可以很远。我国西北地区的黄土就是以这种方式从很远的沙漠地区搬运来的。

③溶液搬运:风化和剥蚀产物以真溶液或胶体溶液的形式被搬运。

(3)沉积阶段

在搬运过程中,由于水流变缓,风速降低,冰川融化以及其他因素的影响,导致被搬运物质下沉堆积的现象,称为沉积作用。由于风化产物沉积时介质的物理化学条件不同,在沉积过程中引起不同物质互相分离,这种作用称为沉积分异作用。沉积作用可分为机械沉积、化学沉积、生物和生物化学沉积3种类型。

①机械沉积:机械沉积主要是因为碎屑颗粒的大小,形状和相对密度等不同,在从上游到下游搬运过程中由于河流流速逐步减小能量降低而发生沉积分异,使碎屑物质按一定规律分布的现象。即碎屑颗粒大的距上游来源区近,颗粒小者距来源区远。同样大小的碎屑颗粒相对密度大者先沉积,离来源区近;比重小者后沉积,离来源区远。此外,碎屑颗粒成片状者搬运较远。这便造成了从上游来源区到下游不同的岩性分布。

②化学沉积:呈真溶液或胶体溶液方式被搬运的物质,由于溶解度不同,溶液的性质和环境的温度、压力、pH 值发生变化,或胶体粒子表面电荷被中和等原因而沉积下来的现象,称为化学沉积。在化学沉积过程中也存在着分异,通常的沉积顺序是先氧化物,然后依次是硅酸盐、碳酸盐、硫酸盐和卤化物。

③生物和生物化学沉积:该类沉积以两种方式进行。一是生物遗体的直接堆积,如植物遗体堆积经转化形成泥炭;二是生物化学沉积,即由于生物新陈代谢活动引起环境的改变。促使某些矿物质发生沉积。

(4)成岩阶段

成岩阶段即为松散的沉积物在长期的上覆压力作用下慢慢固结转变为沉积岩的过程。成岩作用主要有3种:

①压实作用:即松散沉积物在上覆沉积物及水体的重力作用下,水分大量排出,孔隙度和体积减小逐渐被压实,发生固结,从而变得紧密坚硬。

②胶结作用:由充填在沉积物颗粒间孔隙中的细矿物质将分散的颗粒黏结在一起,使其胶结变硬。

③重结晶作用:新成长的矿物产生结晶质间的联结。

2)沉积岩的成分

沉积岩的成分主要包括化学成分与矿物成分两方面内容。

(1)化学成分

沉积岩和岩浆岩的化学成分很接近,但由于两者成因不同,有些化学成分仍有差别。沉积岩中 Fe_2O_3 多,而岩浆岩含 FeO 多。沉积岩中 Na_2O 的含量比 K_2O 少,而岩浆岩则相反。沉积岩中富含 H_2O 和 CO_2,此两者在岩浆岩中含量较少。

沉积岩的平均化学成分见表 3.8。

表 3.8　沉积岩和岩浆岩的化学成分(按质量百分比计,%)

氧化物	沉积岩平均成分	岩浆岩平均成分	氧化物	沉积岩平均成分	岩浆岩平均成分
SiO_2	57.95	59.14	CaO	5.89	5.08
TiO_2	0.57	1.05	Na_2O	1.13	3.84
Al_2O_3	13.39	15.34	K_2O	2.86	3.13

续表

氧化物	沉积岩平均成分	岩浆岩平均成分	氧化物	沉积岩平均成分	岩浆岩平均成分
Fe_2O_3	3.47	3.08	P_2O_5	0.13	0.30
FeO	2.08	3.80	CO_2	5.38	0.10
MnO	—	—	H_2O	3.32	1.15
MgO	2.65	3.49	总和	98.73	99.50

（2）矿物成分

沉积岩中已发现的矿物在 160 种以上，其中比较重要的有 20 余种，构成了 99% 以上的沉积岩物质。最常见的矿物有氧化物、硅酸盐（长石类、黏土类矿物、云母类矿物）、碳酸盐、硫酸盐、磷酸盐等矿物，见表 3.9。

表 3.9　沉积岩与岩浆岩的平均矿物成分（按质量百分比计，%）

矿物名称	沉积岩	岩浆岩	矿物名称	沉积岩	岩浆岩
橄榄石		2.65	石英	34.80	20.40
黑云母		3.86	白云母	15.11	3.85
角闪石		1.64	黏土矿物	14.51	
辉石		12.90	铁质矿物	4.00	
钙长石		9.80	白云石及菱铁矿	9.07	
钠长石	4.55	25.60	方解石	4.25	
正长石	11.02	14.85	石膏及硬石膏	0.97	
磁铁矿	0.07	3.15	磷酸盐矿物	0.35	
榍石及钛铁矿	0.02	1.45	有机物质	0.73	

由表 3.9 可知，沉积岩与岩浆岩矿物成分有很大差别：

①橄榄石与钙长石等硅酸盐与铝硅酸盐矿物是在高温高压下形成的，它们在地表条件下易于风化和分解，故在沉积岩中保存很少。

②黏土矿物及有机物质等为沉积岩所特有，它们是在地表常温常压，富含 H_2O、CO_2 和生物的条件下形成的。

③钠长石、白云母、石英等矿物既存在于岩浆岩中，也存在于沉积岩中，这是因为这些矿物不仅在地表风化作用下比较稳定，不易分解，而且石英在沉积过程中也能形成。

▶ 3.4.3　沉积岩的结构和构造

1）沉积岩的结构

沉积岩的结构能反映它的成因特征，是与岩浆岩区别的重要标志。沉积岩的结构是指组成岩石成分的个体颗粒形态、大小及其连接方式。

沉积岩的结构按成因可分为碎屑结构、非碎屑结构（泥质结构、结晶结构和生物结构）。沉积岩的结构分类及特征如表3.10所示。

沉积岩的结构
分类

表3.10 沉积岩的结构分类

序号	沉积岩结构分类	沉积岩结构特征	常见岩石
1	碎屑结构	特征为碎屑颗粒由胶结物黏结起来形成岩石。具此种结构特征的岩石称为碎屑岩。按主要碎屑粒度大小，可将碎屑结构分为三种： ①砾状结构：砾状结构的碎屑粒径>2 mm，相应沉积岩为砾岩； ②砂状结构：砂状结构的碎屑粒径为0.05～2 mm，它又可分为粗砂岩（碎屑粒径为0.5～2 mm）、中砂岩（碎屑粒径为0.25～0.5 mm）、细砂岩（碎屑粒径为0.05～0.25 mm）； ③粉砂状结构：粉砂状结构的碎屑粒径为0.005～0.05 mm。相应的沉积岩为粉砂岩	砾岩、粗砂岩、细砂岩、粉砂岩
2	泥质结构	泥质结构又称黏土结构，是黏土岩的特有结构，由粒径<0.005 mm的黏土矿物颗粒组成	泥岩、页岩
3	结晶结构	结晶结构是由化学沉淀或胶体重结晶所形成的结构，又称化学结构	石灰岩、白云岩
4	生物结构	某些岩石由生物遗体或碎片构成骨架，充填以其沉积物称生物结构	珊瑚结构、贝壳结构

2）沉积岩的构造

沉积岩的构造，是指沉积岩各个组成部分的空间分布和排列方式。沉积岩的构造主要是层理构造，其特征见表3.11所示。层理是沉积岩在形成过程中，由于季节性气候的变化，沉积环境的改变，使先后沉积的物质在颗粒大小、形状、颜色和成分上发生相应变化，从而显示出来的成层现象（见图3.10）。层理是沉积岩最重要的一种构造特征，是沉积岩区别于岩浆岩和变质岩的最主要的标志。

沉积岩层理
构造判别

表3.11 沉积岩的构造分类

沉积岩构造分类		沉积岩构造特征
层理构造	水平层理	特点是细层理呈直线状，互相平行。形成于平静或微弱流动的水介质中，如海洋、湖泊的深水地带及泻湖、沼泽地区
	斜层理	特点是由一系列倾斜层系重叠组成，层系之间界面较平直，细层与层系界面斜交。若相邻层系互相平行，各层系中的细层均向一个方向倾斜，称为单斜层理。单斜层理的细层倾斜方向指示水流的方向，常见于河流沉积及其他流动水的沉积物中
	交错层理	特点是各细层呈曲线状的波状起伏，是波浪引起水底沉积物流动造成的。常为河流三角洲、海与湖的近岸地区或风的沉积产物

| （a）水平层理 | （b）斜层理 | （c）交错层理 |

图 3.10　层理类型

▶　3.4.4　沉积岩的分类

沉积岩的分类

根据沉积岩的组成成分、结构和形成条件，可将沉积岩分为碎屑岩、黏土岩、化学岩及生物化学岩类，详见表 3.12。

表 3.12　沉积岩的分类

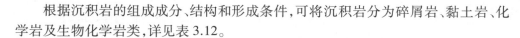

岩类		结　构	岩石分类名称	主要亚类及其组成物质
碎屑岩类	火山碎屑石	碎屑结构	粒径>100 mm	火山集块岩	主要由大于 100 mm 的熔岩碎块、火山灰尘等经压密胶结而成
			粒径 2~100 mm	火山角砾岩	主要由 2~100 mm 熔岩碎屑、晶屑、玻屑及其他碎屑混入物组成
			粒径<2 mm	凝灰岩	由 50%以上粒径小于 2 mm 的火山灰组成，其中有岩屑、晶屑、玻屑等细粒碎屑物质
	沉积碎屑石	碎屑结构	砾状结构（粒径>2 mm）	砾岩	角砾岩:由带棱角的角砾经胶结而成 砾岩:由浑圆的砾石经胶结而成
			砂质结构（粒径 0.05~2 mm）	砂岩	石英砂岩:ω（石英）>90%、ω（长石和岩屑）<10% 长石砂岩:ω（石英）<75%、ω（长石）>25%、ω（岩屑）<10% 岩屑砂岩:ω（石英）<75%、ω（长石）<10%）、ω（岩屑）>25%
			粉砂结构（粒径 0.005~0.05 mm）	粉砂岩	主要由石英、长石的粉、黏粒及黏土矿物组成
黏土岩类		泥质结构（粒径<0.005 mm）	泥岩	主要由高岭石、微晶高岭石及水云母等黏土矿物组成
			页岩	黏土质页岩:由黏土矿物组成 碳质页岩:由黏土矿物及有机质组成
化学及生物化学岩类		结晶结构及生物结构	石灰岩	石灰岩:ω（方解石）>90%，ω（黏土矿物）<10% 泥灰岩:ω（方解石）=50%~75%，ω（黏土矿物）=25%~50%
			白云石	白云岩:ω（白云石）=90%~100%，ω（方解石）<10% 灰质白云岩:ω（白云石）=50%~75%，ω（方解石）=25%~50%

► **3.4.5 常见沉积岩的特征**（见表 3.13）

表 3.13 **常见沉积岩的特征**

序列	名　称	沉积岩特征
1	砾岩	由大小不等,性质不同,并且磨圆度较好的卵石堆积胶结而形成的岩石。胶结物通常有硅质、铁质、钙质及砂和黏土。砾石呈圆形是长距离流水搬运或海浪冲击的结果。如砾石未被磨圆且棱角明显者称为角砾岩
2	砂岩	由各种成分的砂粒(直径在 2~0.05 mm)被胶结而形成的岩石。砂岩的颜色与胶结物成分有关,通常硅质与钙质胶结者颜色较浅,铁质胶结常呈黄色、红色或棕色。硅质胶结者最为坚硬。砂岩的强度相当高,但遇水浸泡后强度则会大大降低,尤其黏土胶结的砂岩,性能较差。钙质胶结的砂岩易被酸性水溶蚀。沉积岩的强度一般均低于火成岩,特别是中间有页岩或黏土岩夹层时更为不利
3	粉砂岩	由直径为 0.05~0.005 mm 的砂粒经胶结而生成。粉砂岩成分以石英为主,其次是长石、云母和岩石碎屑等
4	页岩	层理十分发育的黏土岩,沿层理方向易裂成薄片
5	泥岩	呈块状,层节理不明显的黏土岩
6	石灰岩	一种以方解石为主要组分的碳酸盐岩,常混入有黏土、粉砂等杂质。呈灰色或灰白色,性脆,硬度不大,小刀能刻划,滴稀盐酸会剧烈起泡。按成因可分为生物灰岩、化学灰岩等。由于石灰岩易溶蚀,所以在石灰岩发育地区,常形成石林、溶洞等自然景观
7	白云岩	一种以白云石为主要组分的碳酸盐岩。常混入有方解石、黏土矿物和石膏等杂质。外貌与石灰岩很相似,滴稀盐酸缓慢起泡或不起泡。白云岩风化表面常有白云石粉及纵横交叉的刀砍状溶沟,且较石灰岩坚韧

续表

序列	名　　称	沉积岩特征
8	泥灰岩	属于石灰岩和黏土岩之间的过渡型岩石。以黏土质点和碳酸盐质点为主，呈微粒或泥质结构。与石灰岩区别之处是滴稀盐酸后，多有暗色泥质残余物
9	硅质岩	硅质岩是通过化学作用、生物化学作用形成的，化学成分以 SiO_2 为主的沉积岩。它的主要矿物成分是石英、玉髓和蛋白石，多为隐晶质结构，呈黑黑或灰白等色。多数致密坚硬，化学性质稳定，不易风化。这类岩石包括硅藻土、燧石岩及碧玉岩等。其中以燧石岩最为常见。常以结核状、透镜状或薄层状存在于碳酸盐中
10	火山碎屑岩	一种介于由喷出岩浆冷凝形成的熔岩与正常沉积岩之间的过渡类型岩石。主要由火山作用形成的各种碎屑物堆积而成。根据碎屑粒径，可以进一步分为集块岩（粒径>64 mm）、火山角砾岩（粒径 2~64 mm）和凝灰岩（粒径<2 mm）

3.5　变质岩及三大类岩石的相互转化

▶ 3.5.1　变质岩的概念

变质岩的概念

由原先存在的固体岩石（火成岩、沉积岩或早期变质岩）在岩浆作用（高温、高压、化学活动性气体）或构造作用下使其在成分、结构构造方面发生改变而形成新的岩石的改造过程称为变质作用。母岩经变质作用产生的新的岩石称为变质岩。

变质岩在地壳上分布广泛，从前震旦纪至新生代的各个地质时期都有分布。特别是占整个地质历史时期 4/5 的前寒武纪的地层，绝大部分由变质岩所组成。变质岩构成的结晶基底广泛分布于世界各地，它们常呈区域性大面积出露，也可呈局部出现，如我国辽宁、山东、河北、山西、内蒙古等地均有大量分布。古生代以后形成的变质岩，在我国不同省区的山系也有广泛的分布，如天山、祁连山、秦岭、大兴安岭，以及青藏高原、横断山脉、东南沿海等地，均可见有不同时期的变质岩。

变质作用在形成变质岩的过程中，还可形成一系列的变质矿床，如铁、铜、滑石、磷、刚玉、石墨、石棉等。因此，研究变质岩的形成和分布规律，对于发现和开发矿产资源以加速国民经济发展，是具有重大意义的。

▶ 3.5.2　变质作用的类型

变质作用是一种地质作用，地质作用是引起岩石变质的根本因素。但直接影响岩石矿物成分、结构构造发生改变的因素是变质作用发生时的物理条件和化学环境,如高温、高压、化学活动性流体、构造应力作用等。

根据变质作用的因素及变质岩形成条件,可将变质作用分为下列几种类型(见图 3.11)。

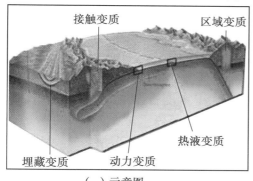

（a）示意图

（b）实景图

图 3.11　变质岩

（1）接触变质作用

接触变质作用指的是在地下高温高压下,含有大量溶液和气体的岩浆上升侵入上部岩层时,与其接触的周边岩石发生矿物成分、结构构造改变的变质现象。接触带附近岩石变质程度的深浅,除与侵入岩浆的距离有关外,还与温度压力有关。例如,接触带的砂岩变质成石英岩,纯石灰岩变成大理岩等。接触变质带的岩石具有烘烤和挤压现象,且一般岩石较破碎,裂隙发育,强度降低。

接触变质作用

（2）区域变质作用

区域变质作用指的是在地壳地质构造和岩浆活动都很强烈的地区,在区域构造应力和高温、高压、化学活动性流体的共同综合作用下发生大范围深埋地下岩体的区域变质现象。其变质范围可达数千甚至数万平方千米,大部分变质岩属于此类。区域变质岩的岩性,在很大范围内是比较均匀的,其强度则取决于岩石本身的结构和成分等。如大面积的板岩、片麻岩等。

区域变质作用

（3）动力变质作用

动力变质作用指的是在褶皱带、断裂带附近的岩层发生强烈定向动力构造运动形成的变质现象。通常发生动力变质主要使岩石在强大的压力挤压下破碎,再经结晶后形成变质岩,如生成糜棱岩、千枚岩和断层角砾岩等。这种岩石分布不广,但因岩石受挤压较破碎,易风化,抗剪强度低,故对水工建筑物是不利的。

动力变质作用

（4）交代变质作用

交代变质作用指的是岩石与岩浆中的活动性气体接触而发生交代作用的变质现象。也就是岩浆中的某些化学活动性气体等新矿物取代了母岩中的某些原矿物而形成新的岩石现象。例如,交代作用产生的蛇纹岩、云英岩等。

（5）混合岩化作用

变质作用后期岩石出现部分熔融形成花岗质熔体,与固态岩石发生混合、交代作用称为混合岩化作用。

► ### 3.5.3 变质岩的物质成分

变质岩的物质成分在这里主要包括化学成分与矿物成分两方面。

1)化学成分

变质岩的化学成分在相当大的程度上取决于原岩的化学成分。如果变质过程中以重结晶作用为主,则主要表现为原有矿物进一步结晶增大,或各种化学成分重新组合形成新的矿物,经变质后岩石的基本化学成分不会发生明显的变化。但是,如果变质过程中有交代作用,由于物质的带入和带出,就会使原岩的化学成分产生相应的变化。交代作用越强,变质岩与原岩的化学成分差异越大。化学活动性流体包括水蒸气,O_2,CO_2,B,S 等元素的气体和液体。这些流体是岩浆分化后期产物,它们与周围原岩中的矿物接触发生化学交替或分解作用,形成新矿物,从而改变了原岩中的矿物成分。例如:

$$H_4Al_2Si_2O_9 \longrightarrow Al_2SiO_5 + SiO_2 + 2H_2O \uparrow$$

高岭石   红柱石   石英

2)矿物成分

变质岩是原岩受高温高压等变质作用而成,因此变质岩的化学成分及矿物成分具一定的继承性,另一方面变质作用与岩浆作用、沉积作用又有所不同。组成变质岩的矿物,一部分是与岩浆岩或沉积岩所共有的,如石英、长石、云母、角闪石、辉石、方解石等;另一部分是变质作用所特有的变质矿物,如红柱石、矽线石、蓝晶石、硅灰石、刚玉、绿泥石、绿帘石、绢云母、滑石、叶蜡石、蛇纹石、石榴子石等。这些矿物具有变质分带指示作用,如绿泥石、绢云母、蛇纹石多出现在浅变质带,白云母、黑云母、蓝晶石代表中变质带,而矽线石、硅灰石则存在于深变质带中。这类矿物称为标准变质矿物。例如:

470 ℃ 1 个大气压(101 kPa)

$$CaCO_3 + SiO_2 \underset{吸\ 热}{\overset{}{\rightleftharpoons}} CaSiO_3 + CO_2 \uparrow$$

方解石   石英   硅灰石

► ### 3.5.4 变质岩的结构和构造

1)变质岩的结构

变质岩的结构是指构成岩石的各矿物颗粒的大小、形状以及它们之间的相互关系。变质岩的结构有变余结构、变晶结构和碎裂结构 3 种,各类特征如表 3.14 所示。

表 3.14 变质岩的结构分类

序号	变质岩结构分类	变质岩结构特征
1	变余结构	原岩在变质作用过程中,由于重结晶、变质结晶作用不完全,原岩的矿物成分和结构特征被部分保留下来,即称为变余结构。如泥质砂岩变质以后,泥质胶结物变质成绢云母和绿泥石,而其中碎屑矿物如石英不发生变化,被保留下来,形成变余砂状结构

续表

序号	变质岩结构分类	变质岩结构特征
2	变晶结构	岩石在固体状态下发生重结晶、变质结晶或重组合所形成的结构称为变晶结构。这是变质岩中最常见的结构。该类结构中矿物多呈定向排列。根据变晶矿物的粒度分。按变晶矿物颗粒的相对大小可分为等粒变晶结构、不等粒变晶结构及斑状变晶结构;按变晶矿物颗粒的绝对大小可分为粗粒变晶结构(主要矿物颗粒直径>3 mm)、中粒变晶结构(1~3 mm)、细粒变晶结构(0.1~1 mm)、显微变晶结构(<0.1 mm)。按变晶矿物颗粒的形状分。可分为粒状变晶结构、鳞片状变晶结构及纤维状变晶结构等
3	碎裂结构	这是由于岩石在低温下受定向压力作用,当压力超过其强度极限时发生破裂、错动,形成碎块甚至粉末状后又被胶结在一起的结构。它是动力变质岩中常见的结构,根据破碎程度可分为碎裂结构、碎斑结构、糜棱结构等

2)变质岩的构造

变质岩的构造是鉴定变质岩的主要特征,也是区别于其他岩石的特有标志。按成因变质岩的构造可分为片麻状构造、片状构造、板状构造、块状构造、千枚状构造五种,各类特征见表3.15。

变质岩的构造

表 3.15 变质岩的构造分类

序号	变质岩构造分类	变质岩构造特征	常见岩石
1	板状构造	岩石结构致密,沿一定方向极易分裂成厚度近于均一的薄板状	各种板岩
2	千枚状构造	岩石中重结晶的矿物颗粒细小,多为隐晶质片状或柱状矿物呈定向排列,片理为薄层状,呈绢丝光泽	千枚岩特有的构造
3	片状构造	在定向挤压应力的长期作用下,岩石中含有大量片状、板状、纤维状矿物互相平行排列形成的构造,有此种构造的岩石,具有各向异性特征,沿片理面易于裂开,其强度、透水性、抗风化能力等也随方向不同而异	各种片岩
4	块状构造	岩石呈坚硬块体,颗粒分布较均匀,常是粒状矿物重结晶的岩石所特有的构造	大理岩、石英岩
5	片麻状构造	岩石主要由晶粒较粗的浅色矿物(石英、长石等)和片状、柱状的黑色矿物(黑云母、角闪石等),组成大致相间平行排列,呈条带状分布的构造	片麻岩所特有的构造

▶ 3.5.5 变质岩的分类

变质岩具有特殊的构造、结构和变质矿物,其分类命名较复杂,一般可采用以下原则来确定:区域变质岩主要根据岩石的构造,块状构造的变质岩主要根据矿物成分,动力变质岩主要根据反映破碎程度的结构来分类定名,见表3.16。

表 3.16　常见变质岩分类

变质类型	岩类	岩石名称	构造	结构	主要矿物成分
区域变质(由板岩至片麻岩变质程度递增)	片理状岩类	板岩	板状	变余结构 部分变晶结构	黏土矿物、云母、绿泥石、石英、长石等
		千枚岩	千枚状	显微鳞片变晶结构	绢云母、石英、长石、绿泥石、方解石等
		片岩	片状	显晶质鳞片状变晶结构	云母、角闪石、绿泥石、石墨、滑石、石榴子石等
		片麻岩	片麻状	粒状变晶结构	石英、长石、云母、角闪石、辉石等
接触变质或区域变质	块状岩类	大理岩	块状	粒状变晶结构	方解石、白云石
		石英岩		粒状变晶结构	石英
		矽卡岩		不等粒变晶结构	石榴子石、辉石、硅灰石(钙质矽卡岩)
交代变质	块状岩类	蛇纹岩	块状	隐晶质结构	蛇纹石
		云英岩		粒状变晶结构 花岗变晶结构	白云母、石英
动力变质	构造破碎岩类	断层角砾岩		角砾状结构 碎裂结构	岩石碎屑、矿物碎屑
		糜棱岩		糜棱结构	长石、石英、绢云母、绿泥石

▶ **3.5.6　常见变质岩的特征**(见表 3.17)

表 3.17　常见变质岩的特征

序列	名称	变质岩特征
1	板岩	具板状构造的浅变质岩石。由黏土岩、粉砂岩或中酸性凝灰岩经轻微变质形成。原岩因脱水硬度增大,但矿物成分基本上没有重结晶或只有部分重结晶,常具变余结构和变余构造。外表呈致密隐晶质,矿物颗粒很细,肉眼难以鉴别。有时在板理面上有少量的绢云母、绿泥石等新生矿物。板岩一般根据颜色和杂质不同而详细命名,如黑色炭质板岩、灰绿色钙质板岩等。沿板状破裂面可将板岩成片剥下,作为房瓦、铺路等建筑材料
2	片岩	具明显片状构造的岩石。一般以云母、绿泥石、滑石、角闪石等片状或柱状矿物为主,并成定向排列。粒状矿物主要为石英和长石。岩石的变质程度比千枚岩高,矿物颗粒肉眼易于分辨

续表

序列	名称	变质岩特征
3	千枚岩	具千枚状构造的浅变质岩石。原岩类型与板岩的相同。变质程度比板岩稍高,原岩成分大部分已发生重结晶,主要由细小的绢云母、绿泥石、石英、钠长石等新生矿物组成。千枚岩可根据矿物成分和颜色不同而详细命名,如硬绿泥石千枚岩、黄绿色钙质千枚岩等
4	片麻岩	含长石、石英较多,具明显片麻状构造的变质岩石。岩石中的长石(钾长石、斜长石)和石英的质量分数>50%,长石质量分数一般大于石英。片状和柱状矿物主要为云母、角闪石、辉石等。一般为变质程度较深的区域变质岩石,但也可通过热液接触变质作用形成。片麻岩一般根据长石种类及主要的片状或柱状矿物详细命名,如黑云(钾长)片麻岩、斜长片麻岩
5	矽卡岩	由中酸性侵入体与碳酸盐类岩石接触时,发生交代作用形成的岩石。矽卡岩根据其中主要矿物的化学成分特点分为两种类型:一种是主要矿物为石榴石(钙铝榴石—钙铁榴石)、辉石(透辉石—钙铁辉石)、符山石、方柱石、硅灰石等富钙的硅酸盐矿物,称为钙质矽卡岩;另一种是主要矿物为镁橄榄石、透辉石、尖晶石、金云母、硅镁石、硼镁石等富镁的硅酸盐矿物,称为镁质矽卡岩。矽卡岩与铁、铜、铅、锌、硼、金云母等许多金属和非金属矿产的形成有密切的关系
6	石英岩	石英质量分数大于85%的变质岩石。由石英砂岩或硅质岩经区域变质作用或热接触变质作用而形成。一般具粒状变晶结构及块状构造,部分具条带状构造,分布较广,是优良的建筑材料和制造玻璃的原料
7	角岩	又称角页岩,为具有细粒状变晶结构和块状构造的中高温热接触变质岩的统称。原岩可以是黏土岩、粉砂岩、岩浆岩及火山碎屑岩。原岩成分基本上全部重结晶,一般不具变余结构,有时可具不明显的层状构造
8	云英岩	主要由花岗岩在高温热液影响下经交代作用所形成的一种变质岩石。一般为浅色,如灰白色、粉红色等。矿物成分主要为石英、云母、黄玉、电气石和萤石等。云英岩一般分布在花岗岩侵入体边部及接触带附近的围岩
9	蛇纹岩	一种主要由蛇纹石组成的岩石。由超基性岩经中低温热液交代作用或中低级区域变质作用,使原岩中的橄榄石和辉石发生蛇纹石化形成。岩石一般呈黄绿至黑绿色,致密块状,硬度较低,略具滑感。风化面常呈灰白色,有时可见网纹状构造。因外表像蛇皮的花纹,故得名。蛇纹岩常与镍、钴、铂等金属矿床密切共生。蛇纹石化过程中还可形成石棉、滑石、菱镁矿等非金属矿床
10	混合岩	由混合岩化作用所形成的各种变质岩石。主要特点是岩石的矿物成分和结构、构造不均匀。在交代作用较弱的岩石中,可分辨出来原来变质岩的基体和新生成的脉体两部分。脉体主要由浅色的长石和石英组成,可含少量暗色矿物。随着交代作用增强,基体与脉体之间的界线逐渐消失,最后可形成类似花岗质岩石的混合岩。根据混合岩化作用的方式、强度以及岩石的构造特征等,可将混合岩分为不同的类型,如眼球状混合岩、条带状混合岩、混合片麻岩、混合花岗岩等

续表

序列	名　称	变质岩特征
11	大理岩	是一种碳酸盐矿物(方解石、白云石)为主,其质量分数大于50%的变质岩石。由石灰岩、白云岩等经区域变质作用或热接触变质作用形成。大理岩可根据碳酸盐矿物的种类、特征变质矿物、特殊的结构、构造和颜色等详细命名,如大理岩、白云质大理岩、透闪石大理岩、条带状大理岩、粉红色大理岩等。大理岩一般呈白色,如含有不同的杂质,则可出现不同的颜色和花纹,磨光后非常美观。其中结构均匀,质地致密的白色细粒大理岩,称为汉白玉
12	断层角砾岩	属动力变质岩中破碎程度最低的岩石。由岩石的碎块组成,角砾内部并无矿物成分或结构的变化而保留着原岩的特点。角砾之间主要为更细的碎屑基质胶结,有时也有岩石压溶物质或地下水循环带来物质(铁质、碳酸盐、硅质等)沉淀于角砾之间
13	糜棱岩	为原岩遭受强烈挤压破碎后所形成的一种粒度细的动力变质岩石。显微镜观察,主要由细粒的石英、长石及少量新生重结晶矿物(绢云母、绿泥石等)所组成。矿物碎屑的粒度一般小于0.5 mm,有时可见少量较粗的原岩碎屑,呈眼球状的碎斑,碎屑呈明显的定向排列,形成糜棱结构。由于碾碎程度的差异或被碾碎物质成分和颜色的不同,可以形成条纹状构造。岩性坚硬致密,肉眼观之与硅质岩相似,见于断层破碎带中
14	碎裂岩	属动力变质岩,见于断层带中。它与断层角砾岩的区别,一方面在于破碎程度较高,岩石被挤压和碾搓得更为细碎;另一方面还在于原岩中矿物颗粒的破碎。显微镜下观察,破碎的石英、长石产生波状消光,斜长石双晶发生弯曲、错动,云母出现挠曲。岩石的原生结构遭到破坏,形成碎裂结构或碎斑结构。很少见矿物颗粒呈定向排列
15	片理化岩	凡因断裂作用而使断裂带中的岩石发生强烈的压碎和显著的重结晶作用,并具有片状构造的动力变质岩均属片理化岩。它与糜棱岩的主要区别是重结晶作用显著,有大量新生变质矿物的出现

▶ 3.5.7　三大类岩石的相互转化

沉积岩、岩浆岩(火成岩)和变质岩是地球上组成岩石圈的三大类岩石,它们都是各种地质作用的产物。然而,当原先形成的岩石,一旦改变其所处的环境,它们将随之发生改造,转化为其他类型的岩石。

三大类岩石具有不同的形成条件和环境,而岩石形成所需的环境条件又会随着地质作用的进行不断地发生变化。沉积岩和岩浆岩可以通过变质作用形成变质岩。在地表常温、常压条件下,岩浆岩和变质岩又可以通过母岩的风化、剥蚀和一系列的沉积作用而形成沉积岩。当变质岩和沉积岩进入地下深处后,在高温高压条件下又会发生熔融形成岩浆,经结晶作用而变成岩浆岩。因此,在地球的岩石圈内,三大岩类处于不断演化过程之中。

总之,岩石圈内的三大类岩石是完全可以互相转化的(见图 3.12),它们之所以不断地运动、变化,完全是岩石圈自身动力作用以及岩石圈与大气圈、水圈、生物圈和地幔等圈层相互作用的缘故。在这个不断运动、变化的岩石圈内,三大类岩石不断地转化,使岩石呈现出复杂多样的变化。尽管在短时间内和在某一种环境中,岩石表现出相对的稳定性,但是从长时间来看,岩石圈里的岩石都是在不断地变化着的。任何岩石都不是永恒不变的,而只是在一定时期和一定的地质环境条件下的产物。

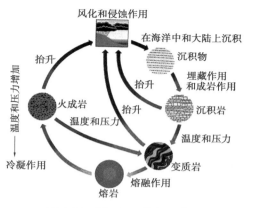

图 3.12 岩石相互转化示意图

3.6 岩石的基本物理力学性质

▶ 3.6.1 岩石的物理性质

描述岩石某种物理性质的数值或物理量称为岩石物理性质指标。在岩体力学研究中经常应用的岩石基本物理性质指标有岩石的重度、相对密度及孔隙率等。

1)**岩石重度(γ)**

岩石重度(也称容重)是单位体积岩石的重量,即:

$$\gamma = \frac{W}{V} \tag{3.1}$$

式中　W——岩石试件重量,kN;

　　　V——岩石试件的体积(包括孔隙体积),m^3。

按岩石的含水状况不同,重度可分为天然重度、干重度和饱和重度;天然的饱和重度又可称湿重度。但由于一般岩石的孔隙很少,其干重度与湿重度数值上差别不大,与岩石的相对密度也比较接近。通常可用干重度来表示岩石的天然重度。

干重度(γ_d)是岩石在完全干燥状态下单位体积中固体部分的重量。其表达式为:

$$\gamma_d = \frac{W_s}{V} \tag{3.2}$$

式中　W_s——岩石试件烘干后的重量,kN;

　　　V——岩石试件的体积包括孔隙体积,m^3。

岩石的天然重度决定于组成岩石的矿物成分、孔隙大小及其含水情况。

2)**岩石相对密度(d)**

岩石相对密度是单位体积岩石固体部分的重量与同体积水(4 ℃)的重量之比,即:

$$d = \frac{W_s}{V_s \gamma_w} \tag{3.3}$$

式中　W_s——体积为 V 的岩石固体部分的重量,kN;

$\qquad V_s$——岩石固体部分(不包括孔隙)的体积,m³;

$\qquad \gamma_w$——单位体积水(4 ℃)的重量,kN/m³。

岩石相对密度取决于组成岩石的矿物相对密度及其在岩石中的相对含量,如基性、超基性岩含相对密度大的矿物多,其相对密度一般较大,酸性岩石相反,其相对密度较小。

测定岩石相对密度,需将岩石研磨成粉末烘干后,再用比重瓶法测定之。常见岩石相对密度多为 2.50~3.30。

3)岩石孔隙率

岩石孔隙率指岩石孔隙和裂隙体积与岩石总体积之比,以百分数表示。即:

$$n = \frac{V_n}{V} = \frac{G - \gamma_d}{G} \times 100\% \tag{3.4}$$

式中　V——岩石体积,m³;

$\qquad V_n$——岩石孔隙总体积,m³。

▶ 3.6.2　岩石的水理性质

岩石水理性质系指岩石与水相互作用时所表现的性质,通常包括岩石吸水性、透水性、软化性和抗冻性等。

1)岩石吸水性

岩石在一定试验条件下的吸水性能称为岩石吸水性。它取决于岩石孔隙体积大小、开闭程度和分布情况。表征岩石吸水性的指标有吸水率、饱水率和饱水系数。

岩石吸水率(w_1)系指岩石试件在常温常压下自由吸入水的重量(W_{w_1})与岩石烘干后的重量(W_s)之比值,以百分数表示。即:

$$w_1 = \frac{W_{w_1}}{W_s} \times 100\% \tag{3.5}$$

岩石饱水率(w_2)是指岩石在高压(一般为 15 MPa)或真空条件下吸入水的重量(W_{w_2})与干燥岩石重量(W_s)之比的百分率,即:

$$w_2 = \frac{W_{w_2}}{W_s} \times 100\% \tag{3.6}$$

岩石饱水系数(k_s)系指岩石吸水率(w_1)与饱水率(w_2)之比,即:

$$k_s = \frac{w_1}{w_2} \tag{3.7}$$

岩石饱水率反映孔隙发育程度,可用来间接判定岩石抗冻性和抗风化能力。一般情况下,岩石的饱水系数为 0.5~0.8。岩石的饱水系数越大,其抗冻性便越差。当岩石的饱水系数小于0.8 时,说明在常温常压条件下岩石吸水后尚有余留孔隙没被水充满,所以在冻结过程中岩石内的水有膨胀和挤入孔隙的余地,岩石将不被冻坏。当岩石的饱水系数大于 0.8 时,说明在常温常压条件下岩石吸水后的余留孔隙相当小,几乎没有余留孔隙,所以在冻结过程中所形成的冰将在岩石内产生十分强大的冻胀力,致使岩石被冻裂。

2）岩石透水性

岩石的透水性是指土或岩石允许水透过本身的能力。透水性的强弱取决于土或岩石中孔隙和裂隙的大小,透水性的强弱以渗透系数来表示。在透水性强的岩层中钻进,易发生渗透漏失或涌水。通常近似假定水在节理岩中渗流服从达西定律,即:

$$k = \frac{v}{I} = \frac{v}{\Delta H + \dfrac{p}{\gamma_w}}$$
(3.8)

式中　k——岩石的渗透系数,取决于岩石的物理性质;

　　　v——渗透水流速;

　　　I——水头梯度,表示水流单位长度距离上的水头损失;

　　　ΔH——水流过单位长度距离位置的竖向高差;

　　　P——渗流水压力;

　　　γ_w——水的容重。

3）岩石软化性

岩石浸水后强度降低的特性称为岩石的软化性。岩石软化性与岩石孔隙、矿物成分、胶结物质等有关。岩石软化性大小常用软化系数(k_d)来表示,即:

$$k_d = \frac{R_w}{R_d}$$
(3.9)

式中　R_w,R_d——分别为岩石饱水状态和岩石干燥状态的单轴抗压强度,kPa;

软化系数小于1。通常认为:岩石 $k_d > 0.75$,软化性弱,抗风化和抗冻性能强;$k_d < 0.75$,软化性强,抗风化和抗冻性能较差。

4）岩石抗冻性

岩石抵抗冻融破坏的性能称为岩石的抗冻性。岩石浸水后,当温度降到 0 ℃以下时,其孔隙中的水将冻结,体积增大9%,产生较大的膨胀压力,使岩石的结构和连结发生改变,直至破坏。反复冻融,将使岩石强度降低。岩石的抗冻性通常采用抗冻系数及质量损失率来表示。

岩石的抗冻系数(R_p)是指岩石冻融试验后的抗压强度(p_{cr})与未冻融(冻融试验前)的抗压强度(p_c)之比的百分率,即:

$$R_p = \frac{p_{cr}}{p_c} \times 100\%$$
(3.10)

岩石的质量损失率(k_m)是指岩石冻融前后的干质量差($m_s - m_{sr}$)与冻融试验前的干质量(m_s)之比的百分率,即:

$$k_m = \frac{m_s - m_{sr}}{m_s} \times 100\%$$
(3.11)

测定岩石的 R_p 和 k_m 时,要求先将岩石试样浸水饱和,然后在−20 ℃温度下冷冻,冻后融化,融后再冻,如此反复冻融25次或更多次。具体冻融次数可以依据工程地区的气候条件而定。岩石的抗冻性主要取决于岩石中大开孔隙数量、亲水性和可溶性矿物含量,以及矿物间连结力大小等。一般认为,$R_p > 75\%$,$k_m < 2\%$ 的岩石抗冻性好。尤其是岩石吸水率 $w_1 < 5\%$,软化系数 $k_d > 0.75$,而饱水系数 $k_s < 0.8$ 的岩石具有足够的抗冻能力。

5）常见岩石的物理性质和水理性质指标

常见岩石的物理性质和水理性质指标见表 3.18。

表 3.18　常见岩石的物理性质和水理性质指标

	岩石名称	相对密度	密度/（g·cm⁻³）	孔隙率/%	吸水率/%
岩浆岩	花岗岩	2.50~2.84	2.30~2.80	0.04~3.53	0.2~1.7
	花岗闪长岩	2.65	2.65	1.5~1.8	1.5~1.8
	闪长岩	2.60~3.10	2.52~2.96	0.25~3.0	0.18~0.40
	正长岩	2.50~2.90	2.40~2.85		0.47~1.94
	辉长岩	2.70~3.20	2.55~2.98	0.29~3.13	
	流纹斑岩	2.62~2.65	2.58~2.51	0.9~2.30	0.14~0.35
	流纹岩	2.65	2.60~2.65		
	粗面岩	2.40~2.70	2.30~2.67		
	安山岩	2.40~2.80	2.30~2.75	1.09~2.19	
	闪长玢岩	2.66~2.84	2.49~2.78	2.1~5.1	0.4~1.0
	斑岩	2.62~2.84	2.20~2.74	0.29~2.75	
	玢岩	2.60~2.90	2.40~2.86		
	辉绿岩	2.60~3.10	2.53~2.97	0.40~6.38	0.20~1.0
	玄武岩	2.50~3.10	2.53~3.10	0.35~3.0	0.39~0.80
	橄榄岩	2.90~3.40	2.90~3.40		
	霏细岩	2.66~2.84	2.62~2.78	1.59~2.23	0.18~0.35
	响岩	2.40~2.70	2.40~2.70		
沉积岩	角砾岩	2.50~3.00	2.20~2.90		
	凝灰岩	2.68	2.58	4.59	0.55
	粗面凝灰岩			25.07	
	熔结凝灰岩	2.87	2.64		3.35
	硅质砾岩	2.64~2.77	2.42~2.70	0.40~4.10	0.16~4.40
	石英砾岩	2.67~2.71	2.6	0.34~9.3	
	钙质胶结砾岩		2.42~2.66		
	黏土质胶结砾岩		2.2		
	石英砂岩	2.64~2.77	2.42~2.77	1.04~9.30	0.14~4.10
	硅质胶结砂岩		2.5		
	泥质胶结砂岩	2.60~2.70	2.20~2.60	5.00~20.0	1.00~9.00
	页岩	2.57~2.77	2.3	2.46~7.59	
	砂质钙质页岩		2.47~2.60	2.00~7.00	2.30~6.00
	灰质页岩		2.65~2.70		
	致密石灰岩	2.70~2.80	2.60~2.77	1.00~3.5	0.20~3.00
	白云质灰岩	2.75	2.70~2.75	1.64~3.22	0.50~0.66
	泥质灰岩	2.70~2.75	2.45~2.65	1.00~3.00	2.00~4.00

岩石名称		相对密度	密度/(g·cm⁻³)	孔隙率/%	吸水率/%
变质岩	片麻岩(新鲜)	2.69~2.82	2.65~2.79	0.70~2.20	0.10~0.70
	花岗片麻岩(强风化)		2.30~2.50		
	石英、角闪石片岩	2.72~3.02	2.68~2.92	0.70~3.00	0.10~0.30
	云母、绿泥石片岩	2.75~2.83	2.69~2.76	0.80~2.10	0.10~0.60
	硅质板岩	2.74~2.81	2.71~2.75	0.30~3.80	0.7
	泥质板岩	2.68~2.77	2.31~2.75	2.5~13.5	
	千枚岩	2.81~2.96	2.71~2.86		0.50~0.80
	石英岩	2.70~2.75	2.65~2.75	0.50~2.80	0.10~0.40
	白云岩	2.78	2.7	0.3~25	
	大理岩	2.70~2.87	2.7	0.1~6	

▶ 3.6.3 岩石的力学性质

在岩体上进行工程建筑,直接影响建筑物的变形与稳定性的,是岩石的力学性质,其中又主要是变形特性和强度特性。前者是在外力作用下岩石中的应力与应变的关系特性,后者则为岩石抵抗应力破坏作用的性能。

1)岩石的应力与应变特性

（1）单向无侧限岩石抗压试验的应力与应变关系

岩石在外力作用下会产生变形,其变形性质可分为弹性变形和塑性变形,破坏方式有塑性和脆性破坏之分。岩石抗压变形的试验方法一般有单向逐级维持荷载法、单向单循环荷载法、单向多循环荷载法其 $\sigma\text{-}\varepsilon$ 曲线分别如图 3.14~图 3.16 所示。

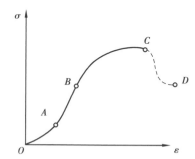

图 3.13　无侧限岩石抗压试验　　　图 3.14　单向逐级维持荷载法 $\sigma\text{-}\varepsilon$ 曲线

单向逐级维持荷载法应力-应变关系根据 $\sigma\text{-}\varepsilon$ 曲率的变化,可将岩石变形过程划分为 4 个阶段,见图 3.14。

①孔隙裂隙压密阶段(见图 3.14 中的 OA 段):岩石中原有的微裂隙在荷重作用下逐渐被压密,曲线呈上凹形,曲线斜率随应力增大而逐渐增加,表示微裂隙的变化开始较快,随后逐渐减慢。A 点对应的应力称为压密极限强度。对于微裂隙发育的岩石,本阶段比较明显,但致密坚

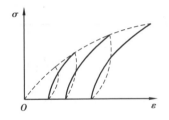

图 3.15　单向单循环荷载法 σ-ε 曲线

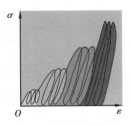

图 3.16　单向多循环荷载法 σ-ε 曲线

硬的岩石很难划出这个阶段。

②弹性变形至微破裂稳定发展阶段(见图 3.14 中的 AB 段):岩石中的微裂隙进一步闭合,孔隙被压缩,原有裂隙基本上没有新的发展,也没有产生新的裂隙,应力与应变基本上成正比关系,曲线近于直线,岩石变形以弹性为主。B 点对应的应力称为弹性极限强度。

③塑性变形阶段至破坏峰值阶段(见图 3.14 中的 BC 段):当应力超过弹性极限强度后,岩石中产生新的裂隙,同时已有裂隙也有新的发展,应变的增加速率超过应力的增加速率,应力-应变曲线的斜率逐渐降低,并呈曲线关系,体积变形由压缩转变为膨胀。应力增加,裂隙进一步扩展,岩石局部破损,且破损范围逐渐扩大形成贯通的破裂面,导致岩石破坏。C 点对应的应力达到最大值,称为峰值强度或单轴极限抗压强度。

④破坏后峰值跌落阶段至残余强度阶段(见图 3.14 中 C 点以后):岩石破坏后,经过较大的变形,应力下降到一定程度开始保持常数,D 点对应的应力称为残余强度。

（2）岩石在三向压力(围压)作用下的应力应变关系

岩石单元体的三向受力状态(见图 3.17)可以有两种方式:一种是 $\sigma_1>\sigma_2>\sigma_3$,称为三向不等压试验,也称真三轴状态;另一种则是 $\sigma_1>\sigma_2=\sigma_3$,称假三轴状态。目前常用的岩石三向压力试验是后一种方式,因此,通常所说的三轴试验是指假三轴试验。

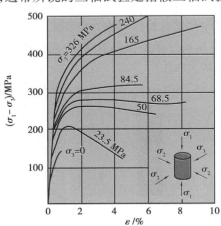

图 3.17　岩石单元体的三向应力状态　　图 3.18　大理岩在三向压缩条件下的关系曲线

大量的岩石力学试验表明,岩石在三向受力状态下的应力-应变关系与单向无侧限受力状态下的应力-应变关系有很大的区别。最典型的特征可以用大理岩在三向围压压缩条件下的应力-应变曲线(见图 3.18)来表示。由图 3.18 可以看出:

①在单向无侧限应力状态下($\sigma_3=0$),大理岩试件在变形不大的情况下就产生破坏,且表现为脆性破坏。

②随着围压 σ_3 的增大,岩石在破坏以前的总变形量也随之增大,而且主要是塑性变形的变形量增大。当 σ_3 增大到一定范围以后,岩石变形就成为典型的塑性变形。这说明了岩石的变形和破坏的性质会随着围压的增大而抗压强度增加。

③不论 $\sigma_3 = 0$ 或是 $\sigma_3 > 0$,在岩石的应力-应变曲线的初始阶段都表现为近似直线关系,说明了当 $\sigma_1 - \sigma_2$ 的数值在一定范围内,岩石的变形特征还是符合弹性变形特征,而当 $\sigma_1 - \sigma_2$ 超出了某一范围后,岩石的变形才出现塑性变形的特征。由此可见,岩石的应力-应变关系与围压 σ_3 的大小有关。

(3)岩石的蠕变

岩石的蠕变是指岩石在恒定应力不变的情况下,岩石的变形随时间而增长的现象(见图3.19)。岩石的蠕变实质上是岩石恒定加荷后,岩石内部裂隙孔隙逐渐压密的过程。岩石的蠕变特性可以通过蠕变试验,即在岩石试件上加一恒定荷载,观测其变形随时间的发展状况来研究。

(4)岩石的松弛

岩石的松弛是指当岩石保持应变恒定时,应力随着时间的延长而降低的现象,见图3.20。如岩石中的挖孔桩施工会使得挖孔桩周边岩石松弛。松弛试验的条件就是使试件的变形保持一恒定值,借此来观察荷载随时间的变化特性。

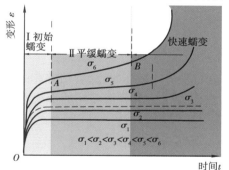

图3.19　不同应力条件下岩石(体)的蠕变曲线

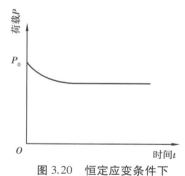

图3.20　恒定应变条件下
岩石(体)的松弛曲线

(5)岩石的变形指标

岩石的变形性能一般用弹性模量、变形模量和泊松比3个指标来表示。

①弹性模量 E_e 是应力与弹性应变的比值,即:

$$E_e = \frac{\sigma}{\varepsilon_e}$$

(3.12)

式中　E_e——弹性模量,MPa;

σ——岩石试件中的应力,压应力为正值,MPa;

ε_e——岩石的弹性应变。

岩石的弹性模量越大,变形越小,说明岩石抵抗变形的能力越高。

②变形模量 E_p 是应力与总应变的比值,即:

$$E_p = \frac{\sigma}{\varepsilon_p + \varepsilon_e}$$

(3.13)

式中　E_p——变形模量,MPa;

ε_p——岩石的塑性应变。

岩石的弹性模量和变形模量可以从试验曲线上某点的切线斜率获得,也可从曲线上某点(通常在强度极限的一半处取点)与原点间所作直线的斜率获得。前者称为切线模量,后者称为割线模量。

③泊松比μ是横向应变ε_d与纵向应变ε_1的比值,即:

$$\mu = \frac{\varepsilon_d}{\varepsilon_1} \qquad (3.14)$$

2)岩石的强度

岩石抵抗外力破坏的能力,称为岩石的强度。岩石的强度与受力形式有关。受压变形破坏的为抗压强度;受拉变形破坏的为抗拉强度;受剪应力作用剪切破坏的为抗剪强度。

(1)单向无侧限岩石的抗压强度

岩石抗压强度也就是岩石在单轴受压力作用下抵抗压碎破坏的能力,相当于岩石受压破坏时的最大压应力,即:

$$R_c = \frac{p}{A} \qquad (3.15)$$

式中　R_c——抗压强度,kPa;

　　　p——岩石受压破坏时的极限轴向力,kN;

　　　A——试样受压面积,m^2。

(2)抗剪强度

抗剪强度是岩石抵抗剪切破坏的能力。相当于岩石受剪切破坏时,沿剪切破坏面的最大剪应力。由于岩石的组成成分和结构、构造比较复杂,在应力作用下剪切破坏的形式有多种。主要的有3种,如图3.21所示:

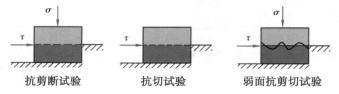

抗剪断试验　　　　　抗切试验　　　　　弱面抗剪切试验

图3.21　岩石的三种受剪方式示意图

室内的岩石抗剪强度测定,最常用的是测定岩石的抗剪断强度。岩石的抗剪断强度,是岩石在外部剪切力作用下,抵抗剪切破坏的能力。通过岩石剪切试验,确定岩石剪切破坏时剪切面上的正应力σ与剪应力τ之间的关系,确定岩石的内摩擦角φ和黏聚力c,从而获得岩石的抗剪断强度。一般用楔形剪切仪,其主要装置如图3.22所示。

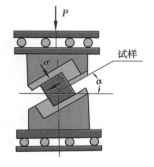

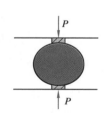

图3.22　岩石抗剪断强度试验　　　　　图3.23　劈裂法试验示意图

不同 α 角的夹具下试样剪断时所受正应力和剪应力按式(3.16)计算:

$$\sigma = \frac{P}{A}(\cos\alpha + f\sin\alpha)$$

$$\tau = \frac{P}{A}(\sin\alpha - f\cos\alpha) \tag{3.16}$$

式中　σ——剪断面上的法向压应力;

　　　τ——剪断面上极限剪应力;

　　　P——压力机加在夹具中试样上的最大铅直荷重;

　　　A——剪断面面积;

　　　f——滚珠的摩擦系数,由摩擦校正试验决定;

　　　α——用夹具固定的剪断面与水平面的夹角。

（3）岩石的抗拉强度

抗拉强度是岩石力学性质的重要指标之一。由于岩石的抗拉强度远小于其抗压强度,故在受载时,岩石往往首先发生拉伸破坏,这一点在地下工程中有着重要意义。

岩石试件在单轴拉伸荷载作用下所能承受的最大拉应力就是岩石的抗拉强度,以 R_t 表示。即:

$$R_t = \frac{P_t}{A} \tag{3.17}$$

式中　R_t——岩石的抗拉强度,MPa;

　　　P_t——试件被拉断时的拉力,N;

　　　A——试件的横截面积,mm^2。

岩石的抗拉强度很小,不少岩石小于 20 MPa。

由于直接拉伸试验受夹持条件等限制,岩石的抗拉强度一般均由间接试验得出。在此采用国际岩石学会实验室委员会推荐并为普遍采用的间接拉伸法(劈裂法)测定岩样的抗拉强度。实验装置如图 3.23 所示。

圆柱或立方形试件劈裂时的抗拉强度 R_t 由式(3.18)确定:

$$R_t = \frac{2P_u}{\pi Dt} \tag{3.18}$$

式中　P_u——试件破坏时的荷载;

　　　D——圆柱体试件的直径;

　　　t——圆柱体试件厚度。

3）岩石的物理力学参数及强度之间的相互关系

试验资料表明,同一种岩石,由于受力状态不同,强度值相差悬殊。各种强度间有如下的统计关系:同一种岩石一般情况下单轴抗压强度最大,抗剪强度次之,抗拉强度最小。

岩石的单轴抗拉强度为单轴抗压强度的 1/38~1/5;

岩石的抗剪强度为单轴抗压强度的 1/15~1/2。

此外,岩石在长期荷载作用下的抗破坏能力,要比短时间加载下的抗破坏能力小。对于坚固岩石,长期强度为短时强度的 70%~80%;对于软质与中等坚固岩石,长期强度为短时强度的 40%~60%。

岩石的物理性质、水理性质及力学性质参数(指标)是工程设计重要的基本参数。一般通过试验测定求得,表 3.19 中列出了一些常见完整岩石的试验结果,以供参考。

表 3.19　几种岩石的力学参数

岩石种类	抗压强度 /MPa	抗拉强度 /MPa	弹性模量 /GPa	泊松比	抗剪强度指标	
					内摩擦角/(°)	黏聚力/MPa
花岗岩	100~250	7~25	50~100	0.2~0.3	45~60	14~50
流纹岩	180~300	15~30	50~100	0.1~0.25	45~60	10~50
安山岩	100~250	10~20	50~120	0.2~0.3	45~50	10~40
辉长岩	180~300	15~35	70~150	0.1~0.2	50~55	10~50
玄武岩	150~300	10~30	60~120	0.1~0.35	48~55	20~60
砂　岩	20~200	4~25	10~100	0.2~0.3	35~50	8~40
页　岩	10~100	2~10	20~80	0.2~0.4	15~30	3~20
石灰岩	50~200	5~20	50~100	0.2~0.35	35~50	10~50
白云岩	80~250	15~25	40~80	0.2~0.35	30~50	20~50
片麻岩	50~200	5~20	10~100	0.2~0.35	30~50	3~5
大理岩	100~250	7~20	10~90	0.2~0.35	35~50	15~30
板　岩	60~200	7~15	20~80	0.2~0.3	45~60	2~20
石英岩	150~350	10~30	60~200	0.1~0.25	50~60	20~60

3.7　岩石的工程性状及影响因素

▶ 3.7.1　决定岩石工程性状的主要因素

岩石作为建筑物地基和建筑材料,在应用时,必须注意影响其物理性质变化的因素。影响的因素是多方面的,主要的有两方面:一是岩石的矿物成分、结构与构造及成因等;二是风化和水等外部因素的影响。

(1)矿物成分

组成岩石的矿物是直接影响岩石基本性质的主要因素。对于岩浆岩来说,其由结晶良好、晶粒较粗的岩基和侵入体组成,具有较高的强度特性,而细粗晶或非晶质喷发岩类强度较低;由基性矿物组成的岩石比酸性矿物的相对密度大,其强度也比酸性矿物的高;含白云母、黑云母、角闪石等成分的岩石,容易风化,强度相对较低。沉积岩则与组成岩石的颗粒成分及其胶结物的强度有关,由石英和硅胶结的砂岩,远比细颗粒黏土矿物和泥质胶结的页岩的强度大。变质岩的强度则与原岩的成分有关。

(2)结构

岩石的结构特征大致可分为两类:一类是结晶联结的岩石,包括结晶联结的部分岩浆岩、沉积岩和变质岩;另一类是胶结联结的岩石,如沉积岩中的碎屑岩和部分喷发岩等。前者晶体间的联结力强,孔隙率小,结构致密,密度大,吸水率变化范围小,具有较高的强度,且细晶粒结构的岩石比粗晶粒结构的强度大。例如粗晶粒花岗岩的抗压强度一般为118~137 MPa,而细晶粒花岗岩的抗压强度可达196~245 MPa。后者由矿物岩石碎屑和胶结物联结,岩石的强度相对较低,变化较大,其强度的大小主要决定于胶结物的成分和胶结的形式,同时也受碎屑成分的影响。硅质胶结的强度与稳定性较高,泥质胶结的较低,钙质和铁质胶结的介于两者之间。例如泥质砂岩的抗压强度一般只有59~79 MPa,钙质和铁质胶结的可达118 MPa,而硅质胶结的可达137~206 MPa。

（3）构造

构造对岩石的物理力学性质的影响主要在于岩石本身的结构构造及岩石的裂隙发育程度。由于矿物成分在岩石中分布的不均匀性和结构的不连续性,使岩石强度具有各向异性性质。例如具有千枚状、板状、片状、片麻状构造的岩石,在片理面、层理面上往往强度较低,受剪切时,常沿该结构面剪切破坏,往往是垂直于层理面、片理面的抗压强度大于平行该层面的抗压强度。岩石(体)的节理越发育则岩石的强度越低。

（4）水

岩石饱水后强度降低,已为大量的试验资料所证实。当岩石受到水的作用时,水就沿着岩石中的孔隙、裂隙侵入,浸湿岩石自由表面上的矿物颗粒,并继续沿着矿物颗粒间的接触面向深部侵入,削弱矿物颗粒间的联结,使岩石的强度受到影响。其降低程度在很大程度上取决于岩石的孔隙率。当其他条件相同时,孔隙率大的岩石,被水饱和后岩石的强度降低的幅度也大。

（5）风化作用

自岩石形成后,地表岩石就受到风化作用的影响。经物理、化学和生物的风化作用后,可以使岩石强度逐渐降低,严重影响岩石的物理力学性质。

▶　3.7.2　影响岩浆岩工程性状的主要因素

由于不同的生成条件,各种岩浆岩的结构、构造和矿物成分亦不相同,因而岩石的工程地质及水文地质性质也各有所异。所以,具体是什么种类的岩浆岩及其力学性质是影响岩浆岩工程性状的最主要因素。

（1）岩浆岩的种类对工程性状的影响

深成岩具结晶联结,晶粒粗大均匀,力学强度高,裂隙率小,裂隙较不发育,一般透水性弱、抗水性强。深成岩岩体大、整体稳定性好,故一般是良好的建筑物地基和天然建筑石材。值得注意的是这类岩石往往由多种矿物结晶组成,抗风化能力较差,特别是含铁镁质较多的基性岩,则更易风化破碎,故应注意对其风化程度和深度的调查研究。

浅成岩中细晶质和隐晶质结构的岩石透水性小,力学强度高,抗风化性能较深成岩强,通常也是较好的建筑地基。但斑状结构岩石的透水性和力学强度变化较大,特别是脉岩类,岩体小,且穿插于不同的岩石中,易蚀变风化,使强度降低、透水性增大。

喷出岩多为隐晶质或玻璃质结构,其力学强度也高,一般可以作为建筑物的地基。应注意的是其中常常具有气孔构造、流纹构造及发育有原生裂隙,透水性较大。此外,喷出岩多呈岩流状产出,岩体厚度小,岩相变化大,对地基的均一性和整体稳定性影响较大。

（2）岩浆岩的结构构造对工程性状的影响

岩浆岩的结构越致密,工程性状越好,反之岩浆岩的构造裂隙越发育,工程性状相对越差。

（3）岩浆岩的风化程度对工程性状的影响

岩浆岩的风化程度越高,工程性状越差,同一场地同种岩石,一般来说工程性状（岩石抗压强度）从好到坏的次序依次为:未风化岩石>微风化岩石>中风化岩石>强风化岩石>全风化岩石。

（4）岩浆岩饱水率对工程性状的影响

同一场地同种岩石裂隙和节理越发育,一般越富含水,其强度也就越低,对工程性状是不利的,但裂隙发育的玄武岩地区往往存在具有供水意义的地下水资源。

▶ 3.7.3　影响沉积岩工程性状的主要因素

沉积岩按其结构特征可分为碎屑岩、泥质岩及生物化学岩等,不同的沉积岩的工程地质及水文地质性质也各有所异。所以,具体是什么种类的沉积岩及其力学性质是影响沉积岩工程性状的最主要因素。

（1）沉积岩的种类对工程性状的影响

火山碎屑岩的类型复杂,岩体结构变化较大,其中粗粒碎屑岩的工程地质性质较好,接近于岩浆岩。细粒的如凝灰岩,由细小火山灰组成,质软,水理性质甚差,为软弱岩层。

沉积碎屑岩的工程地质性质一般较好,但其胶结物成分和胶结类型的影响显著,如硅质基底式胶结的岩石比泥质接触式胶结的岩石强度高、裂隙率小、透水性低等。此外,碎屑的成分、粒度、级配对工程性质也有一定的影响,如石英质的砂岩和砾岩比长石质的砂岩为好。

黏土岩和页岩的性质相近,抗压强度和抗剪强度低,受力后变形量大,浸水后易软化和泥化。若含蒙脱石成分,还具有较大的膨胀性。这两种岩石对水工建筑物地基和建筑场地边坡的稳定都极为不利,但其透水性小,可作为隔水层和防渗层。

化学岩和生物化学岩抗水性弱,常具不同程度的可溶性。硅质成分化学岩的强度较高,但性脆易裂,整体性差。碳酸盐类岩石如石灰岩、白云岩等具中等强度,一般能满足结构设计要求,但存在于其中的各种不同形态的喀斯特,往往成为集中渗漏的通道,在坝址和水库的地质勘察中,应查清喀斯特的发育及分布规律。易溶的石膏、石盐等化学岩,往往以夹层或透镜体存在于其他沉积岩中,质软,浸水易溶解,常常导致地基和边坡的失稳。

（2）沉积岩的结构构造对工程性状的影响

沉积岩的结构越致密,工程性状越好,反之沉积岩的构造裂隙越发育,工程性状相对越差。

（3）风化程度对工程性状的影响

沉积岩的风化程度越高,工程性状越差,同一场地同种岩石,一般来说工程性状（岩石抗压强度）从好到坏的次序依次为:未风化岩石>微风化岩石>中风化岩石>强风化岩石>全风化岩石。

（4）沉积岩饱水率对工程性状的影响

同一场地同种岩石裂隙和节理越发育,一般越富含水,其强度也就越低,对工程性状是不利的,但裂隙发育的砂岩、砾岩和石灰岩地区,往往储存有较丰富的地下水资源,一些水量较大的泉流,大多位于石灰岩分布区或其边缘部位,是重要的水源地。

▶ 3.7.4　影响变质岩工程性状的主要因素

变质岩是由岩浆岩或沉积岩受温度、压力或化学性质活泼的溶液的作用,在固态下变质而成的,故其工程性质与原岩密切相关。所以,具体是什么种类的变质岩及其力学性质,是影响变质岩工程性状的最主要因素。

(1)变质岩的种类对工程性状的影响

原岩为岩浆岩的变质岩其性质与岩浆岩相似(如花岗片麻岩与花岗岩);原岩为沉积岩的变质岩其性质与沉积岩相近(如各种片岩、千枚岩、板岩与页岩和黏土岩相近;石英岩、大理岩分别与石英砂岩和石灰岩相近)。一般情况下,由于原岩矿物成分在高温高压下重结晶的结果,岩石的力学强度较变质前相对增高。但是,如果在变质过程中形成某些变质矿物,如滑石、绿泥石、绢云母等,则其力学强度(特别是抗剪强度)会相对降低,抗风化能力变差。动力变质作用形成的变质岩(包括碎裂岩、断层角砾岩、糜棱岩等)的力学强度和抗水性均甚差。

变质岩的片理构造(包括板状、千枚状、片状及片麻状构造)会使岩石具有各向异性特征,工程建筑中应注意研究其在垂直及平行于片理构造方向上工程性质的变化。

(2)变质岩的结构构造对工程性状的影响

变质岩的结构越致密,工程性状越好,反之变质岩的构造裂隙越发育,工程性状相对越差。

(3)风化程度对工程性状的影响

变质岩的风化程度越高,工程性状越差,同一场地同种岩石,一般来说工程性状(岩石抗压强度)从好到坏的次序依次为:未风化岩石>微风化岩石>中风化岩石>强风化岩石>全风化岩石。

(4)变质岩饱水率对工程性状的影响

同一场地同种岩石裂隙和节理越发育,一般越富含水,其强度也就越低,对工程性状是不利的。变质岩中往往裂隙发育,在裂隙发育部位或较大断裂部位,常常形成裂隙含水带,这样的地区可作为小规模的地下水源地。

本章小结

(1)地球的外部层圈有大气圈、水圈和生物圈。地球的内部层圈包括地壳、地幔和地核。

(2)矿物是组成岩石的基本物质单元,它是地壳中的元素在各种地质作用下由一种或几种元素结合而成的天然单质或化合物。矿物的形状、颜色、条痕、透明度、光泽、硬度、解理、断口、密度等是鉴别矿物的主要标志。

(3)岩浆岩亦称火成岩,它是由炽热的岩浆在地下或喷出地表后冷凝形成的岩石。岩浆岩的产状可分为侵入岩岩体产状和喷出岩岩体产状两大类。

(4)岩浆岩的结构是指岩石中(单体)矿物的结晶程度、颗粒大小、形状以及它们的相互组合关系。按岩石中矿物结晶程度可分为全晶质结构、半晶质结构和非晶质结构;按岩石中矿物颗粒的绝对大小可分为显晶质结构和隐晶质结构;按岩石中矿物颗粒的相对大小可分为等粒结构、不等粒结构、斑状结构和似斑状结构。

(5)岩浆岩的构造是指(集合体)矿物在岩石中排列的顺序和填充的方式所反映出来岩石的外貌特征。岩浆岩的构造特征,主要决定于岩浆冷凝时的环境。常见的岩浆岩构造有块状构造、流纹构造、气孔构造和杏仁状构造四种。

（6）沉积岩是在地表和地下不太深的地方形成的地质体，它是在常温常压下，由风化作用、生物作用和某些火山作用所形成的松散沉积层，经过成岩作用形成的。沉积岩的形成一般经过风化阶段、搬运阶段、沉积阶段和成岩阶段四个阶段。

（7）沉积岩的结构是组成岩石成分的个体颗粒形态、大小及其连接方式。按成因可将沉积岩的结构分为碎屑结构、非碎屑结构（泥质结构、结晶结构和生物结构）。

（8）沉积岩的构造是指沉积岩各个组成部分的空间分布和排列方式。层理是沉积岩最重要的一种构造特征，是沉积岩区别于岩浆岩和变质岩的最主要的标志。

（9）由原先存在的固体岩石（火成岩、沉积岩或早期变质岩）在岩浆作用（高温、高压、化学活性气体）或构造作用下使得原岩在成分、结构构造方面发生改变而形成新的岩石的改造过程称为变质作用。母岩经变质作用产生的新的岩石称为变质岩。

（10）变质作用主要包括接触变质作用、区域变质作用、动力变质作用和交代变质作用。

（11）变质岩的结构是指构成岩石的各矿物颗粒的大小、形状以及它们之间的相互关系。变质岩的结构有变余结构、变晶结构和碎裂结构三种。

（12）变质岩的构造是鉴定变质岩主要特征，也是区别于其他岩石的特有标志。一般按成因，将变质岩的构造分为片麻状构造、片状构造、板状构造、块状构造、千枚状构造五种。

（13）岩石圈内的三大类岩石是可以互相转化的，它们之所以不断地运动、变化，完全是岩石圈自身动力作用以及岩石圈与大气圈、水圈、生物圈和地幔等圈层相互作用的缘故。在这个不断运动、变化的岩石圈内，三大类岩石一再地转化，使岩石呈现出复杂多样的性状。

（14）描述岩石某种物理性质的数值或物理量称为岩石物理性质指标。在岩体力学研究中，经常应用的岩石基本物理性质指标有岩石的密度、相对密度及孔隙率等。

（15）岩石水理性质系指岩石与水相互作用时所表现的性质，通常包括岩石吸水性、透水性、软化性和抗冻性等。

（16）岩石在外力作用下会产生变形，其变形性质可分为弹性、弹塑性、塑性和脆性之分。岩石抗压变形试验方法一般有单向逐级维持荷载法、单向单循环荷载法、单向多循环荷载法。

（17）岩石的蠕变是指岩石在恒定应力不变的情况下，其变形随时间而增长的现象。岩石的蠕变实质上是岩石恒定加荷后，岩石内部裂隙孔隙逐渐压密的过程。岩石的蠕变特性可以通过蠕变试验，即在岩石试件上加一恒定荷载，观测其变形随时间的发展状况来研究。

（18）岩石的松弛是指当岩石保持应变恒定时，应力随着时间的延长而降低的现象。

（19）岩石的变形性能一般用弹性模量、变形模量和泊松比三个指标来表示。

（20）岩石抵抗外力破坏的能力，称为岩石的强度。岩石的强度与受力形式有关，受压变形破坏的为抗压强度；受拉变形破坏的为抗拉强度；受剪切破坏的为抗剪强度。

（21）试验资料表明，同一种岩石，由于受力状态不同，强度值相差悬殊。各种强度间有如下的统计关系：同一种岩石一般情况下单轴抗压强度最大，抗剪强度次之，抗拉强度最小。岩石的单轴抗拉强度为单轴抗压强度的 $1/38 \sim 1/5$，抗剪强度为单轴抗压强度的 $1/15 \sim 1/2$。

（22）岩石作为建筑物地基和建筑材料，在应用时，必须注意影响其物理力学性质变化的因素。影响的因素是多方面的，主要的有两方面：一是形成岩石的组成成分、结构与构造及成因等；二是风化和水等外部因素的影响。

思考题

3.1 地球的内圈和外圈各分为哪三圈？各圈层的性质如何？各有哪些特点？

3.2 矿物的定义是什么？矿物如何进行分类？常见的造岩矿物和造矿矿物有哪些？常见的原生矿物和次生矿物有哪些？

3.3 矿物的主要物理性质有哪些？如何根据矿物的性质进行标本识别？

3.4 岩浆岩是怎样形成的？可分为哪几种类型？岩浆岩常见的矿物成分有哪些？岩浆岩的结构、构造特征是什么？岩浆岩的代表性岩石有哪些？

3.5 沉积岩是怎样形成的？可分为哪几种类型？沉积岩常见的矿物成分有哪些？沉积岩的结构、构造特征是什么？沉积岩的代表性岩石有哪些？

3.6 什么是变质作用？变质作用有哪些类型？变质岩的主要矿物组成、结构、构造特征是什么？变质岩的代表性岩石有哪些？

3.7 三大类岩石在物质组成、结构、构造上的异同有哪些？岩石标本的鉴定方法是怎样的？如何对三大类岩石进行鉴定？三大类岩石是如何相互转化的？

3.8 岩石的密度、相对密度、孔隙率的含义是什么？如何计算？

3.9 岩石的水理性质通常包括哪些？岩石的吸水性、透水性、软化性和抗冻性分别指什么？怎样来表示？

3.10 岩石的力学性质包括哪些内容？岩石的应力应变关系有何特点？分为哪几个阶段？岩石的破坏方式有哪些？

3.11 什么是岩石的蠕变和松弛？

3.12 岩石的抗压强度、抗剪强度和抗拉强度是如何表示的？各有怎样的破坏形式？

3.13 影响岩石工程地质性质的因素有哪些？岩浆岩、沉积岩和变质岩的工程地质性质如何评价？

4

地质构造及地质图

现代地质学认为,地壳被划分成许多刚性的板块,而这些板块在不停地彼此相对运动。正是这些地壳运动,引起海陆变迁,产生各种地质构造,形成山脉、高原、平原、丘陵、盆地等基本构造形态。地质构造的规模,有大有小,但都是地壳运动的产物,是地壳运动在地层和岩体中所造成的永久变形。这些地质构造,经历了长期复杂的地质过程,都是地质历史的产物。地质构造大大改变了岩层和岩体原来的工程地质性质,影响岩体稳定,增大岩石的渗透性,为地下水的活动和富集创造了条件。因此,研究地质构造不但有阐明和探讨地壳运动发生、发展规律的理论意义,而且有指导工程地质、水文地质、地震预测预报工作和地下水资源的开发利用等生产实践的重要意义。

本章将重点介绍地质年代,地壳构造运动的类型,岩层产状,水平岩层与倾斜岩层在地形地质上的表现,褶皱构造,节理构造与玫瑰花图,断层,地质图的阅读与分析以及地质构造对工程的影响等方面内容。

4.1 地质年代

▶ 4.1.1 地质年代的确定方法

地壳发展演变的历史叫做地质历史,简称地史。根据科学推算,地球的年龄至少已有 46 亿年。在漫长的地质历史中,地壳经历了许多次强烈的构造运动、岩浆活动、海陆变迁、剥蚀和沉积作用等各种地质事件,形成了不同的地质体。查明地质事件发生或地质体形成的时代和先后顺序是十分重要的。

1)地质年代的定义

地层的地质年代有绝对地质年代和相对地质年代之分。

绝对地质年代是指地层形成到现在的实际年数,是用距今多少年以前来表示,目前,主要是根据岩石中所含放射性元素的蜕变来确定的。绝对地质年代,能说明岩层形成的确切时间,但不能反映岩层形成的地质过程。

相对地质年代是指地层形成的先后顺序和地层的相对新老关系,是由该岩石地层单位与相邻已知岩石地层单位的相对层位的关系来决定的。相对地质年代,不包含用"年"表示的时间概念,但能说明岩层形成的先后顺序及其相对的新老关系。在地质工作中,用得较多的是相对地质年代。

划分地质年代和地层单位的主要依据,是地壳运动和生物演变。地壳发生大的构造变动之后,自然地理条件将发生显著变化,各种生物也将随之演变,以适应新的生存环境,这样就形成了地壳发展历史的阶段性。一般把地壳形成后的发展历史过程分成五个称为"代"的大阶段,每个代又分成若干个"纪",纪内因生物发展及地质情况的不同,又细分为若干个"世"及"期",以及一些更细的段落,这些统称地质年代。每一个地质年代都有相应的地层。地质年代单位与地层单位的对应关系,以及其顺序和名称,列于表4.1。

表 4.1　地质年代单位与相对应的地层单位表

使用范围	地质年代单位	地层单位
国际性	代纪世	界系统
全国性或大区域性	(世)期	(统)阶带
地方性	时(时代、时期)	群组段(带)

2)绝对地质年代的确定

绝对地质年代一般是根据放射性同位素的蜕变规律测定岩石和矿物年龄来确定的。其原理是基于放射性元素都具有固定的衰变常数(λ),即每年每克母体同位素能产生的子体同位素的克数是一定的,且矿物中放射性同位素蜕变后剩下的母体同位素含量(N)与蜕变而成的子体同位素含量(D)可以测出,再根据式(4.1)便可计算出该放射性同位素的年龄(t),此t亦即该放射性同位素所存在的地质体的年龄。

$$t = \frac{1}{\lambda} \ln\left(1 + \frac{D}{N}\right) \tag{4.1}$$

目前测定同位素年龄广泛采用的方法有:钾-氩法($K^{40} \rightarrow Ar^{40}$)、铷-锶法($Rb^{87} \rightarrow Sr^{87}$)、铀-铅法($U^{235} \rightarrow Pb^{207}$)和碳-氮法($C^{14} \rightarrow N^{14}$)。其中,前三者主要用以测定较古老岩石的地质年龄,而碳-氮法专用于测定最新的地质事件和地质体的年龄。

3)相对地质年代的确定

确定相对地质年代的常用方法有地层层序法、生物层序法、岩性对比法和地层接触关系法等。

（1）地层层序法

地层是指在一定地质年代内形成的层状岩石。地层层序法是确定地层相对年代的基本方法。未经过构造运动改造的层状岩层大多是水平岩层。原始产出的地层具有下老上新的规律，因此可以利用地层层序法来确定其相对地质年代。但有时，因发生构造运动，地层层序逆转，老岩层会覆盖在新岩层之上，这就须利用沉积岩的泥裂、波痕、递变层理、交错层等原生构造来判别岩层的顶、底面，以便确定其新老关系。

（2）生物层序法

地质历史上的生物称为古生物。其遗体和遗迹可保存在沉积岩层中，一般被钙质、硅质充填或交代，形成化石。长期生产实践积累的大量化石资料证明，地球上的生命在大约 32 亿年前即已出现，以后由于内因和外因的作用，生命一直在不断地运动、变化，不断地由简单到复杂，由低级到高级向前发展，直到形成今天的生物界。生物的进化是不可逆的又是有阶段性的，同一时代的地层具有相同的化石组合特点，不同时代的地层则具有不同的化石组合。因此，我们就可以根据地层中的化石确定该地层的地质年代。

（3）岩性对比法

一般在同一时期，同样环境下形成的岩石，它的成分、结构和构造应该是相似的。因此，可根据岩性及层序特征对比来确定某一地区岩层的年代。

（4）地层接触关系法

沉积岩间的接触，基本上可分为整合接触与不整合接触两大类型（见图4.1）。

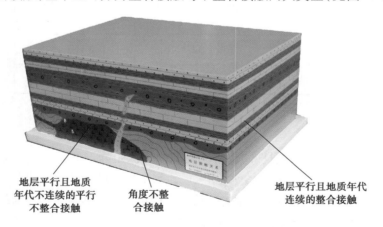

地层平行且地质　　　　　　　角度不整　　　　　　　地层平行且地质年代
年代不连续的平行　　　　　　合接触　　　　　　　　连续的整合接触
不整合接触

图 4.1　两套岩层之间的整合与不整合接触关系

①整合接触：一个地区在持续稳定的沉积环境下，地层依次沉积的地质年代连续，各地层之间彼此平行，地层间的这种连续、平行的接触关系称为整合接触。其特点是沉积时间与地质年代连续，上、下岩层产状基本一致。

②不整合接触：当沉积岩的两套地层之间有明显的沉积间断时，即沉积的地质年代明显不连续，两套地层之间缺失某一时代的地层，称为不整合接触。因为在很多沉积岩序列里，不是所有的原始沉积物都能保存下来。地壳上升可以被风化剥蚀掉，然后下降时又被新的沉积物所覆盖，这种时代缺失的剥蚀面称为不整合面。不整合接触又可以分为平行不整合接触和角度不整合接触。

平行不整合接触:又叫假整合接触。指相邻上下两套新、老地层产状基本相同,但出现地质年代不连续(两套地层之间发生了较长期的沉积间断,其间缺失了部分年代的地层)的接触关系。

角度不整合接触:相邻上下两套新、老地层之间地质年代不连续,同时两套地层产状呈一定的角度接触的接触关系。

▶ 4.1.2 地质年代表

划分地质年代单位和地层单位的主要依据是地壳运动和生物的演变。地壳发生大的构造变动之后,自然地理条件将发生显著变化。因而,各种生物也将发生演变,适者生存,不适者淘汰,这样就形成了地壳发展历史的阶段性。在不同地质时代相应地形成不同的地层,故地层是地壳在各种地质时代里变化的真实记录。地质学家们根据几次大的地壳运动和生物界大的演变,把地质历史分为隐生宙和显生宙两个大阶段;宙以下分为代,隐生宙分为太古代、元古代;显生宙分为早古生代(寒武纪ϵ、奥陶纪O、志留纪S)、晚古生代(泥盆纪D、石炭纪C、二叠纪P)、中生代(三叠纪T、侏罗纪J、白垩纪K)和新生代(第三纪R、第四纪Q);代以下分纪,纪以下分世,依此类推,小的地质年代为期。以上宙、代、纪、世等均为国际上统一规定的相对地质年代单位。在地质历史上每个地质年代都有相应的地层形成,称之为年代地层单位。与宙、代、纪、世、期一一对应的年代地层单位分别是宇、界、系、统、阶。

19世纪以来,地质学家在实践中逐步进行了地层的划分和对比工作,并按照时代早晚顺序把地质年代进行编年,列制成表,见表4.2。地质年代表反映了地壳历史阶段的划分和生物演化的发展阶段。表4.2中列出相对地质年代从老到新的划分次序,各个地质年代单位的名称、代号和绝对年龄值,以及世界和我国主要的构造运动的时间段落和名称等。表中构造运动的名称源于最早发现并经过详细研究的典型地区的地名。

表4.2 地质年代表

相对年代				绝对年龄/百万年	主要构造运动	我国地史简要特征
宙	代	纪	世			
显生宙	新生代 Kz	第四纪 Q (quaternary)	全新世 Q₄	0.01	喜马拉雅运动	地球表面发展成现代地貌,多次冰川活动,近代各种类型的松散堆积物,黄土形成,华北、东北有火山喷发,人类出现
			更新世上 Q₃	0.12		
			更新世中 Q₂	1		
			更新世下 Q₁	2		
		第三纪 R	晚第三纪 N (neogene) 上新世 N₂	12		我国大陆轮廓基本形成,大部分地区为陆相沉积,有火山岩分布,台湾岛、喜马拉雅山形成。哺乳动物和被子植物繁盛,是重要的成煤时期,有主要的含油地层
			中新世 N₁	26		
			早第三纪 E (palaeogen) 渐新世 E₃	40		
			始新世 E₂	60		
			古新世 E₁	65		

相对年代				绝对年龄/百万年	主要构造运动	我国地史简要特征
宙	代	纪	世			
	中生代 Mz	白垩纪 K (cretaceous)	晚白垩世 K_2 早白垩世 K_1	137	燕山运动	中生代构造运动频繁,岩浆活动强烈,我国东部有大规模的岩浆岩侵入和喷发,形成丰富的金属矿。我国中生代地层极为发育,华北形成许多内陆盆地,为主要成煤时期
		侏罗纪 J (jurassic)	晚侏罗世 J_3 中侏罗世 J_2 早侏罗世 J_1	195		
		三叠纪 T (triassic)	晚三叠世 T_3 中三叠世 T_2 早三叠世 T_1	230	印支运动	三叠纪时华南仍为浅海沉积,以后为大陆环境。生物显著进化,爬行类恐龙繁盛,海生头足类菊石发育,裸子植物以松柏、苏铁及银杏为主,被子植物出现
	古生代 Pz	晚古生代 Pz_2	二叠纪 P (permian)	晚二叠世 P_2 早二叠世 P_1	285	海西运动	晚古生代我国构造运动十分广泛,尤以天山地区较强烈。华北地区缺失泥盆系和下石炭统沉积,遭受风化剥蚀,中石炭纪至二叠纪由海陆交替相变为陆相沉积。植物繁盛,为主要成煤期。华南地区一直为浅海相沉积,晚期成煤,晚古生代地层以砂岩、页岩、石灰岩为主,是鱼类和两栖类动物大量繁殖时代
			石炭纪 C (carboniferous)	晚石炭世 C_3 中石炭世 C_2 早石炭世 C_1	350		
			泥盆纪 D (devonian)	晚泥盆世 D_3 中泥盆世 D_2 早泥盆世 D_1	400		
		早古生代 Pz_1	志留纪 S (silurian)	晚志留世 S_3 中志留世 S_2 早志留世 S_1	435	加里东运动	寒武纪时,我国大部分地区为海相沉积,生物初步发育,三叶虫极盛。至中奥陶世后,华南仍为浅海,头足类,三叶虫,腕足类笔石、珊瑚、蕨类植物发育,是海生无脊椎动物繁盛时代。早古生代地层以海相石灰岩、砂岩、页岩等为主
			奥陶纪 O (ordovician)	晚奥陶世 O_3 中奥陶世 O_2 早奥陶世 O_1	500		
			寒武纪 $\in$ (cambrian)	晚寒武世 $\in_3$ 中寒武世 $\in_2$ 早寒武世 $\in_1$	570		

续表

相对年代				绝对年龄/百万年	主要构造运动	我国地史简要特征
宙	代	纪	世			
元古代 Pt	晚元古代	震旦纪 Zz（sinian）	—	800	晋宁运动	元古代地层在我国分布广、发育全，厚度大，出露好。华北地区主要为未变质或浅变质的海相硅镁质碳酸盐岩及碎屑岩类夹火山岩。华南地区下部以陆相红色碎屑岩河湖相沉积为主，上部以浅海相沉积为主，含冰碛物为特征。低等生物开始大量繁殖。菌藻类化石较丰富
		青白口纪 Zq（qingbaikouan period）	—	1 000	吕梁运动	
	中元古代	蓟县纪 Zj（jixianian period）	—	1 400		
		长城纪 Zc（changchengian period）	—	1 900		
	早元古代	—	—	2 500		
隐生宙	太古代 Ar	—	—	4 000	五台运动	太古代构造运动频繁，岩浆活动强烈，侵入岩和火山岩广泛分布，岩石普遍变质很深，形成古老的片麻岩、结晶片岩、石英岩、大理岩等。构成地壳的古老基底。目前已知最古老岩石的年龄为 45.8 亿年。最老的菌化石为 32 亿年
	地球初期发展阶段			4 600		

　　工程地质学主要研究的是地壳中不同地质年代的岩层与土层的工程性质，尤其是对工程建设密切相关的近代地质时期的岩土层的性状。

4.2　地壳地质构造运动的类型

　　地壳在地质历史中，受地球内、外动力地质作用的影响，不停地运动和演变。地壳运动的结果，形成地壳表面各种不同的地质构造形态，因此，又把地壳运动称为构造运动。地壳运动影响各种地质作用的发生和发展，不仅改变着地表形态，同时，也改变着岩层的原始产状，形成各种各样的地质构造现象。地壳运动基本类型有两种：升降运动和水平运动。

▶　4.2.1　垂直升降运动

　　地壳物质沿着地球半径方向移动，它表现为地壳的上拱和下拗，并形成大型的构造隆起和凹陷。地壳的垂直升降运动，使海陆发生变迁，当陆地上升时可出现海退的地层组合现象。当陆地下降时可出现海侵的地层组合现象。

1)海侵

海侵表现为陆地不断下降,海岸线不断向大陆内部移动。当海侵时,粗颗粒的沉积物就不断向陆地方向移动,其上沉积较细—细—很细的沉积层序。根据浅海沉积的分布规律,从陆地向浅海方向依次沉积砾岩—砂岩—页岩—石灰岩。结果在任何一浅海垂直剖面内,自下而上可看到砾岩—砂岩—页岩—石灰岩的沉积次序,即由粗到细的变化过程(见图4.2)。

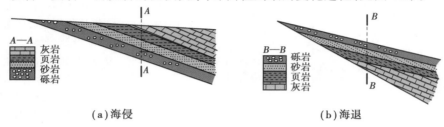

图4.2　海侵与海退剖面图

2)海退

表现为陆地不断上升,海岸线不断向海洋方向移动。当海退时,先沉积较细的颗粒,接下来由陆地河流洪水带来沉积较粗的颗粒。结果在任何一浅海垂直剖面内,自下而上可看到石灰岩—页岩—砂岩—砾岩,即由细到粗的变化过程(图4.2)。

▶　4.2.2　水平运动

水平运动是地壳沿着大地水准球面的切线方向的运动,即大致平行于地球表面的运动。它表现为岩层的水平移动,水平运动的结果导致巨大的褶皱构造及平移断层的形成(见图4.3)。

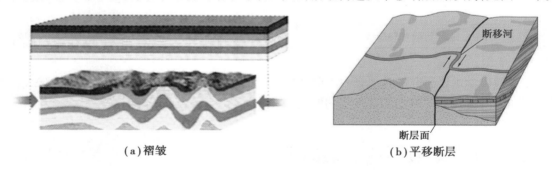

（a）褶皱　　　　　　　　　　　　（b）平移断层

图4.3　水平运动导致褶皱和断层平移

4.3　水平岩层与倾斜岩层及其在地质图上的表现

由地壳运动形成的地质构造,无论其形态多么复杂,它们总是由一定数量和一定空间位置的岩层或岩层中的破裂面构成的。因此,研究地质构造的一个基本内容就是确定这些岩层、岩层破裂面的空间位置以及它们在地面上的表现特点。

► **4.3.1 岩层产状要素及测定方法**

1）岩层产状要素

岩层是指由两个平行或近于平行的界面所限制的、同一岩性组成的层状岩石。岩层的产状是指岩层在空间的展布状态。地质学上用走向、倾向、倾角三个要素（见图4.4）来确定岩层的产状。

（1）走向

岩层走向代表岩层的水平延伸方向。岩层层面和假想水平面的交线称为走向线，走向线两端所指的方向即岩层的走向，岩层的走向用方位角（由正北方向沿顺时针旋转与该方向所成的夹角）表示。显然，岩层的走向有两个，它们的方位角值相差180°。

（2）倾向

岩层面上垂直走向线向下所引的直线叫倾斜线，它在水平面的投影线（倾向线）所指岩层向下倾斜的方向，就是岩层的倾向。岩层的倾向也用方位角表示。倾向方位角与走向方位角相差90°。

（3）倾角

岩层面与水平面之间的夹角叫岩层的倾角，也就是图4.4中倾斜线与其水平投影线间的夹角 γ。

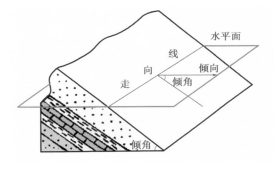

图 4.4 岩层倾角

图 4.5 岩层的产状要素及测量方法

2）岩层产状测定方法

若岩层面在野外出露清晰，可用地质罗盘直接测量其产状要素，如图4.5所示。另外，也可采用一些间接的方法来求产状要素，如在大比例地形地质图上求产状要素。由于岩层的走向与倾向相垂直，一般不直接测量岩层走向，而是求得倾向方位角后，再加与减90°，即得两走向方位角。

现在一般采用以下两种方式来表示岩层的产状要素：

（1）方位角表示法

只记倾向和倾角，适用于野外记录、地质报告和剖面图。如 SE135°∠35°（或 135°∠35°），前面是倾向方位角值，后面为倾角值，即倾向南东135°，倾角35°。

（2）符号表示法

用于地质图及水平断面图等，常用的符号有：

$\overline{}\big\downarrow^{38°}$ 或 $\overline{}\big\downarrow^{38°}$ 横线代表岩层走向，短线（箭头一端）为岩层倾向方向，度数为岩层倾角值。

╀水平岩层(倾角 0°~5°)。

╀直立岩层,箭头指向较新时代地层。

╀₃₅°为倒转岩层。长线代表岩层走向,箭头指向岩层倒转后的倾向,度数代表岩层倾角值。

须注意,长、短线必须按岩层的实际方位利用量角器画在图上。

▶ 4.3.2 岩层倾向与地面坡向的关系

露头是指一些暴露在地表的岩石。它们通常在山谷、河谷、陡崖以及山腰和山顶这些位置经常出现。若地面平坦,岩层露头沿走向呈直线状延伸。一般情况下,岩层的出露线与地形等高线是相交的。在岩层走向与沟谷和坡脊的延伸方向垂直或大角度斜交的情况下,岩层在穿过沟谷或坡脊时,露头线均呈近似的 V 字形态,并表现出一定的规律,见表 4.3 和图 4.6。

表 4.3　岩层出露界线和等高线之间关系简表

岩层产状	岩层倾斜方向与地面倾斜方向	岩层出露界线与等高线关系
水平岩层		二者平行或重合
倾斜岩层	岩层倾向与地面坡向相反	二者弯曲方向相同
	相同(岩层倾角>地面坡度角)	二者弯曲方向相反
	相同(岩层倾角<地面坡度角)	二者弯曲方向相同
直立岩层		前者呈直线状,切割等高线

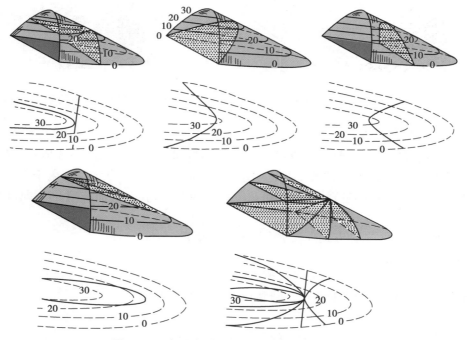

图 4.6　V 字形法则(用透视图和平面图表示)
注:细虚线为地形等高线,粗线为岩层界面

以上岩层露头线的弯曲变化规律称为 V 字形法则。该法则也适用于断层面、不整合面等地质界面的露头线的分布特征,它有助于人们在野外和地形地质图上判断地质界面的倾斜方向,分析地质构造。

V 字形法则在测制和分析大比例尺地质图时有很大的实用意义,在野外填图工作中,根据一个地质点上岩层的产状,根据该地质点附近地形的影响,根据 V 字形法则,就可以向该点两端送线,勾画出一段地质界线来。在分析地质图时,根据图上地质界线和等高线之间的关系,根据 V 字形法则,可以合理地推测出岩层的产状,帮助进行地质图的分析。随着地质图的比例尺减小,V 字形法则的使用意义也相应减小,因为比例尺较小,地形起伏所造成地质界线的局部弯曲不能明显地表现出来。在小比例尺的地质图上,可以把地面看作相对地平坦,倾斜岩层大多沿走向成条带状分布,但成条带分布的还有直立岩层、岩脉等,要注意区别。

▶ 4.3.3 水平岩层及其在地质图上的表现

水平岩层指的是岩层平行水平面或大致平行水平面的岩层,即岩层和水平面之间的夹角为 0°或接近 0°（<5°）。

水平岩层发育地区,常具有下列特征:

①水平岩层的地质界线(岩层分界面和地表面的交线)和地形等高线平行或重合,随等高线的弯曲而弯曲。

②在岩层没有发生倒转的情况下,新岩层位于老岩层之上,新岩层出露的位置也比老岩层要高。当地形平缓,地面切割不剧烈时,则地面只出露较新的、位于上部的一个岩层;在地形切割强烈,山高沟深地区,在河谷或沟底较低地区出露较老岩层;而在山顶、分水岭上则出露较沟底为新的岩层,也就是新岩层位于高处,老岩层位于低处。

③水平岩层的分布和出露形态,受地形的控制。在地形较平坦地区,同一岩层可以分布很大的面积,见图 4.7。在山顶等较高地区,水平岩层形成孤岛状,投影在地质图上成为云朵状、花朵状;而在沟谷等较低地区,形成转折尖端指向沟谷上游的狭窄的锯齿状条带,平行等高线分布。这一点在分析小比例尺地质图时常用到。

（a）水平岩层   （b）倾斜岩层

图 4.7　水平岩层与倾斜岩层地貌

水平岩层的厚度通常可以用岩层上下层面之间的垂直距离,即顶、底面的高程差代表。在带有地形的地质图上,可从图上根据顶、底面界线出露的高程直接求出其厚度。

水平岩层的露头高度取决于岩层的厚度和地面的坡度,见图 4.7。在地面坡度相同地区,厚度大的岩层出露宽度大,反之亦然;在岩层厚度相同时,坡度平缓处岩层出露宽,陡处出露窄;在坡度近 90°的陡崖处,岩层顶底面在水平面上的垂直投影重合,这时在地形图上见到的岩层露头宽度等于零,在地质图上造成岩层尖灭的假象,在野外填图和分析利用已有地质图时,要注意这种情况。

大范围内水平岩层的出露,表明该地区自这些岩层形成以来,构造变动不剧烈,主要经历缓慢的垂直升降运动,因此岩层的产状基本不变。

▶ 4.3.4 倾斜岩层在地质图上的表现

1)露头宽度

岩层露头的宽度主要受岩层厚度、岩层面与地面间夹角大小以及地面陡缓 3 方面因素控制。显然,若后两者不变,则岩层的厚度越大,露头宽度就越大。在岩层厚度不变、层面与地面保持相同夹角的情况下,则地形越陡,露头宽度越窄。在笔直陡崖处,露头宽度为零。

2)厚度

通常所说的倾斜岩层的厚度,包括真厚度、铅直厚度和视厚度三种。

①真厚度:即岩层的真正厚度,为岩层顶、底面之间的垂直距离。如求岩层的厚度,只有在与岩层走向相垂直的剖面上,量出岩层顶底界线间的垂直距离,才是岩层的真厚度。因为这种剖面既为铅垂面,又与岩层面相垂直。

②视厚度:指与岩层走向不相垂直的剖面上,岩层顶、底界线之间的垂直距离。这种剖面与岩层面是斜交的,故在此剖面中求不到岩层的真厚度。

③铅直厚度:指沿铅直方向岩层顶、底面之间的距离。铅直厚度在各方向剖面上都可获得。

3)倾斜岩层在地质图上的表现

（1）相反相同

若岩层倾向与地面坡向相反,则岩层露头线与地形等高线朝相同的方向弯曲。V 字形的尖端在沟谷处指向沟谷上游,在坡脊处指向下坡方向。但岩层露头线的弯曲程度比地形等高线弯曲程度要小(见图 4.8、图 4.9)。

图 4.8 相反相同时地层地质界线与地形等高线的关系

（2）相同相反

若岩层倾向与地面坡向相同,且岩层倾角大于地面坡角,则岩层露头线与地形等高线呈相反方向弯曲。V 字形的尖端在沟谷处指向下游方向,在坡脊处指向上坡方向。见图 4.9。

（3）相同相同

若岩层倾向与地面坡向相同,但岩层倾角小于地面坡角时,则岩层露头线与地形等高线朝相同方向弯曲。与上面第一种情况的区别是,岩层露头线的弯曲程度比地形等高线的弯曲程度要大,见图4.10。

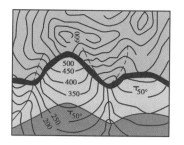

图 4.9 相同相反时地层地质界线与地形等高线的关系

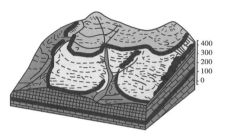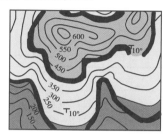

图 4.10 相同相同时地层地质界线与地形等高线的关系

4.4 褶皱构造

▶ 4.4.1 褶皱的概念及成因

1)褶皱的概念

褶皱指岩石在主要由地壳运动所引起的地应力长期作用下所发生的永久性弯曲变形(见图4.11),它是地壳中广泛发育的一类地质构造,尤以在层状岩石中表现最为明显。褶皱的基本单位是褶曲。褶曲是发生了褶皱变形岩层中的一个弯曲。褶曲的规模相差很大,单个褶皱大者可延伸几十至几百千米,小者在显微镜下才能见到。

1 到 5 层地质年代由老到新

图 4.11 典型的褶皱构造

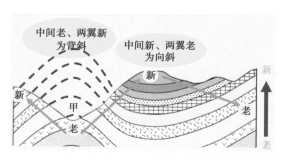

图 4.12 背斜和向斜在剖面上的特征

2)褶皱的基本形式

一个褶皱可以由多个褶曲组成,而一个褶曲的两种基本形式是背斜和向斜(见图 4.12)。

①背斜表现为岩层向上弯曲,且褶曲岩层核部的时代较老,而褶曲岩层两翼时代较新。造成背斜地段岩层在地面的出露特征是:从褶曲中心核部到两翼,岩层从老到新对称性重复出现。

②向斜表现为岩层向下弯曲,且褶曲岩层核部的时代较新,而褶曲岩层两翼时代较老。由于风化剥蚀,向斜的出露特征恰好与背斜相反,从褶曲中心核部到两翼岩层从新到老对称性重复出现。

3)褶皱构造的成因

褶皱构造的成因主要包括水平挤压作用、水平扭动作用和垂直运动,其主要特征如表 4.4所示。

表 4.4　褶皱构造的成因及主要特征

成　　因	主要特征
水平挤压作用	背、向斜都很发育,连续分布,排列很紧闭,等斜褶皱、倒转褶皱等较常见。核部岩层有变厚现象,翼部常有牵引褶皱产生,轴面劈理往往很发育。这样的褶皱和断裂带等构成挤压构造带,它们的规模一般较大
水平扭动作用	一系列背、向斜的褶皱轴线,在空间呈雁行排列(平行错开),褶皱轴线与扭动方向的交角常为锐角,锐角尖指向相对盘岩块的运动方向,锐角的大小与挤压作用的强弱、岩石塑性的大小有关。挤压力大、岩石塑性强,则锐角小,否则就大。一组这样的褶皱有时向一个方向撒开,向另一个方向收敛,组成帚状构造。单个褶皱的内部构造现象与水平挤压作用形成的褶皱基本相同
垂直运动	表现形式之一是地壳发生较大范围的隆起和凹陷,影响上覆岩层,形成褶皱。这样的褶皱特点是:背斜或向斜单个出现较多,规模较大,两翼倾角较小,褶皱开阔。轴线通常没有一定方向,有的背斜核部岩层变薄 垂直运动的另一种表现形式是产生基底断裂,由于断块的上下位移,牵动上覆岩层产生褶皱。这种褶皱的分布常局限于基底断裂附近,呈线形分布,褶皱也不剧烈,褶皱核部开阔而平坦,其宽度远大于翼部,称为箱形背斜和屉形向斜

▶ ## 4.4.2　褶曲的要素

褶曲是褶皱构造中的弯曲,是褶皱构造的组成单位。对褶曲各个组成部分给予一定的名称,称为褶曲要素(见图 4.13)。褶曲要素及其特点如表 4.5 所示。

表 4.5　褶曲要素及其特点

褶曲要素	褶曲要素特点
核部	泛指褶曲中心部位的岩层
翼部	泛指褶曲核部两侧的岩层。相邻的背、向斜褶曲共有一个翼
翼间角	指正交剖面上两翼间的内夹角。圆弧形褶皱的翼间角是指通过两翼上两个拐点的切线之间的夹角

续表

褶曲要素	褶曲要素特点
转折端	泛指两翼岩层互相过渡的中间弯曲部分
枢纽	为褶曲的同一层面上各最大弯曲点的连线,也可以看成轴面与褶曲层面的交线。每一个发生了褶曲的层面都有自己的枢纽。枢纽可以是直线,也可以是曲线;可以是水平线,也可以是倾斜线
轴面	为连接褶曲各层面的枢纽构成的面。轴面的产状与其地质面的产状一样,是用走向、倾向和倾角来表示的。但它只是一个假想面,故产状值不能直接测定,常通过赤平投影的方法来近似求得
轴迹	为轴面与地面及任一平面的交线
脊线	指背斜中同一褶曲层面上各最高点的连线
槽线	指向斜中同一褶曲层面上各最低点的连线。脊线和槽线与枢纽的位置通常不是恰好相重合的。在寻找贮油构造,开发油、气矿产和地下水资源时,弄清褶曲的脊和槽的确切位置,具有重要的实际意义

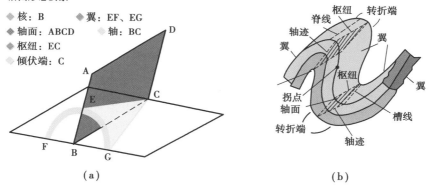

图 4.13　褶曲要素

▶ 4.4.3　褶曲的分类

　　褶曲的形态多种多样,不同形态的褶曲反映了褶曲形成时不同的力学条件及成因。为了更好地描述褶曲在空间的分布,研究其成因,常以褶曲的形态为基础,对褶曲进行分类。褶曲主要可划分为背斜和向斜两种形式;其次还可以根据其他方面特征对褶曲进行多种形态分类。这些分类便于准确描述褶曲的形态,并在一定程度上反映了褶曲的成因,对于岩土工程许多方面都具有意义。褶曲的形态分类及特点见表4.6。

表 4.6　褶曲的形态分类及特点

分类	名称	各类褶曲的特点	图　示
按褶曲的基本形式分类	背斜	背斜表现为岩层向上弯曲,褶曲岩层核部的时代较老,而褶曲岩层两翼时代较新	
	向斜	向斜表现为岩层向下弯曲,褶曲岩层核部的时代较新,而褶曲岩层两翼时代较老	
按褶曲的横剖面形态分类	直立褶曲	两翼岩层倾向相反,倾角大致相等,轴面直立	
	倾斜褶曲	两翼岩层倾向相反,倾角明显不等,轴面倾斜	
	倒转褶曲	两翼岩层倾向相同,一翼岩层层序正常,另一翼岩层发生倒转	
	平卧褶曲	两翼岩层产状近于水平,一翼岩层层序正常,另一翼岩层发生倒转(该翼老岩层覆盖于新岩层之上)	
按褶曲的纵剖面形态分类	水平褶曲	枢纽近于水平,两翼岩层的走向基本平行。若褶曲长宽比大于10:1,在平面上呈长条状,称为线状褶曲	
	倾伏褶曲	枢纽倾斜,两翼岩层不平行。在背斜的枢纽倾伏端和向斜的枢纽扬起端,两翼岩层逐渐转折汇合。若枢纽两端同时倾伏,则岩层界线呈环状封闭,其长宽比在(10:1)~(3:1)时,称为短轴褶曲。其长宽比小于3:1时,背斜称为穹窿构造,向斜称为构造盆地	
按褶皱在横剖面上的组合类型分类	复背斜	在同一水平面上观察,若中央地带的次级背斜核部岩层时代,老于两侧次级背斜核部岩层的时代,称复背斜	
	复向斜	若中央地带的次级向斜核部岩层,新于两侧的次级向斜核部的岩层,则称复向斜	

▶ 4.4.4　褶皱的野外识别

褶皱的野外识别方法主要有穿越法、追索法两种。野外观察时,首先判断岩层是否存在褶皱并区别是背斜还是向斜,然后确定它的形态特征。依据岩石地层和生物地层特征,查明和确立调查区地质年代自老至新的地层层序是首要的工作。岩层受力挤压弯曲后,形成向上隆起的背斜和向下凹陷的向斜,但经地表营力的长期改造,或地壳运动的重新作用,原有的隆起和凹陷在地表面有时可能看不出来。为对褶曲形态做出正确鉴定,主要根据地表面出露岩层的分布特征进行判别。对于大型褶皱构造,在野外就需要采用穿越的方法和追索的方法进行观察。

1)穿越法

穿越法就是沿着选定的调查路线,垂直岩层走向进行观察。穿越法有利于了解岩层的产状、层序及其新老关系。如果在路线通过地带的岩层呈有规律的重复出现,且对称分布,则必为褶皱构造;再根据岩层出露的层序及其新老关系,判断是背斜还是向斜,然后进一步分析两翼岩层的产状和两翼与轴面之间的关系,这样就可判断褶皱的形态类型。背斜核部岩层较两侧岩层时代老,向斜则核部岩层较两侧岩层时代新。

2)追索法

追索法就是平行岩层走向进行观察,以便于查明褶皱延伸的方向及其构造变化的情况。

沿同一时代岩层走向进行追索,如果两翼岩层走向相互平行,表明枢纽水平;如果两翼岩层走向呈弧形圈闭合,表明其枢纽倾伏。根据弧形尖端指向或弧形开口方向,以及转折部位的实际测量即可确定枢纽倾伏方向。从地形上看,岩石变形之初,背斜相对地势高成山,向斜地势低成谷,这时地形是地质构造的直接反映。然而经过较长时间的剥蚀后,背斜核部因裂隙发育易遭受风化剥蚀,往往成沟谷或低地,向斜核部紧闭,不易遭受风化剥蚀,最后相对成山。背斜成谷,向斜成山称为地形倒置现象。

4.5 节理构造与玫瑰花图

▶ 4.5.1 节理的概念

节理或称裂隙,是岩层裂开有破裂面但两侧岩石没有显著位移的小型断裂构造。

节理是岩体在地应力作用下发生的一种小型裂隙。节理规模大小不一,细微的节理肉眼不能识别,一般常见的为几十厘米至几米,长的可延伸达几百米。节理张开程度不一,有的是闭合的。节理面可以是平坦光滑的,也可以是十分粗糙的。

岩石中节理的发育是不均匀的。影响节理发育的因素很多,主要取决于构造变形的强度、岩石形成时代、力学性质、岩层的厚度及所处的构造部位。同一个地区,形成时代较老的岩石中节理发育较强,而形成时代新的岩石中节理发育较弱。岩石具有较大的脆性而厚度又较小时,节理易发育。在断层带附近以及褶皱轴部,往往节理较发育。

节理的空间位置依节理面的走向、倾向及倾角而定。节理常常有规律地成群出现,相同成因且相互平行的节理称为一个节理组,在成因上有联系的几个节理组构成节理系。

▶ 4.5.2 节理的分类

节理分类主要是按其成因、力学性质、与岩层产状关系等分类。

1）按成因分类

节理按其成因分为原生节理、构造节理和表生节理。

（1）原生节理

原生节理是成岩过程中形成的节理。例如，沉积岩中的泥裂，玄武岩中由于冷凝形成的柱状张节理等。

（2）构造节理

构造节理是指在由地壳运动所产生的地应力作用下形成的节理。构造节理在岩石中成组成群地出现。由同一时期、相同应力作用产生的产状大体一致的许多条节理组成一个节理组，而由同一时期相同应力作用下产生的两个或两个以上的节理组则构成一个节理系。不同时期的节理相互错开。

（3）表生节理

表生节理是由卸荷、风化、爆破等形成的节理，分别称为卸荷节理、风化节理、爆破节理等，这种节理常称为裂隙，属于非构造次生节理。表生节理一般分布在地表浅层，大多无一定方向性。

2）按力学性质分类

节理按其力学性质可分为张节理和剪节理。

（1）张节理

张节理（见图4.14）为岩石在拉张应力作用下形成的节理。张节理的节理面粗糙不平，张开度较大但延伸不远，透水性较好。张节理发育较稀疏，同组相邻两条张节理的间距较大。张节理可以是构造节理，也可以是表生节理、原生节理等。当张节理发生在粗砂岩或砾岩中时，节理面常环绕砾石或粗砂粒而裂开，形成节理的一个壁凸出，另一个壁凹进的裂口，擦痕不发育，它是地下水的良好通道和储存场所，也可能被岩脉或矿脉充填。

（2）剪节理

剪节理（见图4.15）为岩石在剪应力作用下形成的节理，节理面与最大主应力方向斜交，交角一般小于45°。一般为构造节理，由构造应力形成的剪切破裂面组成。粗碎屑岩中的粗砂和砾石等颗粒常被切断。剪节理发育较为密集，即节理间距小、频度高。剪节理常同时出现两组，彼此互相交叉切割，两组共轭剪节理的夹角接近90°时构成共轭"X"形剪节理系。

图4.14　张节理

图4.15　剪节理

3）按与岩层产状的关系分类

节理按其与岩层产状的关系可分为走向节理、倾向节理、斜向节理和顺层节理4种（见

图4.16）。

①走向节理:节理走向大致平行于岩层走向。

②倾向节理:节理走向大致垂直于岩层走向。

③斜交节理:节理走向与岩层走向斜交。

④顺层节理:节理面与岩层的层面大致平行。

4）节理按其走向与所在褶曲的轴向的关系分类

节理按其走向与所在褶曲的轴向关系分为纵节理、横节理和斜节理。

①纵节理:节理走向与褶曲轴向大致平行。

②横节理:节理走向与褶曲轴向近于垂直。

③斜节理:节理走向与褶曲轴向斜交。

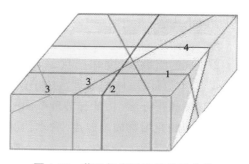

图4.16 节理与岩层产状关系分类
1—走向节理;2—倾向节理;
3—斜交节理;4—岩层走向

▶ **4.5.3 节理的发育程度分级**

按节理的组数、密度、长度、张开度及充填情况,可对节理发育情况分级,裂隙的等级及各级特征如表4.7所示。

表4.7 裂隙发育程度分级表

发育程度等级	基本特征	附 注
裂隙不发育	裂隙1~2组,规则;构造型,间距在1 m以上,多为密闭裂隙;岩体被切割成巨块状	对基础工程无影响,在不含水且无其他不良因素时,对岩体稳定性影响不大
裂隙较发育	裂隙2~3组;呈X形,较规则,以构造型为主,多数间距大于0.4 m,多为密闭裂隙,少有填充物;岩体被切割成大块状	对基础工程影响不大,对其他工程可能产生一定影响
裂隙发育	裂隙3组以上,不规则;以构造型或风化型为主,多数间距小于0.4 m,大部分为张开裂隙,部分有填充物;岩体被切割成小块状	对工程建筑物可能产生很大影响
裂隙很发育	裂隙三组以上,混乱;以风化型和构造型为主,多数间距小于0.2 m以张开裂隙为主,一般均有填充物;岩体被切割成碎石状	对工程建筑物产生重要影响

▶ **4.5.4 节理的统计方法与玫瑰花图**

1）节理的统计方法

为反映节理分布规律及对岩体稳定性的影响,需要进行节理的野外调查和室内资料整理工作,并利用统计图式,把岩体节理的分布情况表示出来。

节理裂隙统计方法视频

调查时应先在工作地点选择一具代表性的基岩露头,对一定面积内的节理进行调查,调查应包括以下内容:

①节理的成因类型、力学性质。

②节理的组数、密度和产状。节理的密度一般采用线密度或体积节理数表示,线密度以"条/m"为单位计算,体积节理数用单位体积内的节理数表示。

③节理的张开度、长度和节理壁面的粗糙度。

④节理的充填物质及厚度、含水情况。

⑤节理发育程度分级。

2)节理玫瑰花图

节理玫瑰花图可分为节理走向玫瑰花图、节理倾向玫瑰花图和节理倾角玫瑰花图3种。

节理走向玫瑰花图如图 4.17 所示,其绘制方法如下:

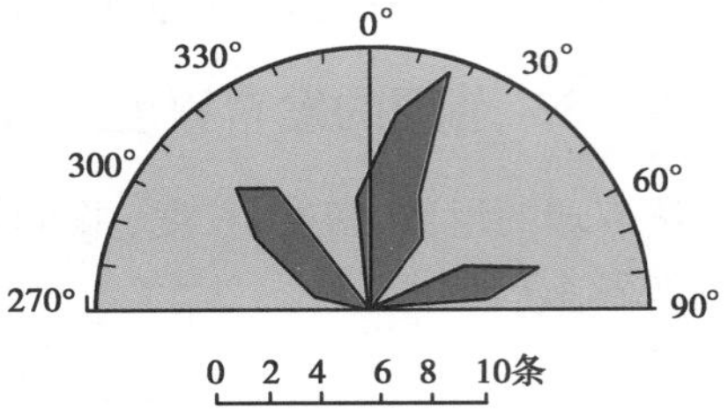

①每条节理有两个走向数值,用一个数值作图即可,通常采用北半球的数值,如 NE80°。如果是南半球的数值则换算成北半球的数值,如 SE120° 换算成 NW300°,SW260° 换算成 NE80°。

②将节理走向由小到大,按每 10°(或 5°)间隔分组,可分成 0°~10°,11°~20°,…,271°~280°,281°~290°,…,共 18 组(或 36 组)。

③将每组节理走向取其平均值,如 11°~20° 这一组内有 3 条节理,其度数分别为 11°,18°,19°,则其平均度数为(11°+18°+19°)÷3＝16°。

④用一块方格纸,取一定的半径作半圆,再按 10°(或 5°)将半圆分隔好,用每组中条数最多数值(如 18 组中 21°~30° 的条数最多,为 12 条)作标准,使半圆半径的长度大于等于(图中是大于)最多条数(即上例中的 12 条)。也可用长 1 cm 等于几条或代表节理的百分数作为比例尺。

⑤按比例,在每组规定的间隔中,沿着半径方向,向外截取一定长度,记录一点。然后将所得各点,依次连接起来。若在规定的分组内没有节理出现时,则不能跨组相连,而应当和半圆中心相连接。

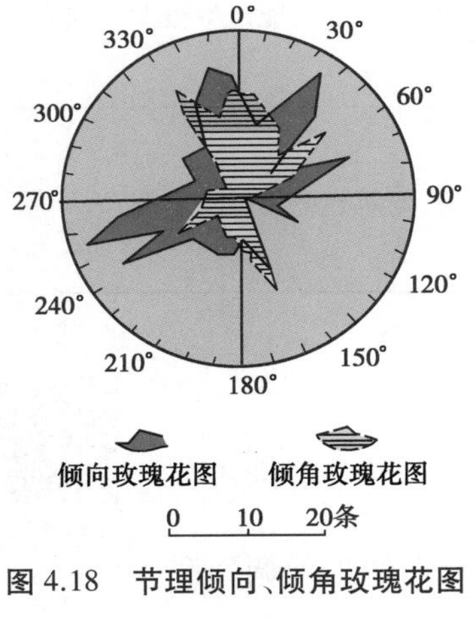

按上述步骤就能绘制出节理走向玫瑰花图。每一玫瑰花瓣越长,表明此方位角范围内出现的节理数目越多。花瓣越宽说明节理方向的变化范围越广。

节理倾向、倾角玫瑰花图的绘制方法与节理走向玫瑰花图大同小异,只不过因为每条节理的倾向、倾角只有一个数值,因此作图时要用整个圆,如图 4.18 所示。倾角玫瑰花图可和倾向玫瑰花图绘在一个图内,用不同的颜色分别代表倾向和倾角玫瑰花图。这样的图可同时了解节理的倾向和倾角。

图 4.17 节理走向玫瑰花图

图 4.18 节理倾向、倾角玫瑰花图

4.6 断　层

▶ ### 4.6.1　断层的概念

断层的概念

断层是指岩体在构造应力的作用下发生断裂,且断裂面两侧岩石有显著相对位移的断裂构造。断层的规模有大有小,大的可达上千千米,如金沙江-红河深断裂带长达 6 000 km,小的只有几米,相对位移也可从几厘米到几百千米。断层不仅对岩体的稳定性和渗透性、地震活动和区域稳定有重大的影响,而且是地下水运动的良好通道和汇聚的场所。在规模较大的断层附近或断层发育地区,常赋存有丰富的地下水资源,同时也是地层不稳定的地带以及地震多发的地带。

▶ ### 4.6.2　断层要素

断层通常由以下几个要素组成(见图 4.19)。

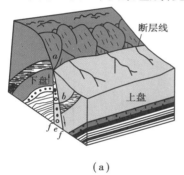
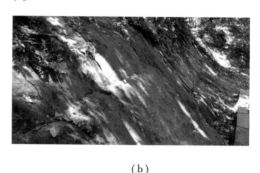

(a)　　　　　　　　　　　　　　　　　(b)

图 4.19　断层要素图

(1)断层面和破碎带

两侧岩块发生显著位移的破裂面称为断层面。断层面可以是一个平面,也可以是曲面。断层面产状的测定和岩层层面的产状测定方法一样。断裂面往往形成一定宽度的断层破碎带,而且断层面上往往有擦痕。断层破碎带中常形成糜棱岩、断层角砾、断层泥及富水等特征。

(2)断层线

断层线是指断层面(或带)与地面的交线。断层线表示断层的延伸方向,它的长短反映了断层所影响的范围,断层线常是一条平直的线,但也有不少是曲线或波状线。断层线的形状取决于断层面的形态、产状以及地形条件。对于比较平直的断层面,在较大比例尺的地质图中,可用"V"字形法则来追索和分析断层线的形状。

(3)断盘

断盘是指断层面两侧发生显著位移的岩块。当断层面是倾斜的,位于断层面上边的岩块称为上盘,下边的这一盘称为下盘。如平移断层南北走向,则位于断层线东边的岩块称为东盘,西边的称为西盘。还可按断层两盘相对位移的关系,把相对上升的岩块称为上升盘,相对下降的岩块称为下降盘。

（4）断距

断距是指断层两盘相对位移离开的距离。两盘相对位移离开的实际距离又称为真断距或总断距。总断距的水平分量称为水平断距,总断距的垂直分量称为垂直断距。

▶ 4.6.3 断层的分类

断层的分类方法很多,可根据断层两盘相对错动,断层面产状与两盘岩层的产状关系,断层面产状与褶皱轴线(或区域构造线)的关系,以及断层的力学性质来进行分类。断层的分类及各类特征见表4.8。

表4.8 断层的分类及特征

断层的分类方法	断层类别	各类断层的特征	图 示
按断层两盘相对错动分类	正断层	正断层指上盘沿断层面相对向下运动,下盘相对向上运动的断层。正断层一般是由于上盘岩体受到重力作用沿断层面向下移动而成。其断层线较平直,断层面倾角较陡,一般大于45°	
	逆断层	逆断层指上盘相对向上运动,下盘相对向下运动的断层。逆断层一般是由于岩体受到构造应力挤压作用使上盘沿断层面向上错动而成。断层线的方向常与岩层走向或褶皱轴的方向近于一致。逆断层的倾角变化很大,断层面倾角大于45°的称冲断层,断层面倾角介于25°~45°的称逆掩断层,断层面倾角小于25°的称辗掩断层	
	平移断层	平移断层是指两盘沿断层面走向发生相对水平位移的断层。平移断层主要由地壳水平力作用形成,断层面常陡立,断层面上可见水平方向的擦痕	
按断层面产状与两盘岩层的产状关系分类	走向断层	断层面走向与岩层走向基本平行	F₁—走向断层 F₂—倾向断层 F₃—斜交断层
	倾向断层	断层面走向与岩层走向大致垂直	
	斜向断层	断层面走向与岩层走向斜交	

续表

按断层面产状与褶皱轴线的关系分类	纵断层	断层面走向与褶皱轴向或区域构造线方向基本平行	
	横断层	断层面走向与褶皱轴向或区域构造线方向大致垂直	
	斜断层	断层面走向与褶皱轴向或区域构造线方向斜交	F_1—纵断层　F_2—横断层 F_3—斜断层
按断层的力学性质分类	压性断层	由压应力引起的断层,其断裂面为压性结构面或称挤压面,一般认为逆断层属于这类断层	
	张性断层	由张应力引起的断层,其断裂面为张性断裂结构面或称张裂面,一般认为大部分正断层属于这类断层	
	扭性断层	由扭应力引起的断层,其断裂面为扭性断裂结构面或称扭裂面,一般认为平移断层属于这类断层	

► 4.6.4　断层的野外识别

断层的存在,在大多数情况下对工程建筑是不利的。为了采取措施防止断层的不良影响,首先必须识别断层的存在。凡发生过断层的地带,往往其周围会形成各种伴生构造,并形成有关的地貌现象及水文现象。由于断层面两侧岩体产生了相对位移,在地表形态和地层构造上,反映出一定的特征和规律性,这便给在野外识别断层提供了依据。

野外断层识别

1)是否存在断层的识别

有无断层最有说服力的证据是:断层最主要的特点是岩石断开并发生移动。而认识断层的存在一是要找到断层面或断层破碎带的存在,二是要找到两盘岩石被移动的证据。

对于因风化剥蚀而成为低凹的地形,其上又覆盖了后期松散沉积物,不能直接看到断层,但可根据断层的野外特征及一些异常现象来判定它的存在。

2)断层的野外特征

(1)地形地貌上的特征

陡峭的断层崖、沟谷和峡谷地貌,以及山脊错断、断开,河谷跌水瀑布,河谷方向发生突然转折等,很有可能是断裂错动在地貌上的反映。

(2)地层特征

若岩层发生不对称的重复或缺失,岩脉被错断,或者岩层沿走向突然中断,与不同性质的岩层突然接触等地层方面的特征,则进一步说明断层存在的可能。

(3)断层面特征

断层的伴生构造是断层在发生、发展过程中遗留下来的痕迹。常见的有牵引弯曲、断层角砾、糜棱岩、断层泥和断层擦痕。这些伴生构造现象是野外识别断层存在的可靠标志。另外,有泉水、温泉呈线状出露的地方有可能存在断层,而且可能是逆断层。

(4)其他标志

断层的存在常常控制水系的发育,并可引起河流急剧改向,甚至发生河谷错断现象。湖泊、洼地呈串珠状排列,往往意味着大断裂的存在;温泉和冷泉呈带状分布,往往也是断层存在的标志;线状分布的小型侵入体也常反映断层的存在。

3)活动性断裂的判别标志

活动性断裂的判别标志主要有:

①全新世以来的第四系地层中发现有断裂(错动)或与断裂有关的伴生褶曲。

②断裂带中的侵入岩浆其绝对年龄小,或者对现场新地层有扰动或接触烘烤剧烈。

③沿断层带的断层泥及破碎带多未胶结,断层崖壁可见擦痕和错碎岩粉。

④在断层带附近地区有现代地震、地面位移、地形变化以及微震发生。

⑤沿断裂带地热、地磁及各种气体数值一般偏高。

在实际工作中遇到上列几条有充分依据来判断活动性断裂的情况是不多的。为此,必须在谨慎、小心、细致的工作中,寻找一些间接地质现象来作为判断活动性断裂的佐证。比如,活动性断裂常常表现在山区和平原有长距离的平滑分界线,沿分界线常有沼泽地、芦苇地呈串珠状分布,泉水呈线状分布;泉水有温度升高和矿化度明显增大的现象;有一定规律、形态完整的地表构造地裂缝;在断层面上有一种新的擦痕叠加在有不同矿化现象的老擦痕之上。另外,由断层新活动引起河流横向迁移、阶地发育不对称、河流袭夺、河流一侧出现大规模的滑坡、文化遗迹的变位、植被被不正常干扰等,都是活动性断裂带来的特征。

4.7 地质图的阅读与分析

地质图是反映各种地质现象和地质条件、将自然界的地质情况用规定的符号按一定的比例缩小投影绘制在平面上的图件,它是工程实践中需要搜集和研究的一项重要地质资料,是设计人员做工程基础设计的主要依据。

▶ 4.7.1 地质图的分类

(1)按地质图内容的分类

地质图按内容可分为普通地质图、构造地质图、第四纪地质图、基岩地质图、水文地质图、工程地质图等。

(2)按地质图制作方法分类

按地质图的制作方法可分为地质平面图、地形地质平面图、立体地质图、综合地层柱状图、地质剖面图、地层等高线图、水平断面图等。

▶ 4.7.2 地质图的规格与符号

一幅正规的地质图应该有图名、比例尺、方位、图例、责任表(包括编图单位、负责人员及资料来源等)和编制日期等,在图的左侧为综合地层柱状图,有时还在图的下方附有剖面图。

比例尺的大小反映了图的精度,比例尺越大,图的精度越高,对地质条件的反映也越详细,越准确。一般地质图比例尺的大小是由工程的类型、规模、设计阶段和地质条件的复杂程度决定的。

地质图图例中,地层图例严格地要求自上而下或自左而右,从新地层到老地层排列。

所用的岩性图例、地质符号、地层代号及颜色都有统一规定。如:正断层符号为 $\underset{5}{\rule{1cm}{0pt}}\underset{50°}{\rule{1cm}{0pt}}\rule{1cm}{0pt}_{0.3}$,且用红色表示;逆断层符号为 $\rule{2cm}{0pt}\underset{30°}{\rule{0pt}{0pt}}\rule{1cm}{0pt}_{0.3}$,且用红色表示;平移断层符号为 $\rule{3cm}{0pt}_{0.3}$,且用红色表示;岩层倾向及倾角表示为 $\frac{5}{35}$;直立地层产状表示为 $\dagger$,其中箭头指向较新地层;倒转地层产状表示为 $\dagger$,其中箭头指向倒转后倾向。

▶ 4.7.3　地质图的一般阅读步骤

一幅地质图,其内容可分为图框内、外两部分。前者为阅读的主要对象,它反映一个地区的地层、矿产分布和构造等方面的特征;后者包括图名、比例尺、图签图例、柱状图、剖面图,起辅助和说明的作用,帮助阅读与理解地质图。读图时,应遵循先图外后图内的原则,首先阅读图框外的说明内容,对图区概略性的情况有所了解后,再转入图内阅读。阅读的一般步骤见表 4.9。

表 4.9　地质图的读图步骤

步骤	读图内容	具体说明
1	读图名和比例尺	图名说明图幅所在地区的地理位置和图的类型。比例尺表明图幅地物的缩小程度,如 1:30 000 表明图上 1 cm 代表实际水平距离 300 m。比例尺越大,反映地质情况越详细
2	读图幅的出版时间和引用资料说明	—
3	判明图的方位	常用箭头(或 N)表示指北方向。多数情况下图的方位为上北下南,左西右东
4	读图例	图例是一张地质图不可缺少的部分。它说明图内各种颜色、符号所代表的地质意义。图例一般画成 0.8 cm×1.1 cm 或 0.8 cm×1.2 cm 的长方形格子,里面涂上颜色、注上符号,其右侧为简要的文字说明。图例通常置于图的右边或下方。通过读图例,可了解图区出露了哪些时代的地层和岩浆岩,矿产和构造的类型等
5	读地层柱状图	正式的地质图上附有反映图区内地层发育情况的地层柱状图
6	读地质剖面图	正式的地质图上附有 1~2 张切过图区主要构造的剖面图,以帮助人们迅速掌握图区的主要构造轮廓。剖面在地质图上的位置用一条细线表示,两端注有代表剖面顺序的数字或符号
7	图面阅读	图面阅读,首先应分析地形,因为地形的高低起伏,会影响地质界线的出露延伸,只有结合地形才能深入地进行地质分析。在较大比例尺(大于 1:50 000)地形地质图上,可通过地形等高线和河流水系的分布来了解地形的特点;在中、小比例尺(1:100 000—1:500 000)地质图上,主要根据河流水系的分布、支流与主流的关系、山势标高变化等了解地形特点

4.7.4　各种地质构造的读图方法

1)岩层的产状

可利用地形等高线与地层露头的关系求倾斜岩层的产状。如图 4.20 地层向西倾斜,受地形影响而弯曲延伸。现要求 J 与 K 交界层面的产状,该层面露头线与 150 m 等高线交于 a、b 两点,过此两点的连线即为该层面 150 m 标高之走向线,该线段两端的方向即为走向。同理,可得该层面 100 m 标高的走向线 cd,作垂直于 ab 和 cd 的线段 ef,其箭头所指方向即为层面之倾向。用量角器量出由正北沿顺时针方向旋转至层面倾向及走向方向的角度,即为层面的倾向及走向的方位角数值。ab 与 cd 两条走向线的高差为 50 m(150 m−100 m)在 1∶5 000 的图上对应的长度为 1 cm。在 ab 上截取 1 cm 长线段 eg,连接 gf,得直角三角形 △egf,则 ∠gfe 即为层面倾角。这样就求出了 J 与 K 分界面的全部产状要素。按照相同的方法,也可求出断层面的产状。

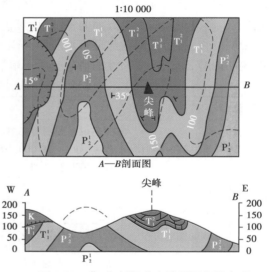

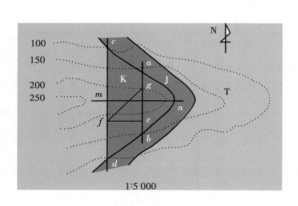

图 4.20　在地形地质图上求岩层产状及埋深

图 4.21　背、向斜褶曲在地质图上的表现

2)褶　曲

褶曲两翼的地层呈对称分布,中间老、两边新者是背斜,中间新、两边老者是向斜。在地质图上也主要是用这种方法并结合图上标注的岩层产状符号来判识背、向斜褶曲之存在(见图4.21)。但须注意,由于地形切割原因,实际上未发生褶曲的地层,在地质图上也可能表现为不同时代地层呈对称分布。读图时应认真分析,排除假象。褶皱形成时期的确定,通常以地质图上卷入褶皱的最新地层为褶皱形成时间的下限,而以不整合于褶皱地层之上的最老地层为上限。

3)断　层

断层的出露线(断层线)在彩印地质图上用红色粗线条表示,不同性质的断层表示方法不相同。读图时,须认真分析断层所造成的各种构造现象,如地层分界线及其他地质界线被断层错移,局部地段地层发生缺失或非对称性重复,地层产状在靠断层附近出现突然变化等。这样,可以加深对于断层特征的认识。

断层形成时期确定的基本原则是:切割者形成在后,被切割者形成在前。如图 4.22,F_1,F_2,F_3 均切割了 S—C 地层,故形成应在 C 之后。进一步根据切割与被切割关系,又可知 F_2,F_3 形

成于 F_1 之后。在其他类型地质图上,判别断层生成时间的方法亦相同。图 4.23 中断层切割了 C 地层及岩浆岩体,为 J 地层角度不整合覆盖,生成时间应在 C 地层形成及岩浆侵入活动之后, J 地层沉积之前。

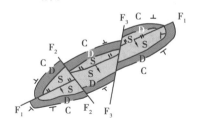 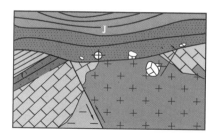

图 4.22　断层与褶曲轴向的关系　　　　图 4.23　断层与角度不整合面上、下地层的不同关系

4)地层接触关系

相邻地层以整合关系接触时,在地质图上表现为两者时代连续,产状一致,地层界线彼此平行;若地层之间呈角度不整合关系接触,则在地质图上表现为相邻地层之间时代不连续,中间缺失部分时代地层,且两者产状不一致,地质界线不平行。在不同地段,角度不整合面之上新地层与下伏不同时代较老地层相接触,一般在角度不整合面之上新地层一侧标注一系列小圆点。平行不整合接触关系在地质图上的表现与整合接触关系相似,不同处仅在于两者之间有地层缺失,时代不连续(见图 4.24)。

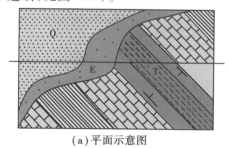 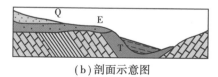

（a）平面示意图　　　　　　　　　　　（b）剖面示意图

图 4.24　不整合

E 与 Q—平整不整合;T 与 E—角度不整合

▶ 4.7.5　地形地质图的系统阅读分析

以下引用刘春原主编《工程地质学》并以黑山寨地区地质图(见图 4.25~4.27)为例,介绍阅读地质图的方法。

1)比例尺

该地质图比例尺为 1∶10 000,即图上 1 cm 代表实地距离 100 m。

2)地形地貌

本地区西北部最高,高程约为 570 m;东南较低,约 100 m;相对高差约为 470 m。东部有一山岗,高程为 300 多 m。顺地形坡向有两条北北西向沟谷。

3)地层岩性

本区出露地层从老到新有:古生界—下泥盆统(D_1)石灰岩、中泥盆统(D_2)页岩、上泥盆统

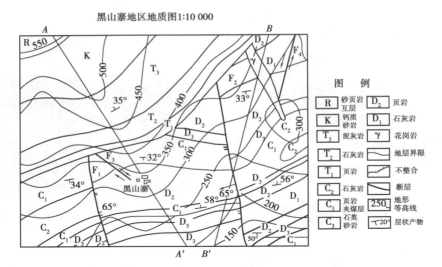

图 4.25　黑山寨地区地质图

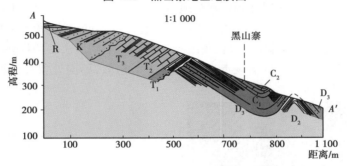

图 4.26　黑山寨地区 A—A′地质剖面图

（D_3）石英砂岩、下石炭统（C_1）页岩夹煤层、中石炭统（C_2）石灰岩；中生界—下三叠统（T_1）页岩、中三叠统（T_2）石灰岩、上三叠统（T_3）泥灰岩、白垩系（K）钙质砂岩；新生界—第三系（R）砂、页岩互层。古生界地层分布面积较大，中生界、新生界地层出露在北、西北部。

除沉积岩层外，还有花岗岩脉（γ）侵入，出露在东北部。侵入在三叠系以前的地层中，属海西运动时期的产物。

4）地质构造

（1）岩层产状

R 为水平岩层；T，K 为单斜岩层，产状 330°∠35°；D，C 地层大致向东西或北东东向延伸。

（2）褶皱

古生界地层从 D_1 至 C_2 由北部到南部形成三个褶皱，依次为背斜、向斜、背斜。褶皱轴向为 NE75°~80°。

东北部背斜：背斜核部较老地层为 D_1，北翼为 D_2，产状 345°∠36°；南翼由老到新为 D_2，D_3，C_1，C_2，岩层产状 165°∠36°；两翼岩层产状对称，为直立褶皱。

中部向斜：向斜核部较新地层为 C_2，北翼即上述背斜；南翼出露地层为 C_1，D_3，D_2，D_1，产状 345°∠56°；由于两翼岩层倾角不同，故为倾斜向斜。

南部背斜：核部为 D_1；两翼对称分布 D_2，D_3，C_1，为倾斜背斜。

地层单位			代号	柱形图	厚度/m	地层岩性描述
界	系	统				
新生界	第三系		R		30	砂岩为主，局部为砂页岩互层
中生界	白垩系		K		250	角度不整合 燕山运动，褶皱上升，缺失老第三系 为钙质砂岩夹页岩
	三叠系	上	T₃			平行不整合
		中	T₂		222	缺失侏罗系地层 上部为泥灰岩夹薄层钙质页岩 中部为厚层灰岩夹薄层泥灰岩 下部为页岩夹泥灰岩
		下	T₁			
古生界	石炭系	中	C₂		103	角度不整合 海西运动，缺失上石炭系及三叠系地层 C₂为中厚层灰岩夹薄层灰岩 C₁为页岩夹煤层，岩性软弱
		下	C₁			
	泥盆系	上	D₃		205	上部为厚层石灰砂岩，坚硬抗压强度高 中部为页岩，层理发育，岩性较弱 下部为中厚层灰岩，性脆有溶洞
		中	D₂			
		下	D₁			

图 4.27 黑山寨地区综合地层柱状图

这三个褶皱发生在中石炭世(C_2)之后，下三叠世(T_1)以前，因为从 D_1 至 C_2 的地层全部经过褶皱变动，而 T_1 以后的地层没有受此褶皱影响。但 T_1 至 T_3 及 K 地层呈单斜构造，产状与 D,C 地层不同，它可能是另一个向斜或背斜的一翼，是另一次构造运动所形成，发生在 K 以后，R 以前。

（3）断层

本区有 F_1,F_2 两条较大断层，因岩层沿走向延伸不连续，断层走向 345°，断层面倾角较陡，F_1:75°∠65°；F_2:225°∠65°，两断层都是横切向斜轴和背斜轴的正断层。另从断层两侧向斜核部 C_2 地层出露宽度分析，也可说明 F_1 和 F_2 间的岩层相对下移，所以 F_1,F_2 断层的组合关系为地堑。

此外，尚有 F_3,F_4 二条断层，F_3 走向 300°，F_4 走向 30°，为规模较小的平移断层。

断层也形成于中石炭世(C_2)之后，下三叠世(T_1)以前，因为断层没有错断 T_1 以后的岩层。

从该区褶皱和断层分布时间和空间来分析，它们是处于同一构造应力场，受到同一构造运动所形成。压应力主要来自北北西向，故褶皱轴向为北东东。F_1,F_2 两断层为受张应力作用形成的正断层，故断层走向大致与压应力方向平行，而 F_3,F_4 则为剪应力所形成的扭性断层。

5）接触关系

第三系(R)与其下伏白垩系(K)产状不同，为角度不整合接触。

白垩系(K)与下伏上三叠统(T_3)之间，缺失侏罗系(J)，但产状大致平行，故为平行不整合接触。T_3,T_2,T_1 之间为整合接触。

下三叠统(T_1)与下伏石炭系(C_1,C_2)及泥盆系(D_1,D_2,D_3)直接接触,中间缺失二叠系(P)及上石炭统 C_3,且产状呈角度相交,故为角度不整合接触。由 C_2 至 D_1 各层之间均为整合接触。

花岗岩脉(γ)切穿泥盆系(D_1,D_2,D_3)及下石炭统(C_1)地层并侵入其中,故为侵入接触,因未切穿上覆下三叠统(T_1)地层,故 γ 与 T_1 为沉积接触。说明花岗岩脉(γ)形成于下石炭世(C_1)以后,下三叠世(T_1)以前,但规模较小,产状呈北北西—南南东分布的直立岩墙。

4.8 地质构造对工程的影响

▶ 4.8.1 褶皱构造对工程的影响

褶皱构造对工程建筑有以下几方面的影响:

①褶曲核部岩层由于受水平挤压作用,产生许多裂隙,直接影响到岩体完整性和强度,在石灰岩地区还往往使岩溶较为发育,所以在核部布置各种建筑工程,如路桥、坝址、隧道等,必须注意防治岩层的坍落、漏水及涌水问题。

②在褶曲翼部布置建筑工程时,如果开挖边坡的走向近于平行岩层走向,且边坡倾向与岩层倾向一致,边坡坡角大于岩层倾角,则容易造成顺层滑动现象。如果开挖边坡的走向与岩层走向的夹角在 40°以上,两者走向一致,且边坡倾向与岩层倾向相反或者两者倾向相同,但岩层倾角更大,则对开挖边坡的稳定较有利。因此,在褶曲翼部布置建筑工程时,应重点注意岩层的倾向及倾角的大小。

③对于隧道等深埋地下工程,一般应布置在褶皱的翼部,因为隧道通过均一岩层有利稳定,而背斜顶部岩层受张力作用可能塌落,向斜核部则是储水较丰富的地段。

▶ 4.8.2 节理构造对工程的影响

节理与地面和地下工程的关系都很密切,主要表现在以下几个方面:

①节理破坏了岩石的整体性,增大了地下硐室和坑道顶板岩石垮塌的可能性,同时也增加了施工的难度。因此,设计和施工中应考虑避开节理特别发育的地段。对地表岩石来说,大气和水容易进入节理裂隙中,从而加剧岩石的风化。故当主要节理面与坡面倾向近相一致,且节理倾角小于坡角时,常引起边坡失稳。

②节理可能成为地下水运移的通道,导致矿井、地下建筑施工过程中发生突水事故。同时,节理裂隙还可能作为煤矿中瓦斯运移的重要通道。

③若节理缝隙被黏土等物质所充填润滑,节理面成为软弱结构面,从而使斜坡体易沿节理面产生滑动,工程施工中对此须予以高度的重视。

④在挖方和采石时,可以利用节理面,以提高工效。

⑤在节理发育的岩石中,有可能找到裂隙地下水作为供水资源。

⑥直接坐落在岩石上的高层建筑的浅基础需要凿除裂隙发育面。

⑦高荷载水平的桩基持力层入岩深度,宜选在裂隙相对不发育的中风化或微风化基岩中。

▶ **4.8.3　断层构造对工程的影响**

岩层(岩体)被不同方向、不同性质、不同时代的断裂构造切割,如果发育有层理、片理,则情况更复杂。所以,岩体被认为是不连续体。不连续面是断层、节理、层面等,又称结构面。

作为不连续面的断层是影响岩体稳定性的重要因素,这是因为断层带岩层破碎强度低,另一方面它对地下水、风力作用等外力地质作用往往起控制作用。断层对工程建设十分不利。特别是道路工程建设中,选择线路、桥址和隧道位置时,应尽可能避开断层破碎带。

断层发育地区修建隧道最为不利。当隧道轴线与断层走向平行时,应尽可能避开断层破碎带;而当隧道轴线与断层走向垂直时,为避免和减少危害,应预先考虑支护和加固措施。由于开挖隧道代价较高,为缩短其长度,往往将隧道选择在山体比较狭窄的鞍部通过。从地质角度考虑,这种部位往往是断层破碎带或软弱岩层发育部位,岩体稳定性较差,属于地质条件不利地段。此外,沿河各段进行公路选址时也要特别注意与断层构造的关系。当线路与断层走向平行或交角较小时,路基开挖易引起边坡发生坍塌,影响公路施工和使用。

选择桥址时要注意查明桥基部位有无断层存在。一般当临山侧边坡发育有倾向基坑的断层时,易发生严重坍塌,甚至危及邻近工程基础的稳定。

本章小结

(1)地层的地质年代有绝对地质年代和相对地质年代之分。确定相对地质年代的常用方法有地层层序法、生物层序法、岩性对比法和地层接触关系法等。绝对地质年代的确定一般是根据放射性同位素的蜕变规律,来测定岩石和矿物年龄。

(2)沉积岩间的接触,基本上可分为整合接触与不整合接触两大类型。不整合接触又可以分为平行不整合接触和角度不整合接触。不整合接触是划分地层相对地质年代的一个重要依据。

(3)地壳运动影响各种地质作用的发生和发展,不仅改变着地表形态,同时,也改变着岩层的原始产状,形成各种各样的地质构造现象。地壳运动基本类型有两种:升降运动和水平运动。

(4)岩层是指由两个平行或近于平行的界面所限制的,由同一岩性组成的层状岩石。岩层的产状是指岩层在空间的展布状态。地质学上用走向、倾向、倾角三个要素来确定岩层的产状。

(5)倾斜岩层露头线呈"V"字形,其展布形式受地形坡向、坡角与岩层倾向、倾角控制。

(6)褶皱指岩石在主要由地壳运动所引起的地应力长期作用下,所发生的永久性弯曲变形,它是地壳中广泛发育的一类地质构造,尤以在层状岩石中表现最为明显。褶皱构造的成因主要包括水平挤压作用、水平扭动作用和垂直运动。

(7)褶曲是褶皱构造中的弯曲,是褶皱构造的组成的基本单位。褶曲的两种基本形式是背斜和向斜。褶曲要素有核部、翼部、翼间角、转折端、枢纽、轴面、轴迹、脊线、槽线。

(8)褶曲按其横剖面形态分为直立褶曲、倾斜褶曲、倒转褶曲、平卧褶曲四类;按横剖面形态分为水平褶曲和倾伏褶曲;按横剖面上的组合类型分为复背斜和复向斜。

(9)褶皱的野外识别方法主要有穿越法、追索法两种。穿越法就是沿着选定的调查路线,垂直岩层走向进行观察。穿越法有利于了解岩层的产状、层序及其新老关系。追索法就是平行岩层走向进行观察的方法。平行岩层走向进行追索观察,便于查明褶皱延伸的方向及其构造变化的情况。

(10)节理或称裂隙,是岩层裂开有破裂面但两侧岩石没有显著位移的小型断裂构造。节理按成因分为原生节理、构造节理和表生节理;按力学性质分为张节理和剪节理;按与岩层产状的关系分为走向节理、倾向节理、斜向节理和顺层节理;根据节理走向与所在褶曲的轴向的关系分为纵节理、横节理和斜节理。

(11)节理玫瑰花图可分为节理走向玫瑰花图、节理倾向玫瑰花图和节理倾角玫瑰花图3种。

(12)断层是指岩体在构造应力的作用下发生断裂,且断裂面两侧岩石有显著相对位移的断裂构造。

(13)断层要素为断层面和破碎带、断层线、断盘和断距。

(14)断层按断层两盘相对错动的特征可分为正断层、逆断层和平移断层三类;按断层面产状与两盘岩层的产状关系分为走向断层、倾向断层和斜向断层;按断层面产状与褶皱轴线的关系分为纵断层、横断层和斜断层;按断层的力学性质分为压性断层、张性断层和扭性断层。

(15)路桥、路基、坝址、隧道等工程中必须注意褶皱、节理和断层的影响。

思考题

4.1　什么是绝对地质年代?什么是相对地质年代?绝对地质年代和相对地质年代是怎样确定的?各有哪些确定方法?

4.2　地壳运动有哪两种基本类型?各类型主要形成哪些地质构造?

4.3　水平岩层和倾斜岩层在地质图上如何表现?

4.4　什么叫岩层产状?产状三要素是什么?岩层产状是如何测定和表示的?什么是岩层倾向与地面坡向关系的"V"字形法则?

4.5　什么叫褶皱?褶皱构造的成因包括哪几种?什么叫褶曲?褶曲的要素及基本形态有哪些?如何识别褶曲并判断其类型?褶皱的工程评价如何?

4.6　什么是节理?节理按其成因、节理与岩层产状关系、力学性质、节理走向与所在褶曲的轴向的关系如何进行分类?节理的发育程度如何分级?如何定量表示节理发育程度?如何进行节理的统计调查?节理玫瑰花图的含义是什么?如何绘制节理玫瑰花图?

4.7　什么叫断层?断层的要素有哪些?断层如何进行分类?断层有哪些组合类型?断层的野外特征有哪些?如何进行断层的识别?

4.8　地质图按内容可分为哪几类?地质图按制作方法可分为哪几类?地质图的读图步骤有哪几步?各种构造现象在地质图上如何表现?

4.9　褶皱构造、节理构造和断层构造对工程有哪些影响?

5

岩体及其工程地质问题

岩体是指由一种或多种岩石组成,并由各类结构面及其所切割的结构体所构成的,存在于一定的地质环境中的刚性地质体。岩体经常被各种结构面(如层面、节理、断层、片理等)切割,使岩体成为一种多裂隙的不连续介质。

岩体结构是指岩体中结构面与结构体的组合形式,它包括结构面和结构体两个要素。结构面是指存在于岩体中的各种不同成因、不同特征的地质构造形迹界面,如断层、节理、层理、软弱夹层及不整合面等。结构体是指岩体被结构面切割后形成的岩石块体。岩体结构包括整体结构、块状结构、层状结构、碎裂结构和散体结构等。

软弱结构面,又称不连续面,指岩体中延伸较远、两壁较平滑、充填有一定厚度软弱物质的层面,如软弱夹层、泥化夹层、片理、劈理、节理、断层破碎带等。坚硬岩体的工程地质性质,严格受其中软弱面的强度、延展性、方向性、组合关系及密度等所控制。软弱夹层指岩体中夹有强度很低或被泥化、软化、破碎的薄层。

岩体稳定性分析与评价是工程建设中十分重要的问题。本章主要介绍岩体的工程分类、结构体与结构面、岩体结构的类型、软弱夹层对工程影响、岩体力学特性、风化岩体性状以及岩体中的天然应力,另外还对地下硐室围岩、边坡岩体及岩石地基设计施工中的工程地质问题进行了分析。

5.1 岩体的工程分类

在实际工程设计和施工过程中,对各类岩体的质量评价是一项重要内容。对作为工程建筑物地基或围岩的岩体,从工程的实际要求出发,对它们进行分类、分级,并根据其特性进行试验,得出相应的设计计算指标或参数,是非常必要的。其内容和要求须视工程类型、不同设计阶段和所要解决的问题而定。

▶ **5.1.1 按坚硬程度的分类**

岩土工程勘察规范(GB 50021—2001)对岩石坚硬程度分类见表5.1。

表 5.1 岩石坚硬程度分类

坚硬程度	坚硬岩	较硬岩	较软岩	软岩	极软岩
饱和单轴抗压强度 f_r/MPa	>60	$60 \geqslant f_r > 30$	$30 \geqslant f_r > 15$	$15 \geqslant f_r > 5$	≤5

注:①当无法取得饱和单轴抗压强度数据时,可用点荷载试验强度换算,换算方法按现行国家标准《工程岩体分级
标准》(GB 50218—2014)执行;
②当岩体完整程度为极破碎时,可不进行坚硬程度分类。

▶ **5.1.2 按完整程度的分类**

岩土工程勘察规范(GB 50021—2001)对岩体的完整程度分类见表5.2。

表 5.2 岩体完整程度分类

完整程度	完整	较完整	较破碎	破碎	极破碎
完整性指数 K_v	>0.75	0.75~0.55	0.55~0.35	0.35~0.15	<0.15

注:表中 $K_v = \left(\dfrac{v_{mp}}{v_{rp}} \right)^2$。式中 v_{mp} 为岩体压缩波波速,v_{rp} 为岩块压缩波波速,K_v 越大,岩体越完整。

▶ **5.1.3 按基本质量等级的分类**

岩土工程勘察规范(GB 50021—2001)对岩体按基本质量等级的分类见表5.3。

表 5.3 基本质量等级分类

坚硬程度 \ 完整程度	完 整	较完整	较破碎	破 碎	极破碎
坚硬岩	Ⅰ	Ⅱ	Ⅲ	Ⅳ	Ⅴ
较硬岩	Ⅱ	Ⅲ	Ⅳ	Ⅳ	Ⅴ
较软岩	Ⅲ	Ⅳ	Ⅳ	Ⅴ	Ⅴ
软 岩	Ⅳ	Ⅳ	Ⅴ	Ⅴ	Ⅴ
极软岩	Ⅴ	Ⅴ	Ⅴ	Ⅴ	Ⅴ

注:Ⅰ类等级岩体的基本质量最好。

▶ **5.1.4 按工程岩体分级标准的分类**

岩体按工程岩体分级标准(GB/T 50218—2014)分类见表5.4。

表 5.4 岩体按 BQ 的分类

基本质量 级别	岩体质量的定性特征	岩体基本质量 指标(BQ)
I	坚硬岩,岩体完整	>550
II	坚硬岩,岩体较完整; 较坚硬岩,岩体完整	550~451
III	坚硬岩,岩体较破碎; 较坚硬岩,岩体较完整; 较软岩,岩体完整	450~351
IV	坚硬岩,岩体破碎; 较坚硬岩,岩体较破碎—破碎; 较软岩,岩体较完整—较破碎; 软岩,岩体完整—较完整	350~251
V	较软岩,岩体破碎; 软岩,岩体较破碎—破碎; 全部极软岩及全部极破碎岩	≤250

注:表中基本质量等级 $BQ=100+3R_c+250K_v$。式中 R_c 为岩石饱和单轴抗压强度,K_v 为完整性指数。
当 $R_c>90K_v+30$ 时,应以 $R_c=90K_v+30$ 和 K_v 代入计算 BQ 值;当 $K_v>0.04R_c+0.4$ 时,应以 $K_v=0.04R_c+0.4$ 和 R_c 代入计算 BQ 值。BQ 值越大,岩体越好。

▶ 5.1.5 按 RQD 指标的分类

根据反映钻取岩芯的采取率高低及岩芯完整性的质量指标 RQD 的分类如表 5.5 所示。

表 5.5 岩石按 RQD 指标的质量分类

RQD	>90	75~90	50~75	25~50	<25
岩石质量	好	较好	较差	差	极差

注:表中 $RQD=\dfrac{10 \text{ cm 以上(不含 10 cm)岩芯采取累计长度}}{\text{钻孔长度}}\times100\%$,表示 10 cm 以上岩芯采取
率。此采取率越高,岩体越完整,质量越好。

5.2 岩体结构的类型

岩体结构是指岩体中结构面与结构体的组合形式,它包括结构面和结构体两个要素。

▶ 5.2.1 结构体

结构体指岩体中被结构面切割而产生的单个岩石块体。由于各种成因的结

结构体

构面的组合,在岩体中可形成大小、形状不同的结构体。

受结构面组数、密度、产状、长度等影响,岩体中结构体的形状和大小是多种多样的,但根据其外形特征可大致归纳为柱状、块状、板状、楔形、菱形和锥形等六种基本形态(见图5.1)。当岩体强烈变形破碎时,也可形成片状、碎块状、鳞片状等形式的结构体。

结构体形状、大小、产状和所处位置不同,其工程稳定性大不一样。当结构体形状、大小相同,但产状不同,在同一工程位置,其稳定性不同;当结构体形状、大小、产状都相同,在不同工程位置,其稳定性也不相同。

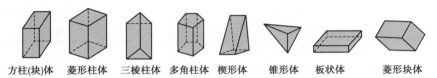

方柱(块)体　菱形柱体　三棱柱体　多角柱体　楔形体　锥形体　板状体　菱形块体

图 5.1　结构体的类型

结构体的大小,可用体积裂隙数 J_v 来表示,其含义是:岩体单位体积内的总裂隙数。表达式为:

$$J_v = \frac{1}{S_1} + \frac{1}{S_2} + \cdots + \frac{1}{S_n} = \sum_{i=1}^{n} \frac{1}{S_i} \tag{5.1}$$

式中　S_i——岩体内第 i 组结构面的间距;

$\dfrac{1}{S_i}$——该组结构面的裂隙数,m^{-3}。

根据 J_v 值的大小可将结构体的块度进行分类,见表5.6。

表 5.6　结构体块度(大小)分类

块度描述	巨型块体	大型块体	中型块体	小型块体	碎块体
体积裂隙数 J_v/m^{-3}	<1	1~3	3~10	10~30	>30

▶ 5.2.2　结构面

结构面是指存在于岩体中的各种不同成因、不同特征的地质构造的形迹界面,如断层、节理、层理、软弱夹层及不整合面等。结构面包括物质分异面及不连续面,是在地质发展的历史中,在岩体内形成的具有不同方向、不同规模、不同形态以及不同特性的面、缝、层、带状的地质界面。

1)结构面的类型

结构面按地质成因可分为原生结构面、构造结构面和次生结构面三类。

①原生结构面是在岩石形成过程中形成的结构面,其特征与岩石的成因密切相关。

②构造结构面是构造运动过程中形成的破裂面。

③次生结构面是岩体形成以后,在外营力作用下产生的结构面。

各类结构面的地质类型、主要特征以及工程地质评价如表5.7所示。

表 5.7　结构面类型及其主要特征

成因类型	地质类型	主要特征			工程地质评价
		产　状	分　布	性　质	
原生结构面 沉积结构面	①层理层面 ②软弱夹层 ③不整合面、假整合面 ④沉积间断面	一般与岩层产状一致，为层间结构面	海相岩层中此类结构面分布稳定，陆相岩层中呈交错状，易尖灭	层理层面、软弱夹层等结构面较为平整；不整合面及沉积间断面多由碎屑泥质物质构成，且不平整	国内外较大的坝基滑动及滑坡很多由此类结构面所造成
原生结构面 岩浆结构面	①侵入体与围岩接触面 ②岩脉、岩墙接触面 ③原生冷凝节理	岩脉受构造结构面控制，而原生节理受岩体接触面控制	接触面延伸较远，比较稳定，而原生节理往往短小密集	与围岩接触面可具熔合及破坏两种不同的特征，原生节理一般为张裂面，较粗糙不平	一般不造成大规模的岩体破坏，但有时与构造断裂配合，也可形成岩体的滑移，如有的坝肩局部滑移
原生结构面 变质结构面	①片理 ②片岩软弱夹层	产状与岩层或构造方向一致	片理短小，分布极密，片岩软弱夹层延展较远，具固定层次	结构面光滑平直，片理在岩层深部往往闭合成隐蔽结构面，片岩软弱夹层，含片状矿物，呈鳞片状	在变质较浅的沉积岩，如千枚岩等路堑边坡常见塌方，片岩夹层有时对工程及地下洞体稳定也有影响
构造结构面	①节理（X形节理、张节理） ②断层 ③层间错动 ④羽状裂隙、劈理	产状与构造线呈一定关系，层间错动与岩层一致	张性断裂较短小，剪切断裂延展较远，压性断裂规模巨大	张性断裂不平整，常具次生充填，呈锯齿状，剪切断裂较平直，具羽状裂隙，压性断层具多种构造岩，往往含断层泥、糜棱岩	对岩体稳定影响很大，在许多岩体破坏过程中，大都有构造结构面的配合作用。此外常造成边坡及地下工程的塌方、冒顶
次生结构面	①卸荷裂隙 ②风化裂隙 ③风化夹层 ④泥化夹层 ⑤次生夹泥层	受地形及原结构面控制	分布上往往呈不连续状透镜体，延展性差，且主要在地表风化带内发育	一般为泥质物充填，水理性质很差	在天然及人工边坡上造成危害，有时对坝基、坝肩及浅埋隧洞等工程亦有影响，一般在施工中应予以清基处理

　　另外，结构面按破裂面的受力类型又可分为剪性结构面和张性结构面两类。

　　张性结构面是由拉应力形成的，如羽毛状张裂面、纵张及横张裂面，岩浆岩中的冷凝节理等。一般来说，张性结构面具有张开度大、连续性差、形态不规则、面粗糙、起伏度大及破碎带较宽等特征，其构造岩多为角砾岩，易被充填。因此，张性结构面常含水丰富，导水性强等。

　　剪性结构面是剪应力形成的，破裂面两侧岩体产生相对滑移，如逆断层、平移断层以及多数正断层等。剪性结构面的特点是连续性好，面较平直，延伸较长并有擦痕镜面等现象发育。

2）结构面的特征

结构面的特征包括结构面的规模、形态、物质组成、延展性、密集程度、张开度和充填胶结特征等,它们对结构面的物理力学性质有很大的影响。

（1）结构面的规模

不同类型的结构面,其规模大小不一。大者可延展数十千米,宽度达数十米的破碎带;小者仅延展数十厘米至数十米,甚至是很微小的不连续裂隙。它们对工程的影响是不一样的,有时小的结构面对岩体稳定也可起控制作用。

（2）结构面的形态

结构面的平整、光滑和粗糙程度对结构面的抗剪性能有很大的影响。自然界中结构面的几何形状非常复杂,大体上可分为五种类型:平直状、波状起伏、锯齿状、台阶状、不规则状。结构面的形态对结构面抗剪强度有很大的影响,一般平直光滑的结构面有较小的摩擦角,粗糙起伏的结构面则有较高的抗剪强度。

（3）结构面的延展性

结构面的延展性也称连续性,有些结构面延展性较强,在一定工程范围内切割整个岩体,对稳定性影响较大。但也有一些结构面比较短小或不连续,岩体强度一部分仍为岩石（岩块）强度所控制,稳定性较好。因此,在研究结构面时,应注意调查研究其延展长度及规模。结构面的延展性可用线连续性系数及面连续性系数表示。

（4）结构面的密集程度

结构面的密集程度反映了岩体的完整性,通常用结构面间距和线密度来表示结构面的密集程度。线密度是指单位长度上结构面的条数。一般线密度是取一组结构面法线方向,平均每米长度上的结构面数目。线密度的数值愈大,说明结构面愈密集。不同量测方向的 K 值往往不等,因此,两垂直方向的 K 值之比,可以反映岩体的各向异性程度。结构面间距是指同一组结构面的平均间距,它和结构面线密度间是倒数关系。我国水电部门推荐的节理间距分级情况见表5.8。

表5.8 节理发育程度分级

分 级	Ⅰ	Ⅱ	Ⅲ	Ⅳ
节理间距/m	>2	0.5~2	0.1~0.5	<0.1
节理发育程度	不发育	较发育	发育	极发育
岩体完整性	完整	块状	碎裂	破碎

（5）结构面的张开度和充填情况

张开度是指结构面的两壁离开的距离,可分为4级:

闭合的:张开度小于 0.2 mm;

微张的:张开度为 0.2~1.0 mm;

张开的:张开度为 1.0~5.0 mm;

宽张的:张开度大于 5.0 mm。

闭合结构面的力学性质取决于结构面两壁的岩石性质和结构面粗糙程度。微张的结构面,因其两壁岩石之间常常多处保持点接触,抗剪强度比张开的结构面大。张开的和宽张的结构面,抗剪强度则主要取决于充填物的成分和厚度,一般充填物为黏土时,强度要比充填物为砂质时的低,而充填物为砂质者,强度又比充填物为砾质者更低。

► 5.2.3 岩体的结构类型

岩体结构是指岩体中结构面与结构体的组合方式。不同的岩体结构类型具有不同的工程地质特性(承载能力、变形、抗风化能力、渗透性等)。

岩体结构的基本类型可分为整体结构、块状结构、层状结构、碎裂结构和散体结构五大类,见图5.2和表5.9。

　　　整体结构　　　　　层状结构　　　　　块状结构　　　　　碎裂结构　　　　　散体结构

图 5.2　岩体结构类型示意图

表 5.9　岩体结构类型分类

结构类型	地质背景	结构面特征	结构体特征	
			形　态	强度/MPa
整体结构	岩性单一,构造变形轻微的巨厚层岩层及火成岩体,节理稀少	结构面少,1~3组,延展性差,多呈闭合状,一般无充填物,$\tan \varphi \geq 0.6$	巨型块体	>60
块状结构	岩性单一,构造变形轻微~中等的厚层岩体及火成岩体,节理一般发育较稀疏	结构面2~3组,延展性差,多闭合状,一般无充填物,层面有一定结合力,$\tan \varphi = 0.4 \sim 0.6$	大型的方块体、菱块体、柱体	>60
层状结构	构造变形轻微~中等的中厚层状岩体(单层厚>30 cm),节理中等发育不密集	结构面2~3组,延展性较好,以层面、层理、节理为主,有时有层间错动面和软弱夹层,层面结合力不强,$\tan \varphi = 0.3 \sim 0.5$	大~中型层块体、柱体、菱柱体	>30
碎裂结构	岩性复杂,构造变动强烈,破碎遭受弱风化作用或软硬相间的岩层组合,节理裂隙发育密集	各类结构面均发育,组数多,彼此交切或节理、层间错动面、劈理带软弱夹层均发育,结构面组数多较密集~密集,多含泥质充填物,结构面形态光滑度不一,$\tan \varphi = 0.2 \sim 0.4$	形状大小不一,以小型块体、板柱体、板楔体、碎块体为主	含微裂隙,<30
散体结构	岩体破碎,遭受强烈风化,裂隙极发育,紊乱密集	以风化裂隙、夹泥节理为主,密集无序状交错,结构面强烈风化、夹泥、强度低	以块度不均的小碎块体、岩屑及夹泥为主	碎块体,手捏即碎

▶ **5.2.4 软弱夹层及其对工程的影响**

软弱结构面,又称不连续面,指岩体中延伸较远,两壁较平滑,充填有一定厚度软弱物质的层面,如软弱夹层、泥化夹层、片理、劈理、节理、断层破碎带等。坚硬岩体的工程地质性质严格受其中软弱面的强度、延展性、方向性、组合关系及密度等所控制。

软弱夹层指岩体中夹有强度很低或被泥化、软化、破碎的薄层。软弱夹层是具有一定厚度的特殊的岩体软弱结构面,是在坚硬岩层中夹有的力学强度低,泥化或炭质含量高,遇水易软化,延伸较长和厚度较薄的软弱岩层。它与周围岩体相比,具有显著低的强度和显著高的压缩性,或具有一些特有的软弱特性。它是岩体中最薄弱的部位,常构成工程中的隐患。在水工建筑中往往是工程地质研究的主要对象。层间滑动面是一种软弱结构面,且普遍存在于层状沉积岩中。层间滑动面包括破劈理带、糜棱岩化(泥化带)、主滑动面带。

原生软弱夹层是与周围岩体同期形成,但与主岩体的性质差异很大。软弱夹层主要是沿原有的软弱面或软弱夹层经构造错动而形成,也有的是沿断裂面错动或多次错动而成,如断裂破碎带等。次生软弱夹层是沿薄层状岩石、岩体间接触面、原有软弱面或较弱夹层,由次生作用(主要是风化作用和地下水作用)参与形成的。

软弱夹层受力时很容易滑动破坏而引起工程事故,它可以使斜坡产生滑动灾害,使危岩体崩塌,使地下硐室围岩断裂破坏,使岩石地基与路基失稳。所以在进行岩体工程设计及施工过程中,务必加强软弱夹层的勘探与研究,努力查明软弱夹层的力学性质及变形特征,采取合理的工程措施,以避免灾害及工程事故的发生。

大量研究表明,软弱夹层的力学强度与充填物的物质组成、结构特征、充填程度厚度及地下水等因素密切相关。

(1)软弱夹层物质成分的影响

软弱夹层按其颗粒成分可分为泥化夹层、夹泥层、碎屑夹泥层、碎屑夹层等几种类型。颗粒成分不同,对软弱结构面的抗剪强度及剪应力-剪切位移曲线特征具有明显的影响。

(2)填充物结构的影响

对于软弱夹层,研究得最多的是层间填充物泥化夹层结构特征。泥化夹层是指岩体中软弱岩层在层间错动与地下水的长期物理化学作用下,所形成的结构疏松、颗粒多呈定向排列、粒间连接微弱的特殊软弱层。层间填充物结构有透镜状、糜棱岩状和尖角状等。填充物的结构越疏松软弱,越易产生滑动面。

(3)填充程度及厚度的影响

结构面的充填程度可用结构面内充填物质厚度 d 与起伏差 h 之比表示,d/h 即称为充填度。一般情况下,充填度越小,结构面的力学强度越高;反之,随着充填度的增加,其力学强度逐渐降低。

(4)水的作用

在构造运动作用下,泥化夹层为地下水渗流提供了通道。地下水可使破碎岩石中的颗粒分散,含水量增大,进而使岩石处于塑性状态(泥化),强度大大降低。同时地下水还可使夹层中的可溶盐类溶解,引起离子交换,改变泥化夹层的物理、化学性质,加快层间滑动。

对存在于滑坡中的软弱夹层必须进行加固,加固方法可以采用向软弱夹层注入水泥浆、打注浆锚杆、打抗滑桩以及对滑坡体上方卸载等办法。

5.3 岩体的力学特性

由于岩体中存在各种软弱结构面,所以岩体的力学性质与岩块的力学性质有很大的差异。一般来说,岩体较岩块易于变形,并且其强度显著低于岩块的强度。下面主要从岩体的破坏方式、岩体的变形、强度性质、动力学特性和水力学性质等方面介绍岩体的力学特性。

▶ 5.3.1 岩体的破坏方式

岩体的破坏方式与破坏机制与受力条件及岩体的结构特征有关。一般情况下,当岩体结构类型不同时,其破坏方式也不同。从宏观分析,岩体的破坏方式主要有 4 种:脆性崩塌破裂、整体滑动破坏、局部剪切破坏、基底隆起破坏。

（1）脆性崩塌破坏

在一般情况下,结构面的强度远低于完整岩体的强度,岩坡中结构面的规模、性质及其组合方式在很大程度上决定着岩坡失稳时的破坏形式。结构面的形状或性质稍有改变,则岩坡的稳定性将会受到显著的影响。

脆性崩塌破坏

在陡峭的斜坡上,巨大岩块在重力作用下突然而猛烈地向下倾倒、翻滚、崩落的现象,称为崩塌。崩塌经常发生在山区的陡峭山坡上,有时也发生在高陡的路堑边坡上。崩塌发生时堆积于坡脚的物质为崩塌堆积物。崩塌的发生是突然的,但是不平衡因素却是长期积累的。崩塌破坏如图 5.3 所示。

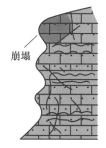

图 5.3　脆性崩塌破坏

图 5.4　整体滑动破坏

（2）整体滑动破坏

整体滑动破坏是岩体在重力作用下失去原有的稳定状态,沿着斜坡内某些软弱滑动面（或滑动带）整体向下滑动的现象。滑动的岩体具有整体性,除了滑坡边缘线一带和局部一些地方有较少的崩塌和产生裂隙外,总的来看滑动岩块保持着原有岩体的整体性,如图 5.4 所示。

整体滑动破坏

（3）局部剪切破坏

局部剪切破坏是指地下开挖岩体边坡、硐室、水坝上方两侧等岩体由于构造应力释放或人为因素等原因,产生的局部剪切滑动破坏,如图 5.5 所示。

局部剪切破坏

（4）基底隆起鼓胀破坏

基底隆起破坏是一种整体剪切破坏,它是水坝坝堤岩体或围岩隧道底部岩体等在原始高应力作用下,发生岩石基底隆起破裂的一种岩体破坏形式,如图 5.6 所示。

图 5.5　边坡岩体局部剪切破坏　　　　图 5.6　基底隆起鼓胀破坏图

▶ 5.3.2　岩体的变形特性

岩体的变形通常包括结构面变形和结构体变形两部分。实测的岩体应力-应变曲线,是上述两种变形叠加的结果。图 5.7 中分别绘出了坚硬岩石、软弱结构面与岩体的三条应力-应变曲线,由图可见,三条曲线的特征是不同的。坚硬岩石曲线的特点是弹性关系特别显著。软弱面曲线的特征表明了以塑性变形为主,而岩体的曲线则比它们都复杂。

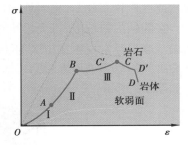

岩体的应力-应变曲线一般可分为四个阶段,如图 5.7 中的 OA 段曲线呈凹状缓坡,这是节理压密闭合造成的;AB 段是结构面压密后弹性变形阶段;BC 段呈曲线形,它表明岩体产生塑性变形或开始破裂,C 点的应力值就是岩体的极限强度。过 C 点后曲线开始下降,表明岩体进入全面的破坏阶段。

由于岩体结构类型的不同,实际的岩体应力-应变曲线也不同。如:完整结构岩体的应力-应变曲线,其特点是弹性阶段明显,压密阶段没有或不显著;碎块状碎裂结构和散体结构的岩体,其变形曲线中弹性阶段很短,塑性阶段很长,岩体破

图 5.7　岩石、岩体与软弱结构面的应力-应变关系曲线

坏后的应力下降不显著。另外,岩体变形具有各向异性特征,竖向分布的节理岩体变形模量明显大于水平分布节理岩体的变形模量,这种区别主要是变形机制不同所形成的。

影响岩体变形性质的因素较多,主要包括岩体的岩性、结构面发育特征、荷载条件、试件尺寸、试验方法和温度等。

▶ 5.3.3　岩体的强度特性

岩体强度是指岩体抵抗外力破坏的能力,岩体是由岩块和结构面组成的地质体,因此其强度必然受到岩块和结构面强度及其组合方式(岩体结构)的控制。和岩块一样,岩体强度也有抗压强度、抗拉强度和剪切强度之分,本节主要讨论岩体的剪切强度。

岩体内任一方向的剪切面,在法向应力作用下所能抵抗的最大剪应力,称为岩体的剪切强度。剪切强度通常又可细分为抗剪断强度、抗剪强度和抗切强度 3 种。岩体的剪切强度主要受结构面、应力状态、岩块性质、风化程度及其含水状态等因素的影响。在高应力条件下,岩体的剪切强度较接近于岩块的强度;而在低应力条件下,岩体的剪切强度主要受结构面、发育特征及其组合关系的控制。由于作用在岩体上的工程荷载一般多在 10 MPa 以下,所以与工程活动有关的岩体破坏,基本上受结构面特征控制。

图 5.8　岩体剪切强度包
络线示意图

岩体中结构面的存在,致使岩体一般都具有高度的各向异性。即沿结构面产生剪切破坏时,岩体剪切强度最小,等于结构面的抗剪强度;横切结构面剪切时,岩体剪切强度最高;沿复合剪切面剪切时,其强度则介于以上两者之间。因此,一般情况下,岩体的剪切强度不是一个单一值,而是具有一定上限和下限的值域,其强度包络线也不是一条简单的曲线,而是有一定上限和下限的曲线族。其上限是岩体的剪断强度,一般可通过原位岩体剪切试验或经验估算方法求得,在没有以上资料时,可用岩块剪断强度来代替;下限是结构面的抗剪强度(见图 5.8)。抗剪强度一般需依据原位剪切试验和经验估算数据,并结合工程荷载及结构面的发育特征等综合确定。

▶ 5.3.4　岩体的动力学特性

岩体动力学包括两方面的内容:一方面是对岩体本身动力特性的研究;另一方面是研究岩体在各种动载及地震荷载作用下所表现出来的应力、应变、位移和破坏特征。

试验和研究表明:这两个方面不是相互独立的,而是相互依存、相互影响的。因此,岩体的动力学性质是岩体在动荷载作用下所表现出来的性质,包括岩体中弹性波的传播规律及岩体动力变形和强度性质。岩体的动力学特性可以通过波速测试、现场震动试验等方法来测定。

▶ 5.3.5　岩体的水力学特性

岩体的水力学性质是岩体力学性质的一个重要方面,它是指岩体与水共同作用时所表现出来的力学性质。水在岩体中的作用包括两个方面:一方面是水对岩石的物理化学作用,在工程上常用岩体的软化系数来表示,这在第 2 章中已有讨论;另一方面是水与岩体相互耦合作用下的力学效应,包括空隙水压力与渗流动水压力等力学作用效应。在空隙水压力的作用下,首先是减少了岩体内的有效应力,从而降低了岩体的剪切强度。另外,岩体渗流与应力之间的相互作用强烈,对工程稳定性也具有重要的影响。

(1)岩体的渗透特性

岩体的渗流特性以裂隙渗流为主,其特点为:

①岩体渗透性大小取决于岩体中结构面的性质及裂隙的连通性;

②岩体渗透性具有定向性、非均质性和各向异性;

③一般岩体中的渗流符合达西渗流定律,但岩溶管道流一般属紊流,不符合达西定律;

④岩体渗流受地下水高差的影响明显;

⑤岩体渗透系数是反映岩体水力学特性的核心参数。渗透系数可采用现场水文地质压水试验和抽水试验测定。在水工建筑物建设、地下硐室建设、边坡治理中特别要注意岩体的渗透破坏。

(2)岩体的渗透破坏

岩体的渗透破坏主要是层状裂隙发育的软弱夹层在地下水的长期浸泡下,或在暴雨等外力作用下岩体的滑动崩解破坏。

(3)地下水浮力对岩体基础的影响

部分做在水下岩体上的建(构)筑物基础要考虑地下水浮力对其的影响,一般要采用岩石锚杆或桩基础来抗浮。

5.4　风化岩体性状

▶ ### 5.4.1　风化作用

风化作用

1)风化作用的概念

地壳表层的岩石,在太阳辐射、大气、水和生物等营力作用下,发生物理和化学的变化,使岩石崩解破碎以致逐渐分解的作用,称为风化作用。风化作用使坚硬致密的岩石松散破坏,改变了岩石原有的矿物组成和化学成分,使岩石的强度和稳定性大为降低。在风化作用下,结构、成分和性质产生不同程度变异的岩石称为风化岩(图5.9),已完全风化成土而未经搬运残留在原地的土则定名为残积土。风化岩和残积土会对工程建筑造成不良的影响。

图5.9　风化岩

2)风化作用的类型

根据风化作用的因素和性质可将其分为三种类型:物理风化作用、化学风化作用、生物风化作用。

物理风化作用的方式主要有温差风化和冰冻风化。

化学风化作用的方式主要有溶解、水化、水解、碳酸化和氧化。

生物风化作用的方式主要有生物的物理风化(如植物根系对岩体的崩解)作用和生物化学风化(如微生物对岩体的腐蚀)。

▶ ### 5.4.2　岩层的垂直风化带

《岩土工程勘察规范》(GB 50021—2001)按照风化程度将岩石分为未风化岩(新鲜岩)、微风化岩、中等风化岩、强风化岩、全风化岩五类(见表5.10)。表中 v_{mp} 为岩体压缩波速度,K_v 为风化岩纵波速度与新鲜岩石压缩波速度之比,K_f 为风化系数(风化岩石与新鲜岩石饱和单轴抗压强度之比)。

表 5.10　岩石按风化程度分类

岩石类别	风化程度	野外特征	风化程度参考指标	
			K_v	K_f
硬质岩石	未风化	岩质新鲜,未见风化痕迹	0.9~1.0	0.9~1.0
	微风化	结构基本未变,仅节理面有渲染式略有变色,有少量风化裂隙	0.8~0.9	0.8~0.9
	中等风化	结构部分破坏,沿节理面有次生矿物。风化裂隙发育。岩体被切割成岩块。用镐难挖,岩芯钻方可钻进	0.6~0.8	0.4~0.8
	强风化	结构大部分破坏,矿物成分显著变化。风化裂隙很发育,岩体破碎。用镐可挖,干钻不易钻进	0.4~0.6	<0.4
	全风化	结构基本破坏,但尚可辨认,有残余结构强度,可用镐挖,干钻可钻进	0.2~0.4	
残积土		组织结构已全部破坏,已风化成土状,锹镐易挖掘,干钻易钻进具可塑性	<0.2	

同一种岩石,风化程度轻的岩石强度要高于风化程度严重的岩石强度。

5.4.3　风化岩体的工程性状

1)岩石风化后工程特性变化

岩石风化后,其成分、结构和构造都发生了不同程度的变化,从而改变了岩石的工程特性,主要表现在:

①破坏岩石颗粒间的联结,扩大岩体原有裂隙,产生新的风化裂隙,降低结构面的粗糙程度,使岩体分裂成碎块,破坏岩体的完整性。整体状、块状、层状结构岩体变为碎裂结构岩体,甚至散体结构的土体。坚硬岩石变为软弱岩石,甚至松散土。

②岩石矿物成分发生变化,原生矿物经受水解、水化、氧化等作用后,逐渐转化生成新的次生矿物,特别是黏土矿物,从而改变了岩体的性质。

③岩体性质也随之改变,工程特性恶化,如透水性增强,抗水性减弱,亲水性增高,强度和弹性模量降低,变形量增大。残积土和全风化形成的土体,比一般土的孔隙比高,但有某些胶结或原岩结构残余强度,故抗剪强度较高,而压缩性中等或偏低。有些土体的抗水性弱,浸水后强度降低,有的土具有胀缩性。风化岩随着风化程度加强,其孔隙度、吸水率、泊松比逐渐增大,而密度、强度和弹性(变形)模量明显降低。

2)岩石风化的处理对策

(1)挖除法

该法适用于风化层较薄的情况,当厚度较大时,通常只将严重影响建筑物稳定的部分剥除。在大型水坝工程或核电工程中,其地基一般要挖除风化岩再做基础。

(2)抹面法

该法用水和空气不能透过的材料,如沥青、水泥、黏土层等覆盖岩层。

(3)胶结灌浆法

该法用水泥、黏土等浆液灌入岩层或裂隙中,以加强岩层的强度,降低其透水性。

（4）排水法

为了减少具有侵蚀性的地表水和地下水对岩石中可溶性矿物的溶解，而适当采取某些排水措施。

（5）桩基础法

有覆盖层的风化岩上的房屋基础采用桩基础等方法。在高层建筑桩基工程中，桩基持力层一般要求选择到中风化岩。

（6）其他

风化边坡采用挡墙、锚杆注浆、抗滑桩等方法处理。

只有在进行详细调查研究以后，才能提出切合实际的防止岩石风化的处理措施，并要进行设计计算。

5.5　岩体中的天然应力及测量

▶ 5.5.1　岩体的天然应力

岩体中的应力是岩体稳定性与工程运营必须考虑的重要因素。人类工程活动之前存在于岩体中的应力，称为天然应力或地应力。它主要包括自重应力和构造应力，有时也包括流体应力和温差应力等。

岩体中的天然应力状态，在研究区域稳定、岩体稳定性以及在原位岩体测试工作中，均具有重要的实际意义。天然应力状态与岩体稳定性关系极大，它不仅是决定岩体稳定性的重要因素，而且直接影响各类岩体工程的设计和施工。越来越多的资料表明，在岩体高应力区，地表和地下工程施工期间所进行的岩体开挖，常常能在岩体中引起一系列与开挖卸荷回弹和应力释放相联系的变形和破坏现象，使工程岩体失稳。

（1）自重应力

岩体的自重应力随深度呈线性增长，在一定的深度范围内，岩体基本上处于弹性状态。但当埋深较大时，岩体的自重应力就会超过岩体的弹性限度，岩体将处于潜塑状态或塑性状态。

（2）构造应力

由于岩石圈的构造运动，不仅在岩体中产生各种变形，而且还在岩体中引起一定的构造残余应力，称为构造应力。地壳运动在岩体内造成的构造应力是复杂的，其主要特征是具有很强的方向性。在漫长的地质演化历史过程中，岩石圈始终处于不断的构造运动中，在岩体中残余的构造应力既有古构造应力，也有当今正在活动的构造应力。

▶ 5.5.2　岩体天然应力的测量方法

量测岩体应力的目的是为了了解岩体中的应力的大小和方向，从而为分析岩体工程的受力状态，以及为岩体支护和岩体加固提供依据，同时也可用来预报岩体失稳破坏。目前在国内外最常用的应力量测是水压致裂法、钻孔套心应力解除法和应力恢复法（扁千斤顶法）三种方法。

（1）水压致裂法

水压致裂法是把高压水泵入到由栓塞隔开的试段中，当钻孔试段中的水压升高时，钻孔孔壁的环向压应力降低,并在某些点出现拉应力,随着泵入的水压力不断升高,钻孔壁的拉应力也逐渐增大,当钻孔中水压力引起的孔壁拉应力达到孔壁岩石抗拉强度 σ_t 时,就在孔壁形成拉裂隙。

水压致裂法测试方法简单,孔壁受力范围广,避免了地质条件不均匀的影响,但测试精度不高,仅可用于区域内应力场的估算。水压致裂法较适用于完整的脆性岩体。

(2)应力解除法

全应力解除法即是使测点岩体完全脱离地应力作用的方法。通常采用套钻的方法实现套孔岩芯的完全应力解除,因而也称套孔应力解除法。套孔应力解除法是发展时间最长,技术比较成熟的一种地应力测量方法。在测定原始应力(绝对应力)的适用性和可靠性方面,目前还没有哪种方法可以和应力解除法相比。

目前,应力解除法已形成一套标准的测量程序,具体步骤如下(见图5.10):

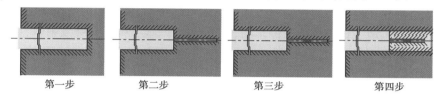

| 第一步 | 第二步 | 第三步 | 第四步 |

图5.10 应力解除法测量步骤示意图

①从岩体表面,一般是从地下巷道、隧道、硐室或其他开挖体的表面向岩体内部打大孔,直至需要测量岩体应力的部位。

②从大孔底打同心小孔,供安装探头用。小孔打完后需放水冲洗小孔,保证小孔中没有钻屑和其他杂物。

③将一套专用装置将测量探头,如孔径变形计、孔壁应变计等安装(固定或胶结)到小孔中央部位。

④用第一步打大孔用的薄壁钻头继续钻深大孔,从而使小孔周围岩芯实现应力解除。由于应力解除引起的小孔变形或应变,由包括测试探头在内的量测系统测定并通过记录仪器记录下来。根据测得的小孔变形或应变,通过有关公式即可求出小孔周围的原岩应力。

套孔应力解除法可分为孔径变形法、孔底应变法、孔壁应变法、空心包体应变法和实心包体变形法五种。

(3)应力恢复法

应力恢复法是用来测定岩体应力大小的一种测试方法,目前此法仅用于岩体表层,当已知某岩体中的主应力方向时,采用本法较为方便。应力恢复法又称为扁千斤顶法。扁千斤顶又称"压力枕",由两块薄钢板沿周边焊接在一起而成。在周边处有一个油压入口和一个出气阀,见图5.11。

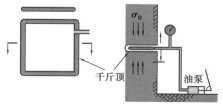

图5.11 扁千斤顶应力测量示意图

测量步骤如下:

①在准备测量应力的岩石表面,如地下巷道、硐室的表面,安装两个测量柱,并用微米表测量二柱之间的距离。

②在与二测量柱对称的中间位置向岩体内开挖一个垂直于测量柱连线的扁槽,由于扁槽的开挖,造成局部应力释放并引起测量柱之间距离的变化,测量并记录这一变化。

③将扁千斤顶完全塞入槽内,然后用电动或手动液压泵向其加压,随着压力的增加,二测量柱之间的距离亦增加,当二测量柱之间的距离恢复到扁槽开挖前的大小时,停止加压,记录下此时扁千斤顶中压力,该压力称为"平衡应力"或"补偿应力",等于扁槽开挖前表面岩体中垂直于扁千斤顶方向,也即平行于二测量柱连线方向的应力。

由于扁千斤顶测量只能在巷道、硐室或其他开挖体表面附近的岩体中进行,因而其测量的是一种受开挖扰动的次生应力,而非原岩应力。

5.6 地下硐室围岩设计施工中的工程地质问题

地下硐室是修建在地层内的中空通道或中空硐室的统称,包括矿山坑道、铁路隧道、水工隧洞、地下发电站厂房、地下铁道及地下停车场、地下储油库、地下弹道导弹发射井,以及地下飞机库等。虽然它们规模不等,但它们都有一个共同的特点,就是都要在岩体内开挖出具有一定横断面,并有较大延伸度的硐室。按其内壁是否有内水压力作用,可分为有压硐室和无压硐室两类;按其断面形状可分为圆形、矩形、城门洞形和马蹄形硐室等两类;按硐室轴线与水平面的关系可分为水平硐室、竖井和倾斜硐室三类。按围岩介质类型可分为土洞和岩洞两类。另外,还有人工硐室、天然硐室、单式硐室和群洞等分类。各种类型的硐室所产生的岩体力学问题及对岩体条件的要求各不相同,因而所采用的研究方法和内容也不尽相同。

► 5.6.1 硐室围岩的应力重分布

任何岩体在天然条件下均处于一定的初始应力状态。地下硐室的开挖,破坏了岩体内原有的应力平衡,围岩内的各质点在回弹应力的作用下,均力图沿最短距离向消除了阻力的自由表面方向移动,从而引起围岩内应力的重新分布,直至达到新的平衡。但是围岩内各质点的位移和应力重分布,由于同时受岩体内初始应力场及洞形的控制,在不同的条件下可表现出不同的特点。

在围岩范围内,硐室周边具有最为不利的应力条件。对于圆形-椭圆形系列的硐室,周边上可能的最大拉应力集中和最大压应力集中,分别发生在岩体内初始最大主应力轴和最小主应力轴与周边垂直相交的 A、B 两点(见图5.12),而两点之间的应力则介于上述两个极值之间,呈逐渐过渡状态。可见这两点是判定围岩是否稳定的关键部位,只要了解这两点的应力情况,实际上就掌握了这类硐室周边应力集中的一般规律。

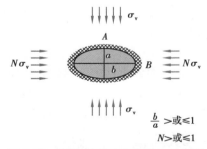

图 5.12 圆形-椭圆形硐室应力示意图

研究表明,与前类硐室不同,方形-矩形硐室周边上最大压应力集中均发生于角点上,而且这些角点上的最大压应力集中系数随硐室宽高比的不同而变化。

► 5.6.2 硐室开挖围岩的破坏方式

硐室开挖后,岩体中形成一个自由变形空间,使原来处于挤压状态的围岩,由于失去了支撑而发生向洞内松胀变形。如果这种变形超过了围岩本身所能承受的能力,则围岩就要发生破坏,并从母岩中脱落形成坍塌、滑动或岩爆。围岩变形破坏形式常取决于围岩应力状态、岩体结构及硐室断面形状等因素。

硐室围岩的破坏方式主要包括硐室顶部围岩冒顶破坏、硐室两侧围岩侧向鼓出破坏和硐室底部围岩隆起破坏三种。

(1)硐室顶部围岩冒顶破坏

岩石硐室顶部常出现拉应力,容易产生拉裂破坏,尤其当岩体中发育有近铅直的结构面时,即使拉应力小也可产生纵向裂隙,在水平向裂隙交切作用下,易形成不稳定块体而塌落,形成顶部围岩冒顶破坏,如图5.13所示。

在水平层状围岩中,洞顶岩层可视为两端固定的板梁,在顶板压力下,将产生下沉弯曲、开裂。当岩层较薄时,如不及时支撑,任其发展,则将逐层折断塌落,最终形成三角形塌落体。

(2)硐室围岩侧向鼓出破坏

在倾斜层状围岩中,常表现为沿倾斜方向一侧岩层弯曲塌落,另一侧边墙岩块滑移等破坏形式,形成不对称的塌落拱,这时将出现偏压现象,即围岩侧向鼓出破坏,如图5.14所示。

在直立层状围岩中,洞顶由于受拉应力作用,使之发生沿层面纵向拉裂,在自重作用下岩柱易被拉断塌落。侧墙则因压力平行于层面,常发生纵向弯折内鼓,进而危及洞顶安全。但当洞轴线与岩层走向有一交角时,围岩稳定性会大大改善。经验表明,当这一交角大于20°时,硐室边墙不易失稳。

(3)硐室底部围岩隆起破坏

当围岩结构不均匀或底部局部围岩岩体松动时,则常表现为围岩底部的局部隆起、塑性挤入及滑动等变形破坏形式,如图5.15所示。

图5.13 围岩冒顶破坏

图5.14 围岩侧向鼓出破坏

图5.15 底部围岩隆起破坏

▶ 5.6.3 隧道硐室洞口及轴线的选择

1)隧道硐室洞口的选择

洞口宜设在山体坡度较大(大于30°),岩层完整,覆盖层较薄,最好是岩层裸露的地段。

隧道硐室洞口及轴线选择

洞口底的标高一般应高于千年或百年一遇的最高洪水位1.0 m以上的位置,以免在山洪暴发时,洪水泛滥倒灌入地下硐室。

在选择洞口位置时,必须将进出口地段的地质情况调查清楚。洞口应尽量避开易产生崩塌、剥落和滑坡等地段,或易产生泥石流和雪崩的地区,以免对工程造成不必要的损失。

2)隧道硐室轴线的选择

隧道硐室轴线的方向最好选择在岩性相对完整、岩层产状相对水平、地质构造简单以及水文地质条件不发育的地方。

（1）硐室的岩性要求

硐室工程对岩性的要求是地层岩性尽可能均一，层位稳定，整体性强，风化轻微，抗压与抗剪强度较大。一般说来，没有经受剧烈风化及构造运动影响的大多数岩层都适宜修建地下工程。

（2）岩层产状与硐室轴线的关系

在水平岩层中选择硐室轴线位置时，最好选在层间联结紧密、厚度大（即大于硐室高度两倍以上者）、不透水、裂隙不发育，又无断裂破碎带的水平岩体部位。

在直立岩层中，当硐室轴线与岩层走向垂直正交时，为较好的硐室轴线布置方案。当岩层倾角较陡，垂直压力小，侧压力大，硐室轴线可以选择岩性均一，结构致密，各岩层间联结紧密，节理裂隙不发育的方向。当岩层倾角较平缓，垂直压力大，侧压力小，硐室轴线也要选择在岩性均一，结构致密，各岩层间联结紧密，节理裂隙不发育的方向，不过施工中要注意避免洞顶的塌落等现象。

（3）褶皱构造与硐室轴线的关系

穿过褶曲地层时，硐室轴线应选择在两翼岩层中而不要选择在较破碎的核部岩层中，因为两翼岩层相对完整。

（4）有断裂破碎带地区硐室位置的布置

一般情况下，应避免硐室轴线沿断层带的轴线布置，特别在较宽的破碎带地段，当破碎带中的泥砂及碎石等尚未胶结成岩时，一般不允许建筑硐室工程。实在不能避免时可以选择硐室轴线垂直断裂破碎带，此时当硐室开挖到破碎带之前应对破碎带进行注浆等加固处理。

（5）硐室轴线与地下水富水带的关系

一般情况下，应避免硐室轴线沿富水带的轴线布置，特别在较宽的富水带地段，当破碎带中地下水很丰富时，一般不允许建筑硐室工程。实在不能避免时可以选择硐室轴线垂直破碎富水带，此时当硐室开挖到富水带之前应对破碎富水带地段进行注浆等加固处理。

▶ 5.6.4 硐室围岩的稳定性分析方法

在作硐室围岩稳定分析之前首先要了解影响拟设计的隧道围岩岩性、岩层的倾角、地质构造发育程度、岩体结构类型、地下水的发育情况，以及围岩天然应力等影响围岩稳定性的因素，并详细地阅读隧道围岩的工程地质勘察报告。

围岩稳定分析方法通常有解析分析法、赤平极射投影分析方法等。这里只介绍围岩稳定性的解析分析方法。

（1）均质或似均质围岩的稳定性验算

对于这类围岩，稳定性验算的关键部位是硐室周边最大压应力和最大拉应力集中的部位。通常认为，当这两个部位的应力满足下列强度条件时，整个围岩将是稳定的：

$$\sigma_{\theta\max} \leqslant \frac{R_c}{K} \tag{5.2}$$

$$\sigma_{\theta\min} \leqslant \frac{R_t}{K} \tag{5.3}$$

式中　$\sigma_{\theta\max}$——周边最大压应力值；

　　　$\sigma_{\theta\min}$——周边最小拉应力值；

　　　R_c——围岩的极限抗压强度；

R_t——围岩的极限抗拉强度;

K——采用的安全系数。

影响围岩应力计算和强度参数测定的因素很多,且许多条件的假定都是近似的,故稳定性验算时应考虑较大的安全系数。一般采用如下数值:对边墙,$K=4$;对拱顶,$K=4\sim8$。

(2)含有单一(或一组)软弱结构面围岩的稳定性验算

对于这类围岩,除仍需对上述关键部位的稳定性进行校核外,还必须对软弱结构面通过部位的稳定性进行验算。方法的要点是,先按弹性理论解求出作用在结构面不同部位或最危险部位的剪应力 τ 和正应力 σ_n,然后计算出各点的 τ/σ_n,并将其与结构面的摩擦系数 $\tan\varphi$ 值(通常假定软弱结构面的黏聚力 c 等于零)相比较,据以判断各点的稳定性。

当各点的 τ/σ_n 均小于结构面的 $\tan\varphi$ 时,表明该结构面对围岩的稳定性和弹性应力分布不会产生任何影响。如果某些部位的 $\tau/\sigma_n>\tan\varphi$,则硐室开挖后该部位将可能发生滑动破坏,进而导致其附近部位的应力重分布。

当一水平软弱结构面分布在静水应力场内圆形隧洞顶拱以上的围岩内时,为验算结构面通过部位的稳定性,可据图 5.16 先按式(5.4)、式(5.5)求出结构面不同部位的 σ_n 及 τ。

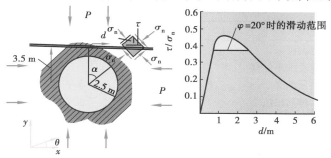

图 5.16　在静应力场中圆形隧洞顶拱围岩内有一水平软弱结构面通过

$$\sigma_n = P\left(1 - \frac{a^2}{r^2}\cos 2\alpha\right) \tag{5.4}$$

$$\tau = P\frac{a^2}{r^2}\sin 2\alpha \tag{5.5}$$

式中　a——硐室半径;

r——研究点距洞中心的距离。

然后求出结构面不同部位的 τ/σ_n 值,并作出如图 5.15 所示的关系曲线,再与结构面的 $\tan\varphi$ 值进行比较,即可判断结构面对围岩稳定性的影响。从图 5.15 中可以看出,在该特定条件下,结构面上的 τ/σ_n 值随距中心点的距离而变化,其峰值出现在 $d=1.3$ m 附近,约为 0.45,相当于摩擦角 $\varphi=24°$。因此,如果结构面的实际摩擦角 φ 大于 $24°$,则结构面的任何部位都不会发生滑动,围岩中的弹性应力分布因而也不会受到影响。相反,如果结构面的实际摩擦角 φ 小于 $24°$,例如,图 5.15 中的 $\varphi=20°$,则可按图中所示方式确定出沿结构面产生滑动的范围。值得指出的是,图中所示是中心线右侧的情况,因为硐室左右两侧是对称的,故中心线左侧的对应部位也将是沿结构面发生滑动的范围。不过,这两个区段的滑动方向相反,下盘的滑动均指向中心线方向,因此,在位于两个滑动区段之间的顶拱围岩内,将产生高度的切向应力集中,使顶拱围岩的稳定性随之而恶化。

► 5.6.5 保证硐室围岩稳定性的处理措施

保证隧道硐室围岩稳定性的处理措施包括以下几个方面：

①在隧道硐室设计时,首先要进行详细的工程地质勘察和方案论证。

②根据围岩的地质勘察资料进行详细的隧道工程施工设计时,要多方案比较论证并确定最优方案,同时根据施工情况和监测情况反馈修改不断完善设计方案。

③根据场地的地质条件选择合理的施工方法,现代隧道施工方法主要有新奥法和盾构法。

④在施工时保护硐室完整围岩原有的强度和承载能力,合理施工,尽量减少围岩的扰动,并对因地质构造破碎的围岩和富水的围岩采取注浆加固、封闭裂隙、止水及引导水流等措施。

⑤隧道硐室加固措施包括对硐室洞壁的支撑、注浆加固、衬砌、注浆锚杆加固、喷射混凝土护壁等。

⑥硐室围岩开挖过程中应做稳定性实时监测。稳定性监测的主要对象是隧道围岩开挖过程中的围岩位移、沉降及支撑加固体的稳定情况,监测的部位包括地表、隧道硐室围岩洞壁、加固衬砌内壁等,监测内容见表5.11。

表 5.11 岩石隧洞监测的项目和所用仪器

监测类型	监测项目	监测仪器
位移	地表沉降	水准仪
	地表水平位移	经纬仪
	拱顶沉降	水准仪,电子水平尺
	拱脚基础沉降	水准仪,电子水平尺
	围岩位移(径向)	单点、多点位移计,三维位移计
	围岩位移(水平)	测斜仪,三维位移计
	洞壁围岩的收敛情况	收敛计
压力	围岩内压力	压力盒,压力枕,应变计
	衬砌混凝土内压力	压力盒,压力枕,应变计
	衬砌钢筋应力	钢筋应力计,应变计
	围岩与衬砌接触压力	压力盒,压力枕
	锚杆轴力	钢筋应力计,应变片,应变计,环式测力计
	钢拱架压力	钢筋应力计,应变片,应变计,轴力计
地下水位	地下水的水位变化	水位孔
	地下水渗透压力	渗压计
	地下围岩的渗流速度	现场水位孔试验

5.7 边坡岩体设计施工中的工程地质问题

► 5.7.1 岩质边坡的破坏方式及影响因素

在山区修建各类土木工程,如房屋建筑、大坝、水电站、隧洞、渠道、铁路、公路等,常因建筑区域内山坡岩体失稳而给工程造成困难和破坏。因此,在边坡施工前应进行精心设计。

1)边坡工程分级

边坡工程按照其失稳后可能造成的破坏后果(危及人的生命、造成经济损失、产生社会不良影响)的严重性、边坡类型和坡高等因素,将其分为一、二、三级边坡(见表5.12)。

表 5.12 边坡工程分级

边坡类型		边坡高度 H/m	破坏后果	安全等级
石质边坡	岩体类型为Ⅰ或Ⅱ类	≤30	很严重	一级
			严重	二级
			不严重	三级
	岩体类型为Ⅲ或Ⅳ类	15<H≤30	很严重	一级
			严重	二级
		≤15	很严重	一级
			严重	二级
			不严重	三级
土质边坡		10<H≤15	很严重	一级
			严重	二级
		≤10	很严重	一级
			严重	二级
			不严重	三级

2)岩质边坡破坏类型(见表5.13)

表 5.13 岩质边坡破坏类型

破坏类型	示意图	特 征	
平面破坏		主要结构面的走向、倾向与坡面的基本一致,结构面的倾角小于坡角且大于摩擦角	一个滑动平面和一个滑动块体
			一个滑动平面和一条张裂隙
			若干滑动平面和横节理
			一个主要滑动平面和主动、被动两个滑动块体
楔形破坏		两组结构面的交线倾向坡面、交线的倾角小于破角且大于其摩擦角	
圆弧破坏		节理发育的破碎岩体发生旋转破坏	
倾倒破坏		岩体被陡倾结构面分割成一系列岩柱,当为软岩时,岩柱产生坡面弯曲,当为硬岩时,岩柱可能再被正交节理切割岩块,向坡面翻倒	

3)**影响边坡稳定的因素**

影响边坡稳定的因素有:岩石性质、岩体结构、水的作用、风化作用、地震力、地形地貌及人为因素等。

(1)岩石性质

岩石的成因类型、矿物成分、结构和强度等是决定边坡稳定性的重要因素。由坚硬(密实)、矿物稳定、抗风化能力好、强度较高的岩石构成的边坡,其稳定性一般较好,反之稳定性就较差。

(2)岩体结构与软弱结构面

岩体结构完整且岩层呈水平层状或向内倾的岩层,不容易发生边坡失稳;岩体结构破碎或岩层向外倾及有软弱结构面的岩层容易产生滑坡。

(3)地形地貌

岩体临空面的存在及边坡的坡度较陡,高度高且向外倾的岩层或土层容易引起边坡失稳。

(4)风化裂隙

风化裂隙发育的高陡岩层,透水性增强,抗剪强度降低容易引起边坡失稳。有断层破碎带的岩层也容易引起边坡失稳。

(5)水的作用

水的渗入使岩土体软化导致抗剪强度降低,容易加快边坡失稳。暴雨期间边坡更容易失稳。

(6)地震等外力作用

地震或人工振动等外力作用使高陡边坡岩体的动剪应力增大导致失稳。

(7)地应力

开挖边坡使边坡岩体的初始应力状态改变,坡角出现剪应力集中带,坡顶与坡面的一些部位可能出现张应力区。在新构造运动强烈地区,开挖边坡能使岩体中的残余构造应力释放,可直接引起边坡的变形破坏。

(8)人为因素

边坡不合理的开挖施工、边坡堆载、爆破施工及植被破坏后雨水渗入等都容易诱发边坡失稳。

▶ **5.7.2 边坡的稳定计算**

岩质边坡变形破坏的主要形式是滑坡与崩塌。边坡失稳常常是沿着顺层软弱结构面滑移。

边坡的稳定计算,主要是滑动破坏(即滑坡)的计算。目前有规范安全系数法、折线滑动法、毕肖普等圆弧滑动法、有限单元法等四大类。这些方法一般按照库伦定律或由此引申的准则进行。计算时,将滑体视为均质刚性体,不考虑滑体本身的变形,然后对边界条件加以简化以便于计算。如:将滑动面简化为平面、折面或弧面等,并将立体课题简化为平面课题,将均布力简化为集中力等来计算抗滑安全系数。但不论用哪种方法计算,都必须与工程地质分析结合起来,这样才能较正确地确定边界条件和计算参数,才能使计算成果具有实际意义。

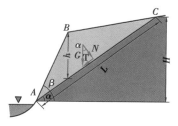

图 5.17 边坡稳定计算剖面图

1)滑动面为一平面时的规范安全系数法

滑动面为一平面时,是最简单的情况,在由软弱面控制的顺层滑坡中常可见到。假定只考虑岩体自重,不考虑侧向切割面的摩擦阻力,垂直于滑动方向取一个单位宽度计算。沿滑动方向的剖面如图 5.17 所示。

抗滑稳定安全系数(K)可按下式计算:

$$K = \frac{界面抗滑力}{滑坡下滑力} = \frac{G\cos\alpha\,\tan\varphi + cL}{G\sin\alpha} = \frac{\tan\varphi}{\tan\alpha} + \frac{cL}{G\sin\alpha} \tag{5.6}$$

式中 $G\sin\alpha$——滑坡下滑力;

$G\cos\alpha\,\tan\varphi + cL$——界面抗滑力;

L——斜坡滑动面长度;

φ——界面内摩擦角;

c——黏聚力。

假定滑体断面 ABC 为三角形,则滑体重力 $G = \dfrac{\gamma}{2}hL\cos\alpha$,代入式(5.7)简化后得:

$$K = \frac{\tan\varphi}{\tan\alpha} + \frac{4c}{\gamma h\,\sin 2\alpha} \tag{5.7}$$

式中 h——滑坡体高度;

γ——岩石容重;

K——安全系数,一般取 1.2 以上。

从式(5.7)可以看出,边坡的稳定安全系数是随着岩层滑动面倾角 α 角、滑体高度 h 的增加而降低,随着界面内摩擦角 φ、黏聚力 c 值的增加而增大。

大多数边坡发生破坏时,均是在有水渗入岩体后发生。因此,计算时一般应考虑水压力的作用。此外,尚应考虑其他作用在斜坡上的动荷载以及地震力等。

2)滑动面为折线时的计算

岩体中发生滑坡时,滑动面有时是由几组软弱结构面组成。此种情况下,取一沿滑动方向的剖面来看,其滑动面为一折线(见图 5.18),此时可按推力计算法来计算其稳定性,即按折线的形状将滑坡体分成若干段,自上而下逐段计算,下滑力也逐段向下传递,算至末段即可判断其整体的稳定性。计算步骤如下:

取垂直于剖面方向为一个单位的宽度,按滑动面形状分为 4 段,每段的滑动面均为直线,并假定向上为正值。其他符号同前。

第一段滑体 abb' 的静力平衡计算(见图 5.19a):

$$E_1 = KG_1\sin\alpha_1 - G_1\cos\alpha_1\tan\varphi_1 - c_1L_1 \tag{5.8}$$

式中 E_1——第二段滑体 $bcc'b'$ 对第一段滑体的推力,见图 5.19(a),作用方向平行于 ab' 滑动面。

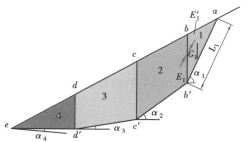

图 5.18 滑动面为折线的滑坡剖面图

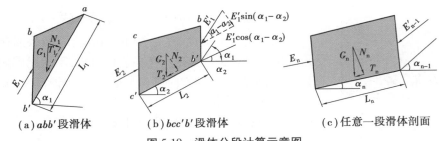

图 5.19 滑体分段计算示意图

第二段滑体 $bcc'b'$ 的静力平衡计算,见图 5.19(b):在计算第二段滑体时,除滑体 $bcc'b'$ 本身重力产生的下滑力和抗滑力外,还有第一段滑体传递过来的推力 E_1',它与上式中的 E_1 大小相等方向相反,也可称为第一段的剩余下滑力,此外还有第三块滑体对第二块滑体的推力 E_2,它平行于滑动面 $b'c'$,假定向上为正值(若计算结果为负值即为向下)。

$$E_2 = KG_2\sin\alpha_2 - G_2\cos\alpha_2\tan\varphi_2 - c_2L_2 + E_1'\cos(\alpha_1 - \alpha_2) - E_1'\sin(\alpha_1 - \alpha_2)\tan\varphi_2 \quad (5.9)$$

式中 E_2——第三块滑体对第二块滑体的推力。

同理,可列出任何一段(第 i 段)的平衡式(图 5.31c):

$$E_i = KG_i\sin\alpha_i - G_i\cos\alpha_i\tan\varphi_i - c_iL_i + \psi E_{i-1}' \quad (5.10)$$

其中,

$$\psi = \cos(\alpha_{i-1} - \alpha_i) - \sin(\alpha_{i-1} - \alpha_i)\tan\varphi_i \quad (5.11)$$

式中 ψ——力的传递系数;

其他参数同上。

按上述步骤依次计算至最后一段推力,m 段的推力记作 E_m。若 $E_m \leqslant 0$,即 m 段没有推力,斜坡是稳定的;若 $E_m > 0$,说明 m 段还有推力,所以斜坡是不稳定的。通过计算可知推力 E_i 在各段分布的情况,但在计算中,如果 E_i 出现负值时,表示滑坡推力不再向下一段传递,亦即滑坡岩体已经稳定,所以这时是安全的。

在实际工程中,可以通过先假定最后一段,代入式(5.11),求得再依次向前一段回推,最终求得安全系数 K,若 $K > 1$(一般取 1.2 以上),滑坡体是安全的。

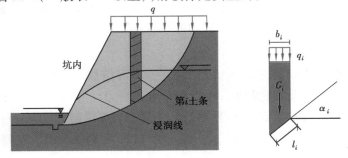

图 5.20 圆弧滑动条分法计算简图

3)圆弧滑动条分法的计算

圆弧滑动面上的整体稳定性抗力分项系数可用条分法计算,如图 5.20,按式(5.12)确定:

$$\gamma_{RS} = \frac{\sum c_i l_i + \sum (q_i b_i + G_i)\cos\alpha_i\tan\varphi_i}{\sum (q_i b_i + G_i)\sin\alpha_i} \quad (5.12)$$

式中 γ_{RS}——整体稳定性抗力分项系数,$\gamma_{RS} \geqslant 1.1 \sim 1.2$;

c_i——第 i 土条滑动面上土的固结快剪抗剪强度指标标准值,kPa;

φ_i——第 i 块土条的摩擦角,(°);

l_i——第 i 土条弧长,m;

q_i——第 i 土条顶面的地面均布荷载,kPa;

b_i——第 i 土条宽度,m;

α_i——第 i 土条弧线中点切线与水平线夹角,(°);

G_i——第 i 土条重量,kN/m。

在无渗流作用时,地下水位以上用土的天然重度(容重)计算,地下水位以下用土的有效重度计算;当有渗流作用时,对坑内外水位差之间的土,在计算滑动力矩时用饱和重度,计算抗滑力矩时用有效重度。

▶ 5.7.3 不稳定边坡的加固措施

边坡的
加固措施

不稳定边坡首先要在坡顶和坡面进行削坡处理,然后在坡面上采用锚杆注浆土钉墙加固处理,并对滑动界面进行注浆加固以提高界面摩阻力,在坡面下方当边坡滑动严重时还可以采用抗滑桩加固,在坡脚可以采用挡土墙加固。具体边坡加固方法如下:

(1)削坡处理

自立边坡的放坡坡度及坡高,可按表5.14、表5.15确定,以确保边坡的稳定性。

表5.14　土质边坡开挖放坡坡度及坡高

土的类别	密实度或状态	坡度容许度(高宽比)	
		坡高在5 m以内	坡高5~10 m
碎石土	密实	1:0.35~1:0.5	1:0.50~1:0.75
	中密	1:0.50~1:0.75	1:0.75~1:1.00
	稍密	1:0.75~1:1.00	1:1.00~1:1.25
粉性土	$Sr \leqslant 0.5$	1:1.00~1:1.25	1:1.25~1:1.50
粉质黏土	坚硬	1:0.75	
	硬塑	1:1.00~1:1.25	
	可塑	1:1.25~1:1.50	
黏土	坚硬	1:0.75~1:1.00	1:1.00~1:1.25
	硬塑	1:1.00~1:1.25	1:1.25~1:1.50
花岗岩残积黏性土		1:0.75~1:1.00	
		1:0.85~1:1.25	
杂填土	中密或密实的建筑垃圾	1:0.75~1:1.00	
砂土		1:1.00(或自然休止角)	

注:①表中碎石土的充填物为坚硬或硬塑状态的黏性土。

②深度大于5 m的土质边坡,应分级放坡并设置过渡平台。

表5.15　岩石边坡开挖放坡坡度及坡高

岩石类别	风化程度	坡度容许度（高宽比）	
		坡高在8m以内	坡高8~15m
硬质岩石	微风化	1:0.10~1:0.20	1:0.20~1:0.35
	中等风化	1:0.20~1:0.35	1:0.35~1:0.50
	强风化	1:0.35~1:0.50	1:0.50~1:0.75
软质岩石	微风化	1:0.35~1:0.50	1:0.50~1:0.75
	中等风化	1:0.50~1:0.75	1:0.75~1:1.00
	强风化	1:0.75~1:1.00	1:1.00~1:1.25

（2）引导水流或降低地下水位

①对于公路边的岩质和土质边坡，可以在边坡四周重新设置排水沟将雨水统一排放到排水沟中流走，以减少雨水渗透破坏。

②对于基坑的土质边坡，可以采用坑外用水泥搅拌桩等止水，坑内人工降低地下水位（砂性土基坑可采用井点降水或深井降水）的方法。

（3）边坡锚杆注浆土钉墙等加固（见图5.21）

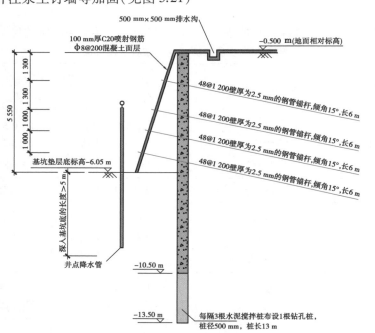

土钉墙支护

图5.21　砂土基坑边坡土钉墙剖面图（未标注的单位取mm）

①对于公路边的不稳定岩质和土质边坡，可以在边坡上打锚杆注浆土钉墙加固。土钉锚杆材料可以采用钢管、粗螺纹钢、预应力锚索等，边坡平面上土钉锚杆按梅花形布置，土钉的垂直排数、水平间距及锚杆的长度要采用圆弧滑动法等边坡稳定计算方法确定。

②对于基坑的砂性土边坡，可以采用锚杆注浆土钉墙和坑内人工降低地下水位（砂性土基坑可采用井点降水或深井降水）相结合的方法来综合处理。此时要注意降水引起的沉降对周

边环境的影响。

③对于基坑开挖深度不深的黏性土(含软土),也可以采用锚杆注浆土钉墙和坑内集水井降水的方法来处理。

④对于基坑开挖深度较深(一般大于5 m),边坡支护一般采用钻孔灌注桩加水平混凝土支撑或钢管支撑的围护设计体系。

⑤对于基坑开挖深度很深(一般大于10 m),边坡支护一般采用地下连续墙加混凝土支撑的围护设计体系。

(4)边坡坡面喷射钢筋混凝土面层加固

边坡坡面一般采用喷射钢筋混凝土面层来加固处理(见图5.22),面层钢筋网片一般采用φ6~φ8@200 mm双向网片,喷射混凝土面层厚度一般为10 cm,喷射混凝土强度一般为C20混凝土。

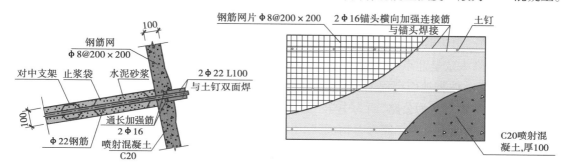

图5.22 土钉锚杆做法及喷射钢筋混凝土面层做法示意图

(5)边坡内部滑动界面注浆加固

对于边坡内部有滑动面的滑坡体,可通过对界面注入水泥浆以提高滑动面的界面摩阻力,减缓或阻止滑坡体的滑动速度。

(6)抗滑桩加固

对于边坡内部有严重滑动界面的滑坡体,可在坡面下部采用抗滑桩来阻止滑坡体的滑移,抗滑桩的截面形状可采用长方形、圆形等,桩长要穿过滑动界面深入下部稳定的岩层中。具体桩长、桩径和桩间距布置要按边坡稳定计算来确定。

(7)坡脚采用挡土墙加固

对于公路等边坡,坡脚常常采用钢筋混凝土实心挡墙、钢筋混凝土格构挡墙、石砌挡墙、抗滑桩挡墙等加固(图5.23)。

图5.23 挡土墙

► **5.7.4　不稳定边坡加固处理的工程实例**

下面为浙江杭州某滑动边坡加固处理工程实例。

1）工程概况

杭州市郊来龙山山顶高程约 150 m,城市防洪枢纽北渠环绕来龙山山脚,南侧山脚下省级公路需要扩建加宽,西侧为某中学。自 20 世纪 70 年代北渠开凿以来,来龙山时有滑坡现象,近年来由于公路拓宽施工,中学操场开挖扩大,滑坡现象日益明显,严重影响生命财产安全,所以必须进行加固监测处理。

2）滑坡体的地质条件

场区属低山丘陵向河流堆积平地过渡型地貌,总体地势东高西低,由来龙山低山丘陵向西逐渐过渡为残丘,再过渡为河流堆积相平地。

来龙山山脊大致呈北东—南西向,最高山峰高程 193.2 m,场区位于来龙山西南段,山脊高程 95.0~127.3 m,坡脚地面高程 13~17 m,山坡地形上陡下缓,坡度 20°~35°,坡面地形较完整,无深切冲沟。坡脚下南为公路,西为中学。

勘察揭示,场地主要由二类岩石构成,除了场区东部山坡上部为砂岩下部为花岗岩外,其余区域均由花岗岩构成。各岩土层工程地质特征从上而下描述如下:

（1）杂填土或耕植土

由黏性土和碎石(块石)构成,棕黄色、灰黄色,松散—密实,杂填土分布在坡脚公路和二中操场,厚度为 0.80~4.0 m。耕植土分布于山坡上,厚度为 0.5 m。

（2）坡洪积层

砖红色、棕红色、棕黄色,少量为黄灰色,稍湿,可塑—硬塑,积水区为软塑,$N_{63.5} = 10 \sim 40$ 击。由黏性土、碎石(块石),以及次棱角状卵石、砂岩碎屑组成,土质极不均匀。

（3）风化残积层

可分为两个亚层。

①粉质黏土层:花岗岩风化残积层。黄灰色、灰黄色、灰白色,湿,软塑—可塑,由于长石风化为高岭土体积膨胀,具松软感,孔隙比较大。该层厚度变化较大,一般厚度 10~15 m,最大厚度达 26 m。

②砂岩风化残积层:灰黄色、黄灰色,湿、松散,砂岩风化成粉土状,具层状结构,主要分布在来龙山上部,一般厚度 3.0~5.0 m,最大厚度 12.0 m。

（4）花岗岩

可分为三个亚层。

①全风化花岗岩:黄灰色、花白色、深褐色,长石已风化为白色颗粒状高岭土,石英已成为砂粒,黑云母仍保留原来的晶体结构,花岗岩原状结构保留较完整,原岩发育一组近 70°倾角的裂隙,裂隙面为黑色铁锰氧化物充填。一般厚度 5.0~15.0 m,最大厚度达 20.0 m 以上。

②强风化花岗岩:黄褐色、深褐色,碎块状,少部分能用手掰开,大部分用小锤能击开,新鲜

面处花岗结构明显,透水性很强,该层厚度较小,一般厚度 2.0 m 左右,$N_{63.5}$ 在 30 击以上。

③中风化花岗岩:在放大镜下石英呈细粒晶体,长石晶面光洁,可见片状黑云母,为细粒黑云母花岗岩,坚硬,合金钻头很难进尺。岩芯呈短柱状,$RQD>50\%$,勘察有部分进入该层。

(5)细砂岩

可分为三个亚层。

①全风化砂岩:灰黄色,粉土状、粉砂状,稍密,可见微层理,主要分布在山顶,该层厚度较小,一般厚度 1.0~5.0 m。

②强风化砂岩:节理、裂隙发育,裂隙面有褐色铁锈斑,岩芯破碎成 3.0~6.0 cm 碎块,钻进进尺很快,一般厚度 2.0~3.0 m。

③中风化砂岩:灰色、黄灰色,比较硬,岩芯成短柱状,层状结构,$RQD\approx30\%$。勘察有部分进入该层,层面倾角不清。

另外,场地的水文地质条件如下:

场区地下水类型可分为基岩裂隙水和松散岩类孔隙水。

裂隙水:主要赋存于岩石风化破碎带和节理裂隙带内,裂隙水由大气降水和上部孔隙水补给,其富水性受构造及裂隙发育控制,场区裂隙水一般为潜水,局部为微弱承压水。据观测,承压水水头高出开挖地面 2.71 m,流量约 0.56 L/min。

孔隙水:场地山坡的覆盖层和全风化土层深厚,分布广,是孔隙水的主要赋存场所,属潜水类型,直接由大气降水补给,向坡脚排泄。

勘察中进行了竖井现场渗水试验、钻孔注水、压水试验及室内原状土样渗透试验,可知来龙山滑坡区域土体的渗透系数较大,特别是黏土夹碎石层和粉质黏土层,十分有利于雨水的下渗。此外土体中形成稳定的渗流压力,对边坡的稳定不利。

3)边坡滑坡体的加固处理方法

本次滑坡治理的目的是保证来龙山西麓的山体稳定及其周边建(构)筑物的安全。D 区主要采取坡顶大面积卸土,坡面中部锚杆喷浆加固,坡脚上方土层中设置抗滑桩支挡结构,公路边坡脚处采用加筋土挡墙支护,北渠边部分回填夯实的处理措施,见图 5.24。

(1)地表排水措施

在滑坡体外以及滑坡体内设置多道地表截水天沟和明沟,拦截地表径流,并引向北渠或坡体以外排出。明沟及天沟均采用钢筋混凝土制作。

(2)上部土层坡面采用削坡、减重和反压方法

坡顶采用大面积卸土,以减轻滑坡体的质量,减缓滑坡速度。

(3)坡面中部土层锚杆喷浆加固

刷方后的土坡坡面采用锚杆注浆加固。锚杆长 18 m,间距 1.5 m,土锚采用ϕ32 Ⅱ级钢筋,锚孔孔径 ϕ100,孔内灌注 25 N/mm² 砂浆,各锚杆之间相互用钢筋焊接成网格状并加格栅式混凝土梁框架护坡面。格栅中间土体绿化。

(4)靠近坡脚上部土体中采用抗滑桩支挡设计

抗滑桩采用钻孔灌注桩,共 70 根,双排间距 4.5 m,桩径 1 500 mm,桩长 40 m,桩间距 4.5 m。抗滑桩配筋 20 根ϕ25 通长,混凝土 C30。抗滑桩之间用联系梁相互连接以增加整体刚性。

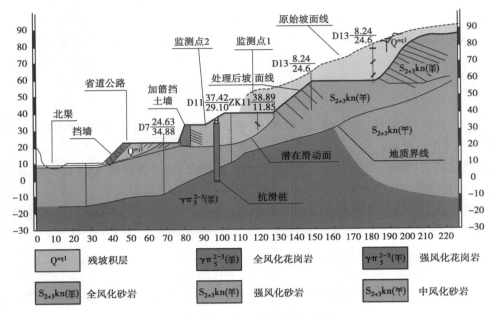

图 5.24　D 区削坡施工前后剖面图

抗滑桩施工采用跳挖式施工,至少间隔 2 根桩,严禁大断面同时开挖。施工时先施工抗滑桩。开挖至横梁处,横梁与抗滑桩一起浇注。

(5)坡脚采用加筋土挡墙加固

加筋土挡墙面板采用矩形混凝土预制槽板,厚 18 cm,混凝土 C25。

4)滑坡体治理前后的监测

对滑坡体进行监测,主要是对地质灾害进行变形监测和治理效果检查监测。整个监测过程包括监测传感器埋设、现场测试、数据处理分析、信息反馈等环节,以便能及时、快速对滑坡变形过程进行分析反馈。监测内容主要包括深层土体水平位移监测、地下水位变化监测、抗滑桩内力监测。监测结果表明加固后滑坡体稳定,位移在规范允许范围内。部分监测结果如图 5.25、图 5.26 所示。

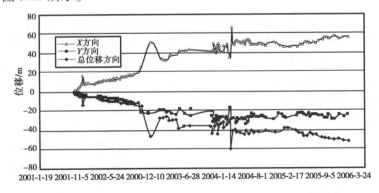

图 5.25　测点(离地表 2.5 m 处)最大位移随时间变化图

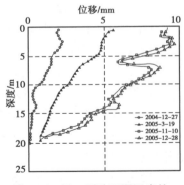

图 5.26　同一测孔不同深度处土体位移的变化

5.8　岩石地基设计施工中的工程地质问题

　　我国地域辽阔,但山区多,平原少,很多地区岩石地基完全出露于地面或浅埋于地面下,所以工程建设时要关注岩石地基的工程地质问题。

　　所谓岩石地基(简称岩基),是指建(构)筑物以岩体作为持力层的地基。相对于土体,完整岩体具有更高的抗压、抗剪强度,更大的变形模量,因此具有承载力高和压缩性低的特点,对于一般的工业和民用建筑,是一种极为良好的地基。岩石地基的总体处理方法为:岩石地基在地基基础设计前应进行岩土工程地质勘察,然后根据勘察资料进行地基抗压承载力验算、变形验算、稳定性验算、基础抗浮验算和抗渗流验算。

▶　5.8.1　岩石地基上浅基础的设计原则

　　岩石地基作为建筑物的浅基础地基一般是比较好的地基。设计时要考虑以下步骤:

　　(1)要详细阅读岩土工程勘察报告,了解岩石地基的工程地质条件,尤其要查明岩石地基垂直风化带的特性和是否存在溶洞土洞等不良地质条件。

　　(2)岩石地基的浅基础设计要掌握以下原则:

　　①岩石地基上的基础埋置深度要满足抗滑要求。

　　②当地下室底板置于地下水位以下时应进行抗浮验算。基础抗浮的加固可采用锚杆加固或桩基加固两种方式。

　　③岩石地基的浅基础形式可以采用筏板基础、箱形基础或其他基础形式,要根据地质报告来确定基础承载力,对于普通多层建筑可以采用全风化岩、强风化岩作为基础持力层,对于高层超高层建筑一般应采用中等风化岩作为基础持力层。

　　④建筑物应进行变形验算。对地基基础设计等级为甲、乙级的高层建筑物,在基础上及其附近有地面堆载或相邻基础荷载差异较大可能引起地基产生过大的不均匀沉降时,或相邻建筑距离过近,可能发生倾斜时,应进行地基变形验算。地基主要受力层深度内存在软弱下卧层时,还应考虑软弱下卧层的影响而进行地基稳定性验算。

　　⑤对于风化裂隙发育、破碎程度较高的不稳定岩体,可采用灌浆加固和清爆填塞等措施。对遇水易软化和膨胀,暴露后易崩解的煤层、泥质、炭质等岩石,应注意软化、膨胀和崩解作用对岩体承载力的影响。

　　⑥基础位于地下水位以下时,应考虑施工排水措施,基坑施工抽排地下水时应考虑对相邻建(构)筑物及环境的不利影响。基坑边坡应加固处理。

　　⑦基底和基坑边坡开挖时应采用控制爆破,到达持力层后,对软岩、极软岩表面应及时封闭保护。

　　⑧位于斜坡和岸边的建筑物,应对斜坡场地和地基进行稳定性验算,浅基础应进入潜在滑动面以下的稳定岩体中。对于基础附近有临空面的,应验算向临空面倾覆和滑移的稳定性。

　　⑨对于岩溶地区的岩石地基,要查明基础下方是否存在溶洞,并评价其对建筑物浅基础的影响程度。

► ## 5.8.2 岩石地基上深基础的设计原则

岩石地基作为建筑物的深基础地基一般也是比较好的地基。设计时要考虑以下步骤：

（1）详细阅读岩土工程勘察报告，了解岩石地基的工程地质条件。

（2）岩石地基的深基础设计要掌握以下原则：

①岩石地基上的基础埋置深度要满足抗滑要求。

②当地下室底板置于地下水位以下时应进行抗浮验算。基础抗浮的加固可采用锚杆加固或桩基加固两种方式。

③岩石地基的深基础形式可以采用桩基础，要根据地质报告来确定桩长、桩径、桩持力层，并计算桩基础的竖向极限承载力。

嵌岩桩单桩竖向极限承载力 Q_u，按下式计算：

$$Q_u = Q_{su} + Q_{pu} = \pi d \sum l_i q_{sui} + \frac{\pi}{4} d^2 q_{pu} \qquad (5.13)$$

式中　　Q_{su}——桩侧极限阻力；

$\quad\quad Q_{pu}$——极限端承力；

$\quad\quad q_{sui}$——某层土单位极限侧阻力；

$\quad\quad q_{pu}$——某层土（桩端土）的单位极限端承力。

当桩长很短且持力层为硬质岩时，单桩极限承载力只计算端阻力，即 $Q_u = Q_{pu}$，此时一般由桩身混凝土强度来控制 Q_u。对于高层建筑桩基础一般应选择中等风化岩作为桩端持力层。

④根据上部结构的荷载来设计群桩数量、桩间距和基础底板的厚度等。

⑤基础位于地下水位以下时，应考虑施工排水措施，基坑和桩基施工抽排地下水时应考虑对相邻建（构）筑物及环境的不利影响。基坑边坡应加固处理。

⑥桩孔、基底和基坑边坡开挖时应采用控制爆破，到达持力层后，对软岩、极软岩表面应及时封闭保护。

⑦位于斜坡和岸边的建筑物，应对斜坡场地和地基进行稳定性验算，深基础面或桩基应进入潜在滑动面以下的稳定岩体中。对于基础附近有临空面的，应验算向临空面倾覆和滑移的稳定性。

⑧对于岩溶地区的岩石地基，要查明基础下方是否存在溶洞，并评价其对建筑物桩基础的影响程度。

► ## 5.8.3 岩石地基上的坝基防渗处理原则

防渗处理的主要目的在于控制坝体的渗透流量和防止渗流破坏。防渗措施很多，必须根据地质条件和工程具体情况，因地制宜，选用合理有效的方法。松散层及裂隙岩层坝体的防渗措施见表5.16。

表 5.16   松散层及裂隙岩层坝体的防渗措施

内　容			防渗措施与适用条件
松散层及裂隙岩层坝体的防渗措施	垂直截渗	咬合桩或地下连续墙等截水墙	适用于任何已建有渗漏坝体的防渗处理。通过在坝体中间打一排刚性的咬合钻孔灌注桩或混凝土地下连续墙来防渗,其造价较高
		帷幕灌浆	适用于已建和在建坝体的防渗处理,它通过在坝体打小孔高压灌浆形成帷幕防渗墙来防渗。即通过钻孔向透水的岩层中压入水泥浆、黏土浆等胶结材料的浆液,将岩层中的孔隙或裂隙填塞,并使之胶结起来
		TRD 或 SMW 水泥搅拌桩墙	适用于已建坝体的防渗处理。通过在坝体中间打一排柔性的高压水泥搅拌桩(还可以插型钢)来防渗
		黏土防渗墙	坝体施工过程中在坝体中间采用填筑一定厚度的不透水的黏土墙来防渗
		混凝土坡面防渗	对于土石坝通常在水库坝体的两个坡面浇筑一定厚度的混凝土面层来辅助防渗
		坝体基底防渗	水库的坝体基底必须开挖到不透水的坚硬的新鲜岩层中,并做好防渗处理

本章小结

（1）岩体是指由一种或多种岩石组成,并由各类结构面及其所切割的结构体所构成的,且存在于一定的地质环境中的刚性地质体。岩体可按照岩石坚硬程度分为坚硬岩、较坚硬岩、较软岩、软岩和极软岩五类;岩体按照完整程度可分为完整、较完整、较破碎、破碎和极破碎 5 类;岩体按基本质量指标（BQ）分为Ⅰ类、Ⅱ类、Ⅲ类、Ⅳ类和Ⅴ类,同时要考虑地下水、主要软弱结构面产状和初始应力状态对岩体的基本质量指标（BQ）的影响。

（2）结构体指岩体中被结构面切割而产生的单个岩石块体。由于各种成因结构面的组合,在岩体中可形成大小、形状不同的结构体。结构体的大小,可用岩体单位体积内的总裂隙（m^{-3}）用体积裂隙数 J_v 来表示。

（3）结构面是指存在于岩体中的各种不同成因、不同特征的地质构造形迹界面,如断层、节理、层理、软弱夹层及不整合面等。结构面包括物质分异面及不连续面,是地质发展的历史中,在岩体内形成的具有不同方向、不同规模、不同形态以及不同特性的面、缝、层、带状的地质界面。按地质成因可把结构面分为原生结构面、构造结构面和次生结构面 3 类。按破裂面的受力类型结构面又可分为剪性结构面和张性结构面两类。结构面的特征包括结构面的规模、形态、物质组成、延展性、密集程度、张开度和充填胶结特征等,它们对结构面的物理力学性质有很大的影响。

（4）岩体结构是指岩体中结构面与结构体的组合形式,它包括结构面和结构体两个要素。结构面是指存在于岩体中的各种不同成因、不同特征的地质构造形迹界面,如断层、节理、层理、软弱夹层及不整合面等。结构体是指岩体被结构面切割后形成的岩石块体。岩体结构包括整体结构、块状结构、层状结构、碎裂结构和散体结构等。

（5）软弱结构面，又称不连续面，指岩体中延伸较远、两壁较平滑、充填有一定厚度软弱物质的层面，如软弱夹层、泥化夹层、片理、劈理、节理、断层破碎带等。坚硬岩体的工程地质性质，严格受其中软弱面的强度、延展性、方向性、组合关系及密度等所控制。软弱夹层指岩体中夹有强度很低或被泥化、软化、破碎的薄层。

（6）岩体的破坏方式与破坏机制与受力条件及岩体的结构特征有关。一般情况下，当岩体结构类型不同时，其破坏方式也不同。岩体的破坏方式主要有脆性崩塌破裂、整体滑动破坏、局部剪切破坏、基底隆起鼓胀破坏4种。正确判断岩体破坏失稳的形式，是进行岩体稳定分析的基础。

（7）岩体的变形通常包括结构面变形和结构体变形两部分。由于岩体结构类型的不同，实际的岩体应力—应变曲线不同。影响岩体变形性质的因素较多，主要包括组成岩体的岩性、结构面发育特征及荷载条件，试件尺寸，试验方法和温度等。

（8）岩体强度是指岩体抵抗外力破坏的能力，岩体是由岩块和结构面组成的地质体，因此其强度必然受到岩块和结构面强度及其组合方式（岩体结构）控制，和岩块一样，也有抗压强度、抗拉强度和剪切强度之分。岩体内任一方向剪切面，在法向应力作用下所能抵抗的最大剪应力，称为岩体的剪切强度。剪切强度通常又可细分为抗剪断强度、抗剪强度和抗切强度3种。岩体的剪切强度主要受结构面、应力状态、岩块性质、风化程度及其含水状态等因素的影响。

（9）岩体的动力学性质是岩体在动荷载作用下所表现出来的性质，包括岩体中弹性波的传播规律及岩体动力变形和强度性质。岩体的动力学特性可以通过波速测试、现场震动试验等方法来测定。

（10）水在岩体中的作用包括两个方面：一方面是水对岩石的物理化学作用，在工程上常用岩体的软化系数来表示；另一方面是水与岩体相互耦合作用下的力学效应，包括空隙水压力与渗流动水压力等的力学效应。

（11）地壳表层的岩石，在太阳辐射、大气、水和生物等风化应力作用下，发生物理和化学的变化，使岩石崩解破碎或逐渐分解的作用，称为风化作用。根据风化作用的因素和性质可将其分为三种类型：物理风化作用、化学风化作用、生物风化作用。

（12）按照风化程度将岩石分为未风化岩、微风化岩、中等风化岩、强风化岩、全风化岩五类。

（13）岩石风化的防治方法主要有：挖除法，抹面法，胶结灌浆法、排水法、挡墙、锚杆注浆及抗滑桩等。只有在进行详细调查研究以后，才能提出切合实际的防止岩石风化的措施。

（14）岩体中天然应力一般包括自重应力、构造应力、温度应力及流体应力等。在地壳表层，常以自重应力和构造应力为主。

（15）目前在国内外最常用的应力测量有水压致裂法、钻孔套心应力解除法和应力恢复法（扁千斤顶法）3种方法。

（16）硐室围岩的破坏方式主要包括硐室顶部围岩冒顶破坏、硐室两侧围岩侧向鼓出破坏和硐室底部围岩隆起破坏3种。地下硐室开挖过程中应充分考虑围岩的应力重分布对硐室稳定性的影响，同时要采取合理的措施保证围岩的稳定性。可采用硐室洞壁的支撑、注浆加固、衬砌、注浆锚杆加固、喷射混凝土护壁等措施,同时应加强围岩稳定性监测。

（17）影响边坡稳定的因素有:岩石性质、岩体结构、水的作用、风化作用、地震力、地形地貌及人为因素等。岩体稳定性分析常用的方法有 3 种,即工程地质类比法、赤平面投影法和边坡稳定性理论计算法。目前国内外边坡处理措施常用的方法有:削坡处理、引导水流或降低地下水位、边坡锚杆注浆土钉墙加固、边坡坡面喷射钢筋混凝土面层加固、边坡内部滑动界面注浆加固、抗滑桩加固、坡脚采用挡土墙加固等。

（18）岩石地基在地基基础设计前应进行岩土工程地质勘察,然后根据勘察资料进行地基抗压承载力验算、变形验算、稳定性验算、基础抗浮验算和抗渗流验算。

思考题

5.1　什么是岩体?岩体结构包括哪两个要素?岩体按完整程度如何分类?

5.2　什么是结构体?结构体有哪些类型?什么是结构面?结构面如何分类?结构面的主要特征有哪些?结构面有哪些基本的工程特征?

5.3　结构面的规模、形态、物质组成、延展性、密集程度、张开度和充填胶结等特征如何来描述?

5.4　什么是软弱夹层?软弱夹层按成因如何进行分类?软弱夹层对工程有何影响?

5.5　什么是岩体结构?岩体结构有哪些类型?各种类型的岩体结构有什么特征?

5.6　岩体的变形有哪些特点?影响岩体变形性质的因素有哪些?岩体的强度特性有哪些?

5.7　岩体的水力学特性有哪些?地下水对岩土体有哪些力学作用?

5.8　岩体的破坏方式有哪些?岩体内的应力分布规律怎样?如何进行测量?有哪些测量方法?

5.9　围岩的变形特征和破坏方式有哪些?影响围岩稳定性的因素有哪些?围岩稳定性如何定量评价?保障地下硐室围岩稳定性的处理措施有哪些?

5.10　边坡破坏机理是什么?破坏类型及影响因素有哪些?岩体稳定性分析的方法主要有哪些?各自有何特点?边坡稳定性的理论计算方法有哪些?如何进行边坡稳定性评价与边坡加固设计?

5.11　建筑物岩石地基的基础形式有哪些?加固岩石地基的措施有哪些?

6

地下水及其对工程的影响

地下水是埋藏和运移在地表以下土层及岩石空隙中的水。地下水主要来源于大气降水、冰雪融水、地面流水、湖水及海水等,经土壤渗入地下形成。地下水与大气水、地表水是统一的,共同组成地球水圈,在岩土空隙中不断运动,参与全球性陆地、海洋之间的水循环,只是其循环速度比大气水、地表水慢得多。

地下水对土木工程的影响主要表现是:影响地基基础的稳定性;基坑开挖时要止水以利于工程施工,基坑等降低地下水位会对周边环境产生影响;地下水常常是滑坡、岩溶、潜蚀、地基沉陷、道路冻胀等各种不良的地质灾害发生的主要诱因;有一些特殊的地下水还可能腐蚀建筑材料,给基础工程的正常使用造成危害。

本章主要介绍地下水的分类、地下水的物理化学性质、土的渗透性与渗流及地下水对工程的影响等方面的内容。

6.1 地下水的分类

地下水的埋藏条件是指含水岩层在地质剖面中所处的部位,以及受隔水层限制的情况。地下水可根据地下水的埋藏条件、含水层的空隙性质和地下水的结合方式等三方面进行分类。

▶ 6.1.1 地下水按埋藏条件分类

根据地下水的埋藏条件,可把地下水分为包气带水、潜水和承压水(图6.1)。

1)包气带水

包气带水处于地表面以下潜水位以上的包气带岩土层中,包括土壤水、沼泽水、上层滞水

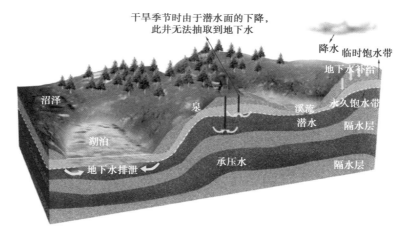

图6.1　地下水埋藏示意图

等。上层滞水指的是潜水位以上包气带中局部隔水层或弱透水层上积聚的具有自由表面的重力水。包气带水的主要特征是受气候控制,季节性明显,变化大,雨季水量多,旱季水量少,甚至干涸。

2)潜水

潜水指的是埋藏在地表以下,第一个连续隔水层之上,潜水位以下具有自由表面的含水层中的水。潜水主要分布于第四纪松散沉积层中,出露地表的裂隙岩层或岩溶岩层中也有潜水分布。潜水的水面为自由水面,称为潜水面。潜水面上任一点的高程称该点的潜水位,地表至潜水面的距离称潜水的埋藏深度,潜水面到隔水底板的距离为潜水含水层的厚度。

潜水具有自由水面,为无压水,它只能在重力作用下由潜水位较高处向潜水位较低处流动。潜水面的形状主要受地形控制,基本上与地形一致,但比地形平缓。

潜水的排泄方式有两种:一种是径流到适当地形处,以泉、渗流等形式泄出地表或流入地表水,即径流排泄;另一种是通过包气带或植物蒸发进入大气,即蒸发排泄。潜水受气候影响较大,具有明显的季节性变化特征。潜水易受地面污染的影响。

潜水对建筑物的稳定性和施工均有影响。建筑物的地基最好选在潜水位深的地带或使基础浅埋,尽量避免水下施工。若潜水对施工有危害,宜用排水、降低水位、隔离(包括冻结法)等措施处理。

3)承压水

(1)承压水概念

承压水是指充满在上下两个稳定隔水层之间的含水层中,且水头高出上层隔水层底面的地下水。承压水有上下两个稳定的隔水层,上面的称为隔水顶板,下面的称为隔水底板。顶、底板之间的垂直距离为含水层的厚度。由于地下水限制在两个隔水层之间,因而承压水具有一定压力,特别是含水层透水性越好,压力越大,人工开凿后能自流到地表,称为自流井。承压水不受气候的影响,动态较稳定,不易受污染。

承压水上升泉视频

泉水实际上就是承压水的自流井,泉是反映岩层富水性和地下水的分布、类型、补给、径流、排泄条件和变化的一个重要标志。泉水的喷发受气候的因素影响。泉有冷泉和温泉之分,温泉一般是指水温高于30 ℃的泉。

承压水的形成与所在地区的地质构造及沉积条件有密切关系。只要有适宜的地质构造条件,地下水都可形成承压水。形成承压水的地质构造主要是向斜构造和单斜构造。承压含水层直接出露在地面,属潜水,补给靠大气降水。若承压含水层的补给区出露在表面水附近时,补给来源是地面水体;如果承压含水层和潜水含水层有水力联系,潜水便成为补给源。承压水的径流主要决定于补给区与排泄区的高差和两者的距离,及含水层的透水性。

(2)承压水的埋藏类型

承压水的形成主要取决于地质构造。形成承压水的地质构造主要是向斜构造和单斜构造。

①向斜构造。向斜构造是承压水形成和埋藏的最有利的地方。埋藏有承压水的向斜构造又称承压盆地或自流盆地。一个完整的自流盆地一般可分为 3 个区,即补给区、承压区和排泄区。

补给区含水层在自流盆地边缘出露于地表,它可接受大气降水和地表水的补给,所以称为承压水的补给区。

承压区位于自流盆地的中部,是自流盆地的主体,分布面积较大。承压区的地下水由于承受水头压力,当钻孔打穿隔水层顶板时,地下水即沿钻孔上升至一定高度,这个高度称为承压水位。水头高出地面高程时称正水头;如果地面高程高于承压水位,则地下水位只能上升到地面以下的一定高度,这种压力水头称为负水头。

排泄区与承压区相连,高程较低,常位于低洼地区。承压水在此处或向潜水含水层补水,或向流经其上的河流排泄,有时则直接出露地表形成泉水流走。

②单斜构造。单斜构造的形成有两种情况。一种为断块构造,含水层的上部出露地表,为补给区,下部为断层所切,如断层带是透水的,则各含水层将通过断层发生水力联系或通过断层以泉水的形式排泄于地表,成为承压含水层排泄区;如果断层带是隔水的,此时补给区即排泄区,承压区位于另一地段。另一种情况是含水层岩发生相变,含水层的上部出露地表,下部在某一深度处尖灭,含水层的补给区与排泄区一致,而承压区则位于另一地段。

(3)承压水的特征

承压水的重要特征是不具自由水面,并承受一定的静水压力。承压水承受的压力来自补给区的静水压力和上覆地层压力。由于上覆地层压力是恒定的,故承压水压力的变化与补给区水位变化有关。当补给水位上升时,静水压力增大。水对上覆地层的浮托力也随之增大,从而承压水头增大,承压水位上升;反之,补给区水位下降,承压水位随之降低。

承压含水层的分布区与补给区不一致,常常是补给区远小于分布区,一般只通过补给区接受补给,承压水比较稳定,受气候影响较小,不易受地面污染。

承压水对土木工程施工的影响比较大,基础施工与基坑开挖遇到承压水时要采取措施。

▶ 6.1.2 地下水按含水层空隙性质分类

地下水按含水层空隙性质(含水介质)的不同,可分为孔隙水、裂隙水和岩溶水。

1)孔隙水

孔隙水分布于第四系各种不同成因类型的松散沉积物中。其主要特点是水量在空间分布相对均匀,连续性好。孔隙水一般呈层状分布,同一含水层的孔隙水具有密切的水力联系,具有统一的地下水面。

2)裂隙水

裂隙水是赋存和运动于岩层裂隙中的地下水(图6.2)。裂隙水按其赋存的裂隙成因不同分为:风化裂隙水、基岩裂隙水和构造裂隙水。裂隙水的类型及特点见表6.1。

孔隙裂隙水
接触下降泉

图6.2　裂隙水

表6.1　裂隙水类型及特点

裂隙水种类	各类裂隙水特点
风化裂隙水	分布在风化裂隙中的地下水多数为层状,由于风化裂隙彼此相连通,因此在一定范围内形成的地下水也是相互连通的水体,水平方向透水性均匀垂直方向随深度而减弱,多属潜水,有时也存在上层滞水。如果风化壳上部的覆盖层透水性很差时,其下部的裂隙带有一定的承压性,风化裂隙水主要由大气降水的补给,有明显季节性循环交替性,常以泉的形式排泄于河流中
基岩裂隙水	基岩裂隙是岩石在成岩过程中受内部应力作用而产生的原生裂隙。赋存于这种原生裂隙中的水称为基岩裂隙水。沉积岩和深成岩浆岩的成岩裂隙通常是闭合的,含水量不大。陆地喷发的玄武岩成岩裂隙,其含水量较大。此类裂隙大多张开且密集均匀,连通良好,常构成储水丰富、导水通畅的层状裂隙含水系统。成岩裂隙水可以是潜水和承压水
构造裂隙水	构造裂隙是岩石在构造变动中受力产生的裂隙。赋存于这类裂隙中的水称为构造裂隙水。由于岩石性质的不均一性,构造应力的多次性和不均一性(大小、方向),造成构造裂隙的张开性、密度、方向性及连通性变化很大,因而构造裂隙水的分布规律相当复杂

3)岩溶水

赋存和运移于可溶岩的溶隙溶洞(洞穴、管道、暗河)中的地下水叫作岩溶水(图6.3)。

岩溶水可以是潜水,也可以是承压水。当岩溶含水层裸露于地表时,常形成潜水或局部具有承压性能;当岩溶含水层被不透水层覆盖,就可形成承压水。岩溶水的埋藏深度,在岩溶含水层下距地表不深处有隔水层时,则埋藏较浅;当隔水层埋藏很深时,岩溶水的埋藏深度受区域排水基准面和地质构造的控制,往往埋藏较深,地面常呈现严重缺水现象。

岩溶发育的不均匀性,使岩溶水在垂直和水平方向上变化都很大。在可溶性岩层内可能同时具有含水层与非含水层、强含水层与弱含水层、均质含水层与集中渗流的特点。岩溶水

图 6.3 岩溶水

常富集在岩溶发育的地带,如质纯层厚的可溶岩分布地带的断层带或裂隙密集带,褶曲轴部和岩层急转弯处,可溶岩与非可溶岩的接触部位等。另外,一般浅层岩溶比深层岩溶富水性强。

龙井岩
溶水视频

岩溶水主要补给来源是吸收大气降水和地面水,其次是非岩溶含水层地下水的渗流。在我国南方裸露岩溶区,降水入渗量达降水量的 80% 以上;在北方岩溶区,大气降水量的 40%~50% 可以渗入地下,个别地区还可达 80%。岩溶水的径流条件一般是良好的,但随着深度的增加而减弱。在裸露型厚层缓倾斜的可溶岩地区,岩溶水水流交替和水流状态不同,在垂直方向显示出明显的分带性。岩溶水排泄的最大特点是排泄集中和排泄量大,并多以暗河形式排入河流,或以泉的形式排出地表。

▶ 6.1.3 地下水按结合方式分类

地下水按结合方式分为结合水和非结合水。结合水是指受分子引力、静电引力吸附于土粒表面的土中水。这种吸引力高达几千到几万个大气压,使水分子和土粒表面牢固地粘结在一起,结合水又分为强结合水和弱结合水。非结合水为土粒孔隙中超出土粒表面静电引力作用范围的一般液态水。非结合水主要受重力作用控制,能传递静水压力和溶解盐分,在温度 0 ℃ 左右冻结成冰。典型的代表是重力水,界于重力水和结合水之间的过渡类型水为毛细水。非结合水可分为液态水、气态水和固态水。具体性质在 5.1.4 中已详细介绍。

6.2 地下水的物理化学性质

由于地下水在运动过程中与各种岩土相互作用,及溶解岩土中可溶物质等原因,使地下水成为一种复杂的溶液。研究地下水的物理性质和化学成分,对于了解地下水的成因与动态,确定地下水对混凝土等的侵蚀性,进行各种用水的水质评价等,都有着实际的意义。

▶ 6.2.1 地下水物理性质

地下水的物理性质主要包括温度、颜色、透明度或浑浊度、气味、味道、密度、导电性和放射性等。

(1)温度 地下水的温度变化范围很大。地下水温度的差异,主要受各地区的地温条件控制。通常随埋藏深度不同而异,埋藏越深的,水温越高,见表6.2。

表6.2 地下水按温度分类

类别	非常冷的水	极冷的水	冷水	温水	热水	极热的水	沸腾的水
水的温度/℃	<0	0~4	4~20	20~37	37~42	42~100	>100

(2)颜色 一般地下水是无色的。但由于水中化学成分及悬浮杂质含量不同,地下水可呈不同的颜色,见表6.3。

表6.3 水中存在物质与颜色的关系

存在物质	硬水	低铁	高铁	硫化氢	锰化含物	腐殖酸盐	硫细菌
水的颜色	浅蓝	淡灰	锈黑	翠绿	暗红	暗黄或灰黑	红色

(3)透明度或浑浊度 透明度取决于水中固体和胶体悬浮物的含量。

(4)气味 地下水一般是无嗅、无味的,但当水中含有硫化氢气体时,水便有臭鸡蛋气味;含腐蚀性细菌时,有鱼腥味或霉臭味。

(5)味道 地下水的味道由水中的化学成分决定。如含 $NaCl$ 的水具咸味,含 $MgCl_2$ 的水有苦味。

(6)密度 质量密度的大小,决定于水中所溶解的盐分和其他物质的含量。一般蒸馏水在 4 ℃时的密度为 1 g/cm^3。

(7)导电性 地下水导电性决定于水中含有电解质的性质及含量。通常以电导率表示。

(8)放射性 地下水放射性决定于水中放射性物质的含量。地下水中常见的放射性物质有镭、铀、锶、氡及氢、氧同位素。

▶ **6.2.2 地下水化学性质**

1)地下水中常见的成分

地下水含有多种元素,有的含量大,有的含量甚微。地壳中分布广、含量高的元素,如 O,Ca,Mg,Na,K 等在地下水中最常见。有的元素如 Si,Fe 等在地壳中分布很广,但在地下水中却不多;有的元素如 Cl 等在地壳中极少,但在地下水中却大量存在。这是因为各种元素的溶解度不同的缘故。所有这些元素都是以离子、化合物分子和气体状态存在于地下水中的,并且以离子状态为主。

地下水中含有数十种离子成分,常见的阳离子主要有:H^+,Na^+,K^+,NH_4^+,Ca^{2+},Mg^{2+},Fe^{3+} 及 Fe^{2+} 等,阴离子主要有:OH^-,Cl^-,SO_4^{2-},NO_2^-,NO_3^-,HCO_3^-,CO_3^{2-} 及 PO_4^{3-} 等,但一般情况下在地下水化学成分中占主要地位的是以下 6 种离子:$Na^+(K^+)$,Ca^{2+},Mg^{2+},Cl^-,SO_4^{2-} 及 HCO_3^- 离子。它们决定了地下水化学成分的基本类型和特点,是人们评价地下水化学成分的主要项目。

地下水中溶解的气体有 N_2,O_2,CO_2,H_2S,CH_4 及 Rn 等。一般情况下,地下水的气体含量不高,每升只有几毫克到几十毫克。地下水中的氧气和氮气主要来源于大气,它们随着大气降水及地表水补给地下水。硫化氢是在缺氧的环境中由于微生物的作用,将 SO_4^{2-} 还原成 H_2S 的。CO_2 来源于大气中的 CO_2,或有机物氧化以及深部碳酸盐岩石在高温下分解而成。

以碳、氢、氧为主的有机质,经常以胶体方式存在于地下水中。大量有机质的存在,有利于进行还原作用,从而使地下水化学成分发生变化。很难以离子状态溶于水的化合物也往往以胶体状态存在于地下水中,其中分布最广的是 $Fe(OH)_2$,$Al(OH)_3$ 及 SO_2。

2)氢离子浓度(pH 值)

地下水酸碱度用氢离子浓度或 pH 值来衡量。地下水的氢离子浓度主要取决于水中的 HCO_3^-,CO_3^{2-} 和 H_2CO_3 的数量。pH 值是水中氢离子浓度的负对数值,即 $pH = lg[H^+]$。纯水中,H^+ 和 OH^- 的浓度是相等的,即 $[H^+] = [OH^-] = 10^{-7}$,$pH = 7$,水呈中性。水中 H^+ 的离子浓度大于 OH^- 的浓度,即 $pH < 7$ 时,水呈酸性;水中 H^+ 的离子浓度小于 OH^- 的浓度,即 $pH > 7$ 时,水呈碱性。自然界中大多数地下水的 pH 值为 6.5~8.5。根据 pH 值可将水分为五类,见表 6.4。

表 6.4　按 pH 值划分水的类型

水的类型	pH 值
强酸性水	<5
弱酸性水	5~7
中性水	7
弱碱性水	7~9
强碱性水	>9

3)总矿化度

地下水中所含各种离子、分子与化合物(不包括气体)之总和称为地下水的总矿化度,以 g/L 表示来水的矿化程度。通常以在 105~110 ℃温度下蒸干后所得的干涸残余物的含量来确定。根据矿化程度可将水分为 5 类,见表 6.5。

表 6.5　水按矿化度的分类　　　　　　　　　　　　　　　　单位:g/L

水的类型	淡水	微咸水(低矿化水)	咸水(中等矿化水)	盐水(高矿化水)	卤水
矿化度	<1	1~3	3~10	10~50	>50

矿化度与水的化学成分之间有密切的关系:淡水和微咸水常以 HCO_3^- 为主要成分,称重碳酸盐水;咸水常以 SO_4^{2-} 为主要成分,称硫酸盐水;盐水和卤水则往往以 Cl^- 为主要成分,称氯化物水。

高矿化水能降低混凝土的强度,腐蚀钢筋,促使混凝土分解,故拌合混凝土时不允许用高矿化水。高矿化水中的混凝土建筑应注意采取保护措施。

4)硬度

地下水中钙镁离子的含量是以硬度来表征的。地下水中 Ca^{2+} 和 Mg^{2+} 的含量超出一定指标时,如作为生活和工业用水都有不良影响:会使肥皂去污力下降;在锅炉中成垢,水垢不易传热,浪费燃料,甚至会因传热不均而引起爆炸。因此人们对水中的 Ca^{2+},Mg^{2+} 含量给予了高度的重视。水中 Ca^{2+},Mg^{2+} 含量的多少用"硬度"来表示。

硬度的大小,我国目前广泛采用德国度(H°)表示方法。一个德国度相当于 1 L 水中含有 10 mg CaO 或 7.2 mg MgO。

由于 1 L 水中含 28 mg CaO 相当于 1 mg 当量,所以,1 mg 当量的硬度相当于以德国度表示的硬度 2.8 度,于是,知道了 Ca^{2+},Mg^{2+} 的毫克当量数后再乘以 2.8,即可换算成德国度。地下水按硬度可分为 5 类,见表 6.6。

表 6.6　地下水按硬度分类

水的类型	硬　　度	
	mgN/L	H°
极软水	<1.5	<4.2
软水	1.5~3.0	4.2~8.4
微软水	3.0~6.0	8.4~16.8
硬水	6.0~9.0	16.8~25.2
极硬水	>9.0	>25.2

▶ 6.2.3　地下水对建筑材料腐蚀性的评价

1)地下水对混凝土的腐蚀原理及评价

硅酸盐水泥遇水硬化,形成 $Ca(OH)_2$、水化硅酸钙 $CaO \cdot SiO_2 \cdot 12H_2O$、水化铝酸钙 $CaO \cdot Al_2O_3 \cdot 6H_2O$ 等,这些物质往往会受到地下水的腐蚀。根据地下水对建筑结构材料腐蚀性评价标准,腐蚀类型有结晶类腐蚀、分解类腐蚀、结晶分解类腐蚀 3 种:

(1)结晶类腐蚀

如果地下水中 SO_4^{2-} 离子的含量超过规定值,那么 SO_4^{2-} 离子将与混凝土中的 $Ca(OH)_2$ 起反应,生成二水石膏结晶体 $CaSO_4 \cdot 2H_2O$:

$$CaSO_4 + 2H_2O \leftrightarrow CaSO_4 \cdot 2H_2O \tag{6.1}$$

这种石膏再与水化铝酸钙发生化学反应,生成水化硫铝酸钙,这是一种铝和钙的复合硫酸盐,习惯上称为水泥杆菌。由于水泥杆菌结合了许多的结晶水,因而其体积比化合前增大很多,约为原体积的 221.86%,于是在混凝土中产生很大的内应力,使混凝土的结构遭受破坏。

水泥中水化硫铝酸钙含量少,抗结晶腐蚀强,因此,要想提高水泥的抗结晶腐蚀,主要是控制水泥的矿物成分。

(2)分解类腐蚀

如果地下水中的 pH 值、侵入性 CO_2 和 HCO_3^- 超过规定值,那么 CO_2 与混凝土中的 $Ca(OH)_2$ 作用发生化学反应(属分解类腐蚀),生成碳酸钙沉淀。

$$Ca(OH)_2 + CO_2 = CaCO_3 \downarrow + H_2O \tag{6.2}$$

由于 $CaCO_3$ 不溶于水,它可填充混凝土的孔隙,在混凝土周围形成一层保护膜,能防止 $Ca(OH)_2$ 的分解。但是,当地下水中 CO_2 的含量超过一定数值,而 HCO_3^- 离子的含量过低,则超量的 CO_2 再与 $CaCO_3$ 反应,生成重碳酸钙 $Ca(HCO_3)_2$ 并溶于水。

$$CaCO_3 + CO_2 + H_2O \leftrightarrow Ca^{2+} + 2HCO_3^- \tag{6.3}$$

上述反应是可逆的。当地下水中 CO_2 的含量超过平衡时所需的数量时,混凝土中的 $CaCO_3$ 就被溶解而受腐蚀,这就是分解类腐蚀。我们将超过平衡浓度的 CO_2 叫侵蚀性 CO_2,地下水中

侵蚀性 CO_2 愈多,对混凝土的腐蚀愈强。地下水流量、流速都很大时,CO_2 易补充,平衡难建立因而腐蚀加快。另一方面,HCO_3^- 离子含量愈高,对混凝土腐蚀性愈弱。地下水的酸度过大,即 pH 值小于某一数值时,混凝土中的 $Ca(OH)_2$ 也要分解,特别是当反应生成物为易溶于水的氯化物时,对混凝土的分解腐蚀愈强烈。

（3）结晶分解复合类腐蚀

如果地下水中 NH^{4+},NO_2^-,Cl^- 和 Mg^{2+} 离子的含量超过一定数量时,将与混凝土中的 $Ca(OH)_2$ 作用发生结晶分解复合类腐蚀,例如:

$$MgSO_4+Ca(OH)_2=Mg(OH)_2+CaSO_4（石膏） \tag{6.4}$$

$$MgCl_2+Ca(OH)_2=Mg(OH)_2+CaCl_2 \tag{6.5}$$

$Ca(OH)_2$ 与镁盐作用的生成物中,除 $Mg(OH)_2$ 不易溶解外,$CaCl_2$ 则易溶于水,并随之流失。

硬石膏 $CaSO_4$ 一方面与混凝土中的水化铝酸钙反应生成水泥杆菌:

$$3CaO \cdot Al_2O_3 \cdot 6H_2O+3CaSO_4+25H_2O=3CaO \cdot Al_2O_3 \cdot 3CaSO_4 \cdot 31H_2O \tag{6.6}$$

另一方面,硬石膏遇水后生成二水石膏:

$$CaSO_4+2H_2O \leftrightarrow CaSO_4 \cdot 2H_2O \tag{6.7}$$

二水石膏在结晶时,体积膨胀,破坏混凝土的结构。

综上所述,地下水对混凝土建筑物的腐蚀是一项复杂的物理化学过程,在一定的工程地质与水文地质条件下,对建筑材料的耐久性影响很大。

《岩土工程勘察规范》(GB 50021—2001)对场地环境类型进行了分类,如表 6.7 所示。

表 6.7　场地环境类型分类

环境类别	场地环境地质条件
I	高寒区、干旱区直接临水;高寒区、干旱区强透水层中的地下水
II	高寒区、干旱区弱透水层中的地下水;各气候区湿、很湿的弱透水层湿润区直接临水;湿润区强透水层中的地下水
III	各气候区稍湿的弱透水层;各气候区地下水位以上的强透水层

注:①高寒区是指海拔高度等于或大于 3 000 m 的地区;干旱区是指海拔高度小于 3 000 m,干燥度指数 K 值等于或大于 1.5 的地区;湿润区是指干燥度指数 K 值小于 1.5 的地区;

②强透水层是指碎石土和砂土;弱透水层是指粉土和黏性土层;

③含水量 $w<3\%$ 的土层,可视为干燥土层,不具有腐蚀环境条件;

④当有地区经验时,环境类型可根据地区经验划分;当同一场地出现两种环境类型时,应根据具体情况选定。

《岩土工程勘察规范》(GB 50021—2001)中按环境类型划分地下水对混凝土结构的腐蚀性评价标准见表 6.8。

表 6.8　按环境类型划分地下水对混凝土结构的腐蚀性评价标准

腐蚀等级	腐蚀类型	腐蚀介质	环境类型		
			I	II	III
微弱中强	结晶类腐蚀	硫酸盐(SO_4^{2-})含量/($mg \cdot L^{-1}$)	<250 250~500 500~1 500 >1 500	<300 300~1 500 1 500~3 000 >3 000	<1 500 1 500~3 000 3 000~6 000 >6 000
微弱中强	结晶分解复合类腐蚀	镁盐(Mg^{2+})含量/($mg \cdot L^{-1}$)	<1 000 1 000~2 000 2 000~3 000 >3 000	<2 000 2 000~3 000 3 000~4 000 >4 000	<3 000 3 000~4 000 4 000~5 000 >5 000
微弱中强		铵盐(NH_4^+)含量/($mg \cdot L^{-1}$)	<100 100~500 500~800 >800	<500 500~800 800~1 000 >1 000	<800 800~1 000 1 000~1 500 >1 500
微弱中强	分解类腐蚀	苛性碱(OH^-)含量/($mg \cdot L^{-1}$)	<35 000 35 000~43 000 43 000~57 000 >57 000	<43 000 43 000~57 000 57 000~70 000 >70 000	<57 000 57 000~70 000 70 000~100 000 >100 000
微弱中强		总矿化度/($mg \cdot L^{-1}$)	<10 000 10 000~20 000 20 000~50 000 >50 000	<20 000 20 000~50 000 50 000~60 000 >60 000	<50 000 50 000~60 000 60 000~70 000 >70 000

基础工程混凝土的防腐设计要结合其地下水化验的化学指标来进行。

2)地下水对钢筋混凝土中钢筋的腐蚀原理及评价

混凝土在水化作用时,水泥中氯化钙生成氢氧化钙,使混凝土中含有大量的 OH^-,pH 值一般可达到 12~14,钢筋在这样的高碱环境中,表面容易生成一层致密的钝化膜。这种钝化膜能阻止钢筋的锈蚀,只有这层膜遭到破坏后,钢筋才开始锈蚀。钝化膜只有在高碱性环境中才是稳定的。当 pH 值小于一定的数值时,就会难以生成钝化膜,而已经生成的钝化膜也会逐渐受损。地下水对钢筋混凝土中钢筋的腐蚀原理如下:

为提高混凝土早期强度,在混凝土中掺入一定量的氯盐(如氯化钙)是很有效的。但当氯盐过量,混凝土结构中存在的 Cl^- 到达钢筋表面,钢筋的局部钝化膜开始破坏,发生钢筋腐蚀。同时由于混凝土结构中氯离子的存在,降低了阴极、阳极间的电阻,强化了离子通路,提高了腐蚀电流的效率,从而加速了钢筋的电化学腐蚀过程。Cl^- 对钢筋表面钝化膜的破坏,使某些部位露出铁基本体,与尚完好的钝化膜区域之间构成电位差。大面积的钝化膜区作为阴极发生还原反应,铁基体作为阳极而受到腐蚀。腐蚀由局部开始逐渐在钢筋表面扩展。

阳极:$Fe - 2e = Fe^{2+}$,Cl^- 与 Fe^{2+} 相遇生成 $FeCl_2$,使 Fe^{2+} 消失,从而加速阳极反应。

但是 $FeCl_2$ 是可溶的,在向混凝土内扩散遇到氢氧根离子发生反应,最后可氧化成铁的氧化物。在这个过程中,Cl^-只起"搬运"作用,而不被"消耗"。因此,混凝土中的Cl^-会周而复始地起破坏作用。

在一定的条件下,氯盐可与水泥中的铝酸三钙生成不溶性"复盐",可以降低Cl^-含量,同时降低硫酸盐与铝酸三钙作用而发生"膨胀"破坏。但当混凝土的碱度降低时,"复盐"会分解重新释放出Cl^-,对钢筋产生腐蚀。

水和土对钢筋混凝土结构中钢筋的腐蚀性评价,根据《岩土工程勘察规范》(GB 50021—2001),应符合表 6.9 中的规定。

表 6.9　对钢筋混凝土结构中钢筋的腐蚀性评价

腐蚀等级	水中的 Cl^- 含量 /$(mg \cdot L^{-1})$		土中的 Cl^- 含量/$(mg \cdot kg^{-1})$	
	长期浸水	干湿交替	A	B
微	<10 000	<100	<400	<250
弱	10 000~20 000	100~500	400~750	250~500
中		500~5 000	750~7 500	500~5 000
强		>5 000	>7 500	>5 000

注:A 是指地下水位以上的碎石土、砂土,稍湿的粉土,坚硬、硬塑的黏性土;B 是湿、很湿的粉土,可塑、软塑、流塑的黏性土。

3)地下水对钢结构的腐蚀性原理及评价

地下水对钢结构的腐蚀原理与上述钢筋腐蚀原理相同,水的腐蚀性表现在地下水的 pH 值,pH 值越低,水的酸性越强,则腐蚀性越强。酸性环境可以使钢结构中 Fe 成为 Fe^{2+},因此不断被腐蚀。

水和土对钢结构的腐蚀性评价,应分别符合表 6.10 和表 6.11 中的规定。

4)钢筋混凝土防腐措施

通过上面腐蚀机理的分析,要提高钢筋混凝土的耐久性就要做到:保持混凝土的高碱度;提高混凝土的密实度,增强抗渗能力;控制 SO_4^{2-} 和 Cl^- 的含量。

表 6.10　水对钢结构腐蚀性评价

腐蚀等级	pH 值	$(Cl^- + SO_4^{2-})$ 的质量浓度/$(mg \cdot L^{-1})$
弱	3~11	<500
中	3~11	≥500
强	<3	任何浓度

注:①表中系指氧能自由溶入的水和地下水;
②本表亦适用于钢管道;
③如水的沉淀物中有褐色絮状物沉淀(铁),悬浮物中有褐色生物膜、绿色丛块,或有硫化氢臭味,应作铁细菌、硫酸盐还原细菌的检查,以查明有无细菌腐蚀。

表 6.11　土对钢结构腐蚀性评价

腐蚀等级	pH	氧化还原电位 /mV	电阻率 /($\Omega \cdot m$)	极化电流密度 /($mA \cdot cm^{-2}$)	质量损失 /g
微	>5.5	>400	>100	<0.02	<1
弱	5.5~4.5	400~200	100~50	0.02~0.05	1~2
中	4.5~3.5	200~100	50~20	0.05~0.20	2~3
强	<3.5	<100	<20	>0.20	>3

注:土对钢结构的腐蚀性评价,取各指标中腐蚀等级最高者。

（1）水泥和骨料材料的选择

水泥是配置抗腐蚀混凝土的关键原料。为提高混凝土抗 SO_4^{2-} 腐蚀性和抗裂性能,应选用含 C3A、碱量低的普通硅酸盐水泥和坚固耐久的洁净骨料,并控制水泥和骨料中 Cl^- 的含量。同时要重视单方混凝土中胶凝材料的用量和混凝土骨料的级配以及粗骨料的粒形要求,并尽可能减少混凝土胶凝材料中的硅酸盐水泥用量。

（2）掺入高效活性矿物掺料

活性矿物质掺料中含有大量活性 SiO_2 及活性 Al_2O_3。由于现在水泥产品的细度减小、活性增加,使得水化反应加速,放热加剧,干燥收缩增加,导致混凝土温度收缩和干缩产生的裂纹增加。将二级粉煤灰,S95 级矿粉复合掺入混凝土中,可以减少热开裂,提高抗渗性,降低混凝土中钙矾石的生成量。

（3）掺入高效减水剂

一般情况下,材料的组合中对混凝土抗渗性最具影响力的因素是水灰比。因此在保证混凝土拌合物所需流动性的同时,应尽可能降低用水量。加入减水剂可以使水泥体系处于相对稳定的悬浮状态,在水泥表面形成一层溶剂化水膜,同时使水泥在加水搅拌中絮凝体内的游离水释放出来,达到减水的目的。

（4）掺加防腐剂

针对地下水同时含 SO_4^{2-} 和 Cl^-,采用防腐剂可以将水泥抗硫酸盐极限浓度提高。如采用采用 SRA-1 型防腐剂,可以将水泥抗硫酸盐极限浓度提高到 1 500 mg/L。防腐剂中的 SiO_2 与水泥的水化产物氢氧化钙生成水化硅酸钙凝胶,降低硫酸盐腐蚀速度;次水化反应可减少氢氧化钙的含量,降低液相碱度,从而减少硫酸根离子生成石膏的钙矾石数量,减缓膨胀破坏。同时,SO_4^{2-} 和 Cl^- 并存时,还相对降低水泥中铝酸盐的含量,更有利于抵抗盐类腐蚀。

除上述措施外,建筑混凝土内配钢筋应采用未锈蚀的新钢筋,钢筋出露部分应作防锈处理,建筑用型钢和钢管需要作防腐处理。

6.3   地下水对工程的影响

▶ **6.3.1   土的渗透性**

地下水在岩土空隙中的运动称为渗流(渗透)。砂土是固体颗粒与孔隙的集合体,土孔隙的存在给非结合水(主要是重力水)提供了在水头差作用下发生渗流的可能条件。土的渗透性是指土体被水渗透的能力,它是土体三大主要性质之一,是土体有别于其他致密工程材料如钢材和混凝土等的独特性质。土的渗透性和土中渗流对土体的强度和变形性都有重要影响。

1)达西渗透定律

水体运动时,水的质点作有秩序、互不混杂的流动,称作层流运动。由于土的孔隙通道很小,渗流过程中黏滞阻力很大,所以多数情况下,水在土中的流速很慢,属于层流范围。土中水的渗流运动常用著名的达西渗透定律来描述,达西渗流定律即土的线性渗流理论。达西(H.Darcy)于1856年用如图6.5的试验装置,在稳定流和层流条件下,用粗颗粒土进行了大量的渗透试验,测定水流通过土试样单位截面积的渗流量,获得了渗流量与水力梯度的关系,从而得到渗流速度与水力梯度和土的渗透性质的基本规律。

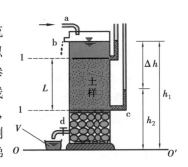

图 6.5   达西渗透性试验示意图

试验是在装有砂的圆筒中进行的。水由筒的上端加入,流经砂柱,由下端流出。上游用溢水设备控制水位,使试验过程中水头始终保持不变。在圆筒的上下端各设一根测压管,分别测定上下两个过水断面的水头。下端出口处设管嘴以测定流量,且水的流出量等于流入量。根据实验结果,得到下列关系式:

$$Q = -kA\frac{h_2 - h_1}{L} = kA\frac{\Delta h}{L} = kAi \tag{6.8}$$

$$k = \frac{Q}{Ai} = \frac{v}{i} \tag{6.9}$$

$$i = \frac{\Delta h}{L}$$

式中 Q——渗透流量(出口处流量,即为通过砂柱各断面的流量);

   A——过水断面面积(在试验中相当于砂柱横断面的面积);

   Δh——水头损失($\Delta h = h_1 - h_2$,即上下游过水断面的水头差);

   L——水流渗径长度(上下游过水断面的距离);

   k——渗透系数,cm/s;

   v——土中水的渗流速度,指整个过水断面上的平均流速,cm/s;

   i——水力梯度,定义为沿着水流方向上单位长度的水头差值。

达西定律表明,在层流条件下土中孔隙水的渗透速度与水力梯度成正比。渗透系数的物理意义为单位水力坡度下的渗流速度。

从上面知道达西定律是在层流状态下砂土试样中获得的渗透基本规律,即土中渗流的平均渗透速度与水力梯度成线性关系,如图6.6(a)所示。

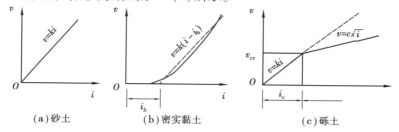

图6.6 渗透速度与水力梯度的关系示意图

后来,大量试验结果表明,黏性土的渗流在水力坡度大于i_b时基本上服从这一规律,而砾石土则在水力坡度小于i_c时适用达西定律。所以达西渗透定律的适用范围主要与渗透水流在土中的流动状态有关,属于层流状态者适用,紊流状态则不适用。

2)土的渗透性影响因素

土的渗透性是土体被水透过的性能,常用渗透系数k来反映。不同类型土体的渗透性变化很大,黏土k值为$10^{-6} \sim 10^{-8}$ cm/s,粉土为$10^{-3} \sim 10^{-4}$ cm/s,砂土大于10^{-4}cm/s,卵石、碎石大于10^{-1}cm/s,详见表6.12。由于土体的各向异性和土层结构构造上的特点等,土体渗透性也常常具有各向异性,其渗透性在水平向和垂直向表现出明显的差别。影响渗透规律变化的因素,除了渗透水流的流动状态外,还与土孔隙中的液体性质和土颗粒的大小、形状、矿物成分及与水的相互作用有关。

表6.12 常见土类的渗透系数参考值

岩土名称	渗透系数k/(cm·s^{-1})	岩土名称	渗透系数k/(cm·s^{-1})
黏土	$<6 \times 10^{-6}$	粗砂	$2 \times 10^{-2} \sim 6 \times 10^{-2}$
粉质黏土	$6 \times 10^{-6} \sim 1 \times 10^{-4}$	均质粗砂	$7 \times 10^{-2} \sim 8 \times 10^{-2}$
粉土	$1 \times 10^{-4} \sim 6 \times 10^{-4}$	圆砾	$6 \times 10^{-2} \sim 1 \times 10^{-1}$
黄土	$3 \times 10^{-4} \sim 6 \times 10^{-4}$	卵石	$1 \times 10^{-1} \sim 6 \times 10^{-1}$
粉砂	$6 \times 10^{-4} \sim 1 \times 1 0^{-3}$	无充填物卵石	$6 \times 10^{-1} \sim 1 \times 10^{0}$
细砂	$1 \times 10^{-3} \sim 6 \times 10^{-3}$	稍有裂隙岩石	$2 \times 10^{-2} \sim 7 \times 10^{-2}$
中砂	$6 \times 10^{-3} \sim 2 \times 10^{-2}$	裂隙多的岩石	$>7 \times 10^{-2}$
均质中砂	$4 \times 10^{-2} \sim 6 \times 10^{-2}$		

对于无黏性土,影响渗透系数的主要因素是颗粒大小和级配、土体的孔隙比及饱和度、水的黏滞阻力等物理因素。土的颗粒越小,级配越好,土体孔隙比越小,渗透性越低。土体饱和度越大,土中封闭气泡越小,其渗透性也越大。另外,温度升高一般会使水的动力黏滞度减小,从而使土的渗透系数增大。

黏性土渗透性的影响因素要比无黏性土复杂。黏性土的渗透系数不但与颗粒大小和级配、土体密度和饱和度等因素有关,而且还受到矿物成分等其他因素影响。黏性土的矿物成分影响其颗粒大小,且影响颗粒与周围液相的相互作用,因此会对土的渗透性产生较大影响。渗透流体对黏性土渗透性的影响不但体现在流体重度和黏滞性方面,而且受到整个水—土—电解质体系相互作用的强烈影响,影响的性质和程度与黏土矿物、电解质溶液的成分及渗透溶液的极性都有密切关系。黏土和淤质土的渗透性很差。

▶ 6.3.2 渗透破坏类型及防治措施

水在土中流动的过程中将受到土阻力的作用,使水头逐渐损失。同时,水的渗透将对土骨架产生拖曳力,导致土体中的应力与变形发生变化。人们将渗透水流对土骨架的拖曳力称为渗透力。渗透力的大小是影响工程安全的重要因素之一,在进行工程设计与施工时,对渗透力可能给地基土稳定性带来的不良后果应该给予足够的重视。

当水力梯度超过一定的界限值后,土中的渗流水流会把部分土体或土颗粒冲出、带走、导致局部土体发生位移,位移达到一定距离,土体将发生失稳破坏,这种现象称为渗透破坏。渗透变形主要有 3 种形式,即流砂、管涌和潜蚀。

1)流砂及防治措施

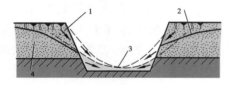

1—原坡面;2—流砂后坡面;
3—流砂堆积物;4—地下水位

图 6.7　流砂破坏示意图

（1）流砂概念

流砂是指松散细颗粒土被地下水饱和后,在动水压力即水头差的作用下,产生砂与水一起悬浮流动的现象。如基坑开挖中坑侧土向坑底的流动,或打桩后由于孔压膨胀造成砂土与水一起流动的现象。它与地下水的动水压力有密切关系,当地下水的动压力大于土粒的有效重度或地下水的水力坡度大于临界水力坡度时,就会产生流砂。我们知道土颗粒的有效应力 σ' 等于上覆土的总应力 σ 减去孔隙水压力 u。流砂液化实质上就是孔隙水压力上升到上覆土的总应力,导致土颗粒的有效应力为零,从而形成砂和水一起流动的一种现象。图 6.7 为流砂破坏示意图。

渗流方向与土重力方向相反时,渗透力的作用将使土体重力减小,当单位渗透力 f_d 等于土体的单位有效重力 γ'（有效重度）时,土体处于流土的临界状态。如果水力梯度继续增加,土中的单位渗透力将大于土的单位有效重力,此时土体将被冲出而发生流砂。据此,可以得到发生流砂的条件为:

$$f_d = \gamma_w i \geqslant \gamma' = \frac{G-1}{1+e} \gamma_w \tag{6.10}$$

式中　$G = \rho_s / \rho_w$ ——土的颗粒相对密度;

其中　ρ_s ——土颗粒密度;

ρ_w ——4 ℃时纯水的密度;

e ——土的孔隙比。

流砂的临界状态对应的水力梯度用 i_{cr} 表示,可用下式表示:

$$i_{cr} = \frac{\gamma'}{\gamma_w} = \frac{G-1}{1+e} \tag{6.11}$$

工程上将临界水力梯度 i_{cr} 除以安全系数 K 作为容许水力梯度 $[i]$，设计时渗流逸出处的水力梯度 i 应满足如下要求：

$$i \leqslant [i] = \frac{i_{cr}}{K} \tag{6.12}$$

对流土安全性进行评价时，K 一般可取 2.0~2.5。渗流逸出处的水力梯度 i 可以通过相应流网单元的平均水力梯度来计算。

（2）流砂形成的条件

①土性条件：土层由粒径均匀的细颗粒组成（一般粒径在 0.01 mm 以下的颗粒的质量分数在 30% 以上），土中含有较多的片状、针状矿物（如云母、绿泥石等）和附有亲水胶体矿物颗粒，从而增加了岩土的吸水膨胀性，降低了土粒重量。因此，在不大的水流冲力下，细小土颗粒即悬浮流动。

当地下砂土的细粒的质量分数 P_c 满足下式条件时，易发生流砂。

$$P_c \geqslant \frac{1}{4(1-n)} \times 100\% \tag{6.13}$$

式中　n——土的孔隙率；

　　　P_c——土的细颗粒含量，以质量百分率计（%）。

对于不均匀系数大于 5 的不连续级配土判别方法为 $P_c \geqslant 35\%$。

②水动力条件：水力梯度较大，流速增大，动水压力超过了土颗粒的重量时，就能使土颗粒悬浮流动形成流砂。对于无黏性土流砂破坏的临界水力梯度如下：

$$i_{cr} = \frac{\gamma_d}{G_s} - (1-n) \tag{6.14}$$

式中　γ_d——土的干重度，kN/m^3；

　　　n——土的孔隙度；

　　　G_s——土的相对密度。

（3）流砂的防治措施

流砂的发生常是由于在地下水位以下开挖基坑、埋设地下管道、打井等工程活动而引起的，一般发生在细砂、粉砂、粉质黏土等土中。流砂在工程施工中能造成大量的土体流动，致使地表塌陷或建筑物地基破坏，给施工带来很大困难，或直接影响建筑工程及附近建筑物的稳定。流砂对岩土工程危害很大。总之，应尽量避免水下大开挖施工。若必须时，可以利用下列方法防治流砂：

①人工降低地下水位：可以采用井点降水或深井降水，将地下水位降至可能产生流砂的地层以下，然后再开挖。

②边坡加固：常采用锚杆注浆土钉墙、水泥搅拌桩、钻孔咬合桩或地下连续墙等加固措施，其目的一方面是起到支护作用，另一方面是改善地下水的径流条件，即增长渗流途径，减小地下水力梯度和流速。

③基坑底水泥搅拌桩或注浆加固：通过土中灌浆或水泥搅拌桩来构成防水帷幕，以防止地下水流入。

④其他方法：处理流砂的方法还有冻结法、化学加固法及加重法等。在基槽开挖的过程中局部地段出现流砂时，立即抛入大块石或立即灌注泵送混凝土等，可以克服流砂的活动。

2)管涌及防治措施

(1)管涌的概念

管涌是指地基土在渗流作用下,土体中的细颗粒在粗颗粒形成的孔隙中发生移动并被带出,逐渐形成管状渗流通道而造成水土大量涌出破坏的现象。也就是说,在一定水头梯度的渗透水流作用下,其细小颗粒被冲走,土中的孔隙逐渐增大,慢慢形成一种能穿越坝基的细管状渗流通路,从而掏空地基或坝体,使地基或斜坡变形、失稳。管涌通常需要有上下两头水位差,如1998年长江九江防洪堤坝粉砂土管涌,就是由于暴雨引起的堤坝内与堤坝外的高水位而引起的。必须重视管涌的破坏,它可对下游人民生命财产造成巨大破坏。图6.8为堤坝的管涌破坏示意图。

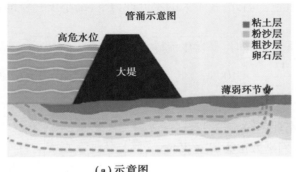

| (a)示意图 | (b)实景图 |

图 6.8　管涌破坏

管涌多发生在砂性土中,其特征是颗粒大小比值差别较大,往往缺少某种粒径,磨圆度较好,孔隙直径大而互相连通,细粒含量较少,不能全部充满孔隙。颗粒多由密度较小的矿物构成,易随水流移动,有较大的和良好的渗透水流出路。

(2)管涌形成的条件

管涌的形成条件主要包括土性条件和水动力条件。

①土性条件:土性条件主要为中细粒砂性土,当土的细粒含量满足下式条件时,易发生管涌。

$$P_c < \frac{1}{4(1-n)} \times 100\% \tag{6.15}$$

式中符号意义同式(6.13)。

同时,管涌形成的土性条件还有:

土的粗颗粒粒径 D 和细颗粒粒径 d 之比 $D/d>10$;

土的不均匀系数 $d_{60}/d_{10} >10$;

两种互相接触土层渗透系数之比 $k_1/k_2>2\sim3$。

②水动力条件:渗透水流的水力梯度 i 大于土的临界水力梯度 i_{cr} 时,易发生管涌。

管涌发生的临界水力梯度可采用式(6.16)进行计算:

$$i_{cr} = 2.2(G_s - 1)(1 - n)^2 \frac{d_5}{d_{20}} \tag{6.16}$$

式中　d_5, d_{20}——质量分数分别为5%和20%的土粒粒径,mm。

工程中在对管涌安全性进行评价时,求解的临界水力梯度还应除以安全系数 K。通常可取

$K = 1.5 \sim 2.0$。

（3）管涌的处理措施

①设计时堤坝材料要采用无黏性土或用混凝土坝。

②设计要考虑控制最大洪水位时,堤坝内外水力梯度差和坝内的隔水措施。

③堤坝中间打止水帷幕桩止水（如水泥搅拌桩、钻孔咬合桩或地下连续墙等）。

④暴雨季节要及时巡查,第一时间发现管涌点,并在刚发生小管涌时立即采取在管涌点周围垒止水土袋、堆土反压、灌注混凝土等办法,控制水头差同时达到水头平衡。

3）潜蚀

（1）潜蚀的概念

潜蚀是渗透水流在一定的水力梯度下产生较大的动水压力冲刷,带走细小颗粒或溶蚀岩土体,使岩土体中的孔隙逐渐增大形成洞穴导致地下岩土体结构破坏,从而产生地表裂缝、塌陷,影响建（构）筑物地基稳定的一种地质现象。在黄土地区潜蚀多表现为地面或地下土洞,在岩溶地区潜蚀表现为溶洞或地面塌陷。潜蚀作用可分为机械潜蚀和化学潜蚀两种类型。机械潜蚀是在地下渗透水流的长期作用下,产生岩土体中细小颗粒的位移和掏空现象;化学潜蚀是易溶盐类（如岩盐、钾盐、石膏等）及某些较难溶解的盐类（如方解石、菱镁矿、白云石等）在流动水流的作用下,尤其是在地下水循环比较剧烈的地域,盐类逐渐被溶解或溶蚀,使岩土体颗粒间的胶结力被削弱或破坏,结果导致岩土体结构松动,甚至破坏。机械潜蚀和化学潜蚀一般是同时进行的,且二者是相互影响、相互促进的。

（2）潜蚀产生的条件

潜蚀产生的条件主要有两个方面:一是有适宜的岩土颗粒组成;二是有足够的地下水水动力条件。具有下列条件的岩土体易产生潜蚀作用:

①当岩土层的不均匀系数（$C_u = d_{60}/d_{10}$）越大时,越易产生潜蚀作用。一般当 $C_u > 10$ 时,即易产生潜蚀。

②两种互相接触的岩土层,当其渗透系数之比 $k_1/k_2 > 2$ 时,易产生潜蚀。

③当地下渗透水流的水力梯度大于岩土的临界水力梯度时,易产生潜蚀。

产生潜蚀的临界水力梯度可按式（6.17）计算:

$$i_{cr} = (G_s - 1)(1 - n) + 0.5n \tag{6.17}$$

式中　G_s——岩土颗粒的相对密度;

　　　n——岩土孔隙度,以小数计算。

（3）潜蚀的防治措施

①改变渗透水流的水动力条件:使水流梯度小于临界水力梯度,可用堵截地表水流入地下岩土层;阻止地下水在岩土层中流动;设反滤层;减小地下水的流速等。

②改善岩土体的性质:增强岩土体的抗渗能力。如对溶洞等爆炸压密、注浆加固、打止水桩等措施可以增加岩土的密实度,降低岩土层的渗透性能。

4）坑突涌的隔水层要求

当基坑下有承压含水层存在时,开挖基坑减小了含水层上覆不透水层的厚度,当它减小到某一临界值时,承压水在水头压力作用下顶裂隆起或冲毁基坑底板土层而导致基坑失稳的现象称为基坑突涌。基坑突涌通常过程很快,往往来不及采取补救措施,对基坑安全危害极大。基坑突涌发生的理论条件按动水平衡一般可用下式进行判断（见图6.9）：

$$H \leqslant \frac{\gamma_w h}{\gamma} \qquad (6.18)$$

式中　H——基坑底不透水层的厚度，m；

γ——土的重度，kN/m^3；

h——承压水头高于含水层顶板的高度，m。

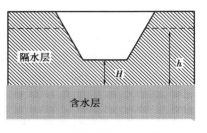

图6.9　基坑突涌原理示意图

所以，在设计时基坑坑底不产生突涌的不透水层厚度

H要求大于$\frac{\gamma_w h}{\gamma}$值。实际工程设计时还要乘上安全系数（安全系数为1.2～1.3）。

▶ 6.3.3　降低地下水位的技术措施

在基坑支护设计中有两个因素很重要：第一是合理的围护设计要保证围护结构的水平位移在规范规定的安全范围内；第二是围护设计要保证在地下降水过程中，既能方便施工又避免因流砂、管涌等导致地面沉降的出现。所以人工降低地下水位的技术措施很重要，应根据基坑场地的土性、渗透系数、水动力条件和周边环境条件来选择合理的降水措施。降水的技术方法及适用范围见表6.13。

表6.13　降水技术方法及适用范围

降水技术方法	适合地层	渗透系数/($m \cdot d^{-1}$)	降水深度	布置原则	注意事项
明沟集水井降水	黏性土、淤质土、粉质黏土	<1.0	一般降水<2.0 m	坑边、坑中到集水井	集水井要用水泵抽水
井点降水	粉土、砂土	0.1～10.0	一级井点降水在5 m内大于5 m需多级井点	利用真空泵布置井点，井点深度大于设计降水而以下5 m	注意降水漏斗对周边环境沉降的影响
深井降水	砂土、碎石土	1.0～20.0	一般与井点降水结合可降较深	深井管采用硬塑料管打孔滤网包扎，深井深度一般大于设计降水面以下10 m以上	注意降水漏斗对周边环境沉降的影响

1）明沟排水

明沟排水是在基坑（槽）内设置排（截）水沟和集水井，用抽水设备将地下水从集水井内排走，以达到疏干基坑内地下水的目的。明沟排水一般适用于渗透性差的黏性土地基排水。

随着基坑的开挖，当基坑深度接近地下水位时，沿基坑四周围挖一个环形排水沟，排水沟内设置集水井，二者互相连通。然后，用抽水设备自集水井向坑外抽排地下水。随着坑底的不断加深，集水井与排水沟亦不断向下布置，直到坑底达到设计标高为止。见图6.10及图6.11。

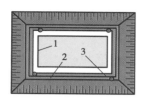

1—基坑内线;2—排水沟;3—集水井

图 6.10　基坑内明沟排水

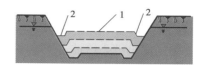

1—挖土面;2—排水沟

图 6.11　分层开挖排水沟

2)井点降水

井点降水是利用井(孔)在基坑周围同时抽水,把地下水位降低到基坑底面以下的降水方法。井点降水常适用于粉砂、砂土地基降水。一般要 24 h 不间断地抽水。要注意降水漏斗对周边环境沉降的影响。

当地下水位高出基坑底面的标高较大,尤其是坑壁地层为松散的粉细砂、粉土,或透水性较强的砂砾、卵石等地层,且地下水的补给源又比较充足,采用明沟排水坑壁易发生流砂、坍塌等影响施工时,可采用井点法降水。当地下水降水面要求较深时,可采用多级井点降水。井点降水分为轻型井点、喷射井点、管井井点、深井井点和电渗井点等。这里只着重介绍轻型井点降水方法。

（1）轻型井点适用范围

适用于渗透系数为 0.1~50 m/d 的土层,对于渗透系数为 2~50 m/d 的土层更为有效。

轻型井点降水

（2）主要设备

井点管:直径为 38~50 mm 的钢管,长 5~8 m,整根或分节组成。

滤水管:内径同井点管的钢管,长度为 1~1.5 m。

集水总管:内径为 100~127 mm 的钢管,长为 50~80 m,分节组成,每节长 4 m,每一集水总管与 40~60 个井点管用软管连结。

抽水设备:主要有真空泵(或射流泵)、离心泵和集水箱等。

（3）平面布置

轻型井点法降低地下水位的全貌见图 6.12。

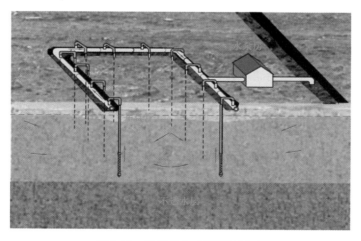

图 6.12　轻型井点法降低地下水

井点系统的平面布置由基坑的平面形状、大小、要求降深、地下水流向和地层岩性等因素决定,可布成环形、U 形或线形等。

当基坑宽度大于 2 倍抽水影响半径时,可在基坑中间加一排线形井点。

当基坑宽度小于 2 倍抽水影响半径时,可沿基坑外缘 0.5~1.0 m 布置井点,过小易发生漏气现象。

当基坑宽度较窄(≤2.5 m),要求降深较小(≤4.5 m),可只在地下水的上游一侧布置一排井点,二端延伸长度一般以不小于坑宽为宜。若要求降深较大或土质不好(如粉细砂等),则沿基坑两侧布置井点。

井点间距可根据土质情况和要求的降水深度而定,或通过现场试验及地区经验确定。一般为 0.8~1.6 m,以 1.2 m 者最多。

(4)井点级数确定

当要求降深不超过 5 m 时用单排井点,如图 6.13 所示;当降深要求大于 5 m 时用二级或多级井点,如图 6.14 所示。

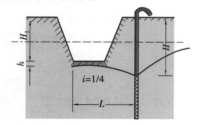

图 6.13　单排井点布置

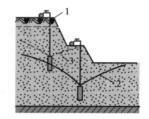

1—地下水静止水位线;
2—从第二级井点抽水时地下水位的降落曲线;
3—从第一级井点抽水时地下水位的降落曲线

图 6.14　二级轻型井点系统的布置

(5)井点管埋设方法

水冲法:利用高压水冲开泥土,井管靠自重下沉。在砂土中压力为 4~5 kgf/cm²(1 kgf = 98.067 kPa);在黏性土中压力为 6~7 kgf/cm²。冲孔直径一般为 30 cm,冲孔深度宜比滤水管底深 0.5 m 左右。

钻孔法:适用于坚硬土层或井点紧靠建筑物的情况。当土层较软时,可用长螺旋钻成孔。井点管下沉达设计标高后,在管与孔壁之间用粗砂、砾砂填实,作为过滤层。距地表 1 m 左右的深度内,改用黏土封口捣实,然后用软管分别连在集水总管上。

(6)井点管埋置深度(不包括滤水管长)

井点管埋深 H 可按下式计算:

$$H \geqslant H_1 + h + Li \tag{6.19}$$

式中　H_1——基坑深度,m;

　　　h——基坑底面至降低后的地下水位距离,一般取 0.5~1.0 m;

　　　i——降落漏斗水力梯度,环形井点可取 1/10,单排井点可取 1/4;

　　　L——井点管至基坑中心或基坑远边的距离,m。

3)深井降水

深井降水适用于涌水量很大、水速很快的砂土、砂砾层基坑降水。设置方法是先用钻机打一个孔,孔深一般大于设计降水面以下 1.0 m 左右,然后预埋深井管。深井管一般采用硬塑料波纹管,直径 $\phi 200 \sim \phi 500$ mm,管子在含水层地段打孔并包扎滤网,管子埋好后将管四周土填好。基坑开挖时用深井泵在管内抽水,如图 6.15 所示。一般也要 24 h 不间断抽水。要注意降水漏斗对周边环境沉降的影响。

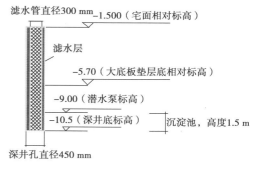

图 6.15　深井降水

本章小结

(1)地下水是埋藏和运移在地表以下土层及岩石空隙中的水。地下水根据其埋藏条件,可划分为包气带水、潜水和承压水。根据含水层的空隙性质,地下水可分为孔隙水、裂隙水和岩溶水三类。另外按结合方式地下水分为结合水和非结合水(液态水、气态水和固态水)。

(2)地下水的物理性质主要包括温度、颜色、透明度或浑浊度、气味、味道、密度、导电性和放射性等。

(3)地下水中含有数十种离子成分,常见的阳离子主要有:H^+,Na^+,K^+,NH_4^+,Ca^{2+},Mg^{2+},Fe^{3+} 及 Fe^{2+} 等,阴离子主要有:OH^-,Cl^-,SO_4^{2-},NO_2^-,NO_3^-,HCO_3^-,CO_3^{2-} 及 PO_4^{3-} 等,但一般情况下,在地下水化学成分中占主要地位的是以下 6 种离子:$Na^+(K^+)$,Ca^{2+},Mg^{2+},Cl^-,SO_4^{2-} 及 HCO_3^- 离子。

(4)地下水酸碱度用氢离子浓度或 pH 值来衡量。pH 值是水中氢离子浓度的负对数值,即 $pH = lg[H^+]$。地下水中所含各种离子、分子与化合物(不包括气体)之总和,称为地下水的总矿化度,以 g/L 表示水的矿化程度。根据矿化程度可将水分为淡水、微咸水(低矿化水)、咸水(中等矿化水)、盐水(高矿化水)和卤水五类。地下水中钙镁离子的含量是以硬度来表征的。硬度的大小,可用 mgN/L 或德国度(H°)为单位来表示。

(5)地下水对混凝土的腐蚀类型有结晶类腐蚀、分解类腐蚀和结晶分解复合类腐蚀三类。地下水对钢筋混凝土中钢筋的腐蚀包括破坏钝化膜,氯离子导电作用,形成腐蚀电流,氯离子以及与水泥的作用对钢筋的锈蚀影响等。

(6)提高钢筋混凝土的耐久性措施包括:水泥和骨料材料的选择,掺入高效活性矿物掺料,掺入高效减水剂,掺加防腐剂,建筑混凝土内配钢筋应采用未锈蚀的新钢筋,钢筋出露部分应作防锈处理,建筑用型钢和钢管需要作防腐处理。

(7)地下水在岩土空隙中的运动称为渗流(渗透)。土的渗透性是指土体被水渗透的能力。土中水呈层流运动时,可用 Darcy 渗透定律来求解土体的渗透系数。当土中水呈紊流运动状态时,Darcy 渗透定律就不再适用。

(8)影响无黏性土渗透系数的主要因素是颗粒大小和级配、土体的孔隙比及饱和度、水的黏滞阻力等物理因素。黏性土的渗透系数不但与颗粒大小和级配、土体密度和饱和度等因素有关，而且还受到矿物成分等其他因素影响。

（9）渗透水流作用对土骨架产生的拖曳力称为渗透力。当水力梯度超过一定的界限值后，土中的渗流水流会把部分土体或土颗粒冲出或带走，导致局部土体发生位移。位移达到一定距离，土体将发生失稳破坏，这种现象称为渗透破坏。渗透变形主要有三种形式，即流砂、管涌和潜蚀。

（10）流砂是指松散细颗粒土被地下水饱和后，在动水压力即水头差的作用下，产生砂与水一起悬浮流动的现象。防治流砂的措施包括：人工降低地下水位、边坡加固、基坑底水泥搅拌桩或注浆加固，以及冻结法、化学加固法、加重法等。

（11）管涌是指地基土在渗流作用下，土体中的细颗粒在粗颗粒形成的孔隙中发生移动并被带出，逐渐形成管状渗流通道而造成水土大量涌出破坏的现象。管涌通常需要有上下两头水位差。防止管涌最常用的方法与防止流砂的方法类似，主要采取降低水力梯度、设置保护层、打止水帷幕桩止水等措施。

（12）潜蚀是渗透水流在一定的水力梯度下产生较大的动水压力冲刷，带走细小颗粒或溶蚀岩土体，使岩土体中的孔隙逐渐增大形成洞穴，导致地下岩土体结构破坏，从而产生地表裂缝、塌陷等影响建（构）筑物地基稳定的一种地质现象。防止潜蚀的有效措施包括改变渗透水流的水动力条件和改善岩体的性质等。

（13）降低地下水位的人工措施应根据基坑场地的土性、渗透系数、水动力条件和周边环境条件来合理选择。明沟排水一般适用于渗透性差的黏性土地基排水；井点降水常适用于粉砂、砂土地基降水；深井降水适用于涌水量很大、水速很快的砂土、砂砾层基坑降水。要注意降水漏斗对周边环境沉降的影响。

思考题

6.1　地下水按埋藏条件可分为哪三类？包气带水、潜水和承压水各自有哪些特点？

6.2　地下水按含水层空隙性质可分为哪三类？孔隙水、裂隙水和岩溶水各有哪些特点？

6.3　地下水按结合方式可分为哪几类？

6.4　地下水的物理性质包括哪些？地下水中有哪些主要的化学成分？地下水有哪些化学性质？地下水的总矿化度、酸碱度和硬度如何表示？

6.5　地下水对混凝土结构的腐蚀类型有哪几种？地下水对钢筋产生腐蚀的原因是什么？地下水对混凝土和钢筋腐蚀性的评价标准是什么？钢筋混凝土的防护措施有哪些？

6.6　什么是渗流？达西定律的内容、原理和适用范围是什么？渗透系数如何测定？

6.7　渗流常见的破坏类型有哪几种？其破坏的机理是什么？

6.8　什么是流砂？流砂有哪些破坏作用？流砂形成的条件是什么？防止流砂的措施有哪些？

6.9　什么是管涌？管涌有哪些破坏作用？管涌形成的条件是什么？防止管涌的措施有哪些？

6.10　什么是潜蚀？潜蚀形成的条件是什么？防止潜蚀的措施有哪些？

6.11　什么是基坑突涌？基坑突涌产生的条件是什么？

6.12　人工降低地下水位的方法有哪些？

7

土体及其工程性质

　　土是岩石(母岩)在风化作用后,在原地或经搬运作用在异地的各种地质环境下形成的堆积物。土的工程性质与母岩的成分、风化的性质以及搬运沉积的环境条件有着密切的关系,研究土的工程性质就要研究土的成因、矿物成分、结构构造、三相体系以及其组合特征与变化规律。土是一种特殊的变形体材料,它既服从连续介质力学的一般规律,又有其特殊的应力-应变关系和特殊的强度、变形规律,从而形成了土力学不同于一般固体力学的分析和计算方法。

　　土的工程性质指标包括物理性质指标和力学性质指标两类。物理指标是指用于定量描述土的组成、土的干湿、疏密与软硬程度的指标;力学指标主要是用于定量描述土的变形规律、强度规律和渗透规律的指标。不同类型的土,工程性质相差很大,在工程建设中也应该采取不同的处理方法。尤其是一些特殊土如软土、黄土、膨胀土、冻土、红黏土、填土、盐渍土、污染土等有特殊的性质,所以在工程建设时要加以区分,进行适当的处理。

　　本章主要介绍土的地质成因与结构特征、土的工程分类以及特殊土的工程地质特征等内容。

7.1　土的成因与结构

▶　7.1.1　土的成因及特征

　　岩石经过风化(物理风化、化学风化、生物风化)、剥蚀等作用会形成颗粒大小不等的岩石碎块或矿物颗粒,这些岩石碎屑物质在重力作用、流水作用、风力吹扬作用、冰川作用及其他外力作用下被搬运到别处,在适当的条件下沉积成各种类型的土体。

所以土是母岩在风化作用后在原地或经搬运作用在异地的各种地质环境下形成的堆积物。土体按地质成因可分为残积土、坡积土、洪积土、冲积土、淤积土、冰积土和风积土。实际上在土粒被河流等搬运的过程中,颗粒大小、形状及矿物成分进一步变化细分,并在沉积过程中常因沉积分异作用而使土在成分、结构、构造和性质上表现出有规律的变化。第四纪土层具有下列基本特性:

(1)土的分选性

岩石被风化后,有一些残留在原地堆积的称为残积土,基本保留原岩的矿物成分;另外一些大颗粒的搬运到山坡下沉积成为坡积土,多为角砾状,其磨圆度差;粗颗粒的被流水带走在中下游沉积成为洪积土,多为圆砾状,其磨圆度一般;细颗粒的被流水带到更远的下游沉积成为淤积土。

(2)土的碎散性

物理风化是指岩石和土的粗颗粒受风、霜、雨、雪的侵蚀,温度、湿度的变化,不均匀膨胀和收缩,使岩石产生裂隙,崩解为碎块。这种风化作用只改变颗粒的大小与形状,不改变矿物成分。由物理风化生成的多为粗颗粒土,如碎石、卵石、砾石、砂土等,呈松散状态,统称无黏性土。这类土颗粒的矿物成分仍与原来的母岩相同,称为原生矿物。虽然物理风化后的土可以当成只是颗粒大小上量的变化,但是这种量变的积累结果使原来的大块岩体获得了新的性质,变成了碎散的颗粒。颗粒之间存在着大量的孔隙,可以透水和透气。

(3)土的三相体系

化学风化是指岩石碎屑与水、氧气和二氧化碳等物质接触反应而发生的变化,它改变了原来的矿物成分,形成了新的矿物,也称次生矿物。化学风化的作用有:水解作用、水化作用、氧化作用、溶解作用、碳酸化作用等。化学风化的结果,形成十分细微的土颗粒以及大量的可溶性盐类。微细颗粒的表面积很大,具有吸附水分子的能力,具有黏聚力,如黏土、粉质黏土等。因此,自然界的土,一般都是由固体颗粒、水和气体 3 种成分构成。

(4)土的自然变异性

在自然界中,土的各种风化作用时刻都在进行,而且各种风化作用相互交替。由于形成过程的自然条件不同,自然界的土也就多种多样。同一场地,不同深度处土的性质也不一样,即使同一位置的土,其性质也往往随方向而异。例如沉积土往往竖直方向的透水性小,水平方向的透水性大。因此,土是自然界漫长的地质年代内所形成的性质复杂、不均匀、各向异性且随时间不断变化的材料。

(5)土的压缩性

由于各种土的形成地质年代先后次序不同,所以其自重应力、后期固结压力及受到后期地质作用的方式不同,因此各种土均是随时间不断固结的,土的压缩性也是不断变化的。

▶ 7.1.2 土的矿物成分

土的矿物成分主要是根据组成土的固体颗粒及其杂质来划分的,它可分为 3 大类别,即原生矿物、次生矿物和有机质。

1)原生矿物

原生矿物是岩石经物理风化破碎但成分没有发生变化的矿物碎屑。常见的原生矿物有石英、长石、云母、角闪石、辉石、橄榄石、石榴石等。原生矿物的特点是颗粒粗大,物理、化学性质一般比较稳定,所以它们对土的工程性质影响比其他几种矿物要小得多。

2)次生矿物

次生矿物是母岩原有矿物成分发生变化后新生的矿物成分,主要包括黏土矿物,次生 SiO_2。 Al_2O_3 和 Fe_2O_3 等。土中次生 SiO_2 和倍半氧化物 Al_2O_3,Fe_2O_3 等矿物的胶体活动性、亲水性及对土的工程性质影响,一般比次生黏土矿物要小。

次生黏土矿物主要为高岭石、伊里石及蒙脱石 3 个基本组。次生黏土矿物有结晶(片状或纤维状)和非结晶两种。高岭石、伊里石及蒙脱石都属于片状结晶,其原子呈层状排列,基本单元为硅氧四面体(称为硅离子)和铝氢氧八面体(称为铝离子),如图 7.1 所示。硅离子和铝离子分别以硅和铝原子为中心,O 原子核 OH 根位于顶点。由 6 个硅氧四面体的硅离子在一个平面排列,形成一个硅片(硅片底面氧离子被相邻两个硅离子共用);由 4 个铝氢氧八面体的铝离子在一个平面排列,形成一个铝片(每个 OH^- 都被相邻两个铝离子共用)。这类硅片和铝片组合的形式是形成不同黏土矿物的基础。

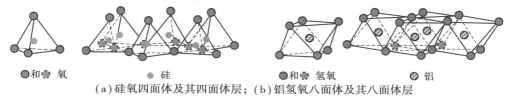

和 氧   硅   和 氢氧   铝
(a)硅氧四面体及其四面体层；(b)铝氢氧八面体及其八面体层

图 7.1 黏土矿物晶格的两种基本结构单元和结构层

(1)高岭石类

高岭石类 $[Si_4Al_4O_{10}(OH)_8]$ 的基本单元(晶胞)为 1:1 组合的二层结构,也就是说,结晶格架的每个晶胞分别是由一个铝氢氧八面体层和硅氧四面体层组成,如图 7.2 所示。其两个相邻晶胞之间以 O^{2-} 和 OH^-(氢键)相互联系,晶格不能自由活动,不允许有水分子进入晶胞之间。因此,它是较为稳定的黏土矿物。它在含有不纯的原子或分子时才具有膨胀性;它在盐分影响下,液限和强度均降低。多水高岭石因其在各片之间有 H_2O 形式的结晶水,其矿物呈圆杆状或扁平的棒状。由于这种棒状矿物在湿化后将起滚珠轴承似的作用,土体将易发生滑动。

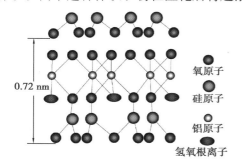
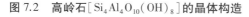

氧原子
硅原子
铝原子
氢氧根离子

0.72 nm

图 7.2 高岭石 $[Si_4Al_4O_{10}(OH)_8]$ 的晶体构造

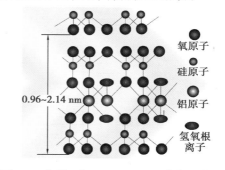

氧原子
硅原子
铝原子
氢氧根离子

0.96~2.14 nm

图 7.3 蒙脱石 $[Si_8Al_4O_{20}(OH)_4]$ 的晶体构造

(2)蒙脱石

蒙脱石类 $[Si_8Al_4O_{20}(OH)_4]$ 的基本单元为 2:1 的三层结构,也就是说结晶格架与高岭石类不同,它的晶胞是由两个硅氧四面体层夹一个铝氢氧八面体层组成,如图 7.3 所示。它的晶胞之间为数层水分子,由联结力很弱的 O^{2-} 分子相互联系,晶格具有异常大的活动性,遇水很不稳定,水分子可无定量地进入晶格之间而使它产生膨胀,其体积可增大数倍。因此它的矿物离子表面常被水包围,具有高塑性和低内摩擦角。脱水后又会显著收缩,并伴有微裂隙产生。

（3）伊利石类

伊利石类[$K(Si_7Al)(Al,Mg,Fe)_{4\sim6}O_{20}(OH)_4$]的基本单元也是2∶1组合的三层结构,所

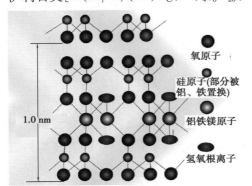

图 7.4　伊利石[$K(Si_7Al)(Al,Mg,Fe)_{4\sim6}O_{20}(OH)_4$]的晶体结构

不同的是其硅氧四面体中的部分 Si^{4+} 离子常被 Al^{3+},Fe^{3+} 所置换,且晶胞之间的结合不是水,而是由 K^+ 或 Na^+ 离子所连接(钾伊利石和钠伊利石),如图 7.4 所示。此外,伊利石的游离原子价较多,且多集中于硅片层内,即距晶格表面较近,所以替换离子在伊利石中的吸附力极为牢固(不像蒙脱石,不仅游离原子价较少,而且多集中于距晶格表面较远的铝片层内),遇水膨胀和失水收缩的性能均不及蒙脱石显著。伊利石的表面呈角状,内摩擦角大。

三种黏土矿物的特性参数见表 7.1。

图中标注：氧原子；硅原子(部分被铝、铁置换)；1.0 nm；铝铁镁原子；氢氧根离子

表 7.1　三种黏土矿物的主要特性

特征指标	矿　物		
	高岭石	伊利石	蒙脱石
长和宽/μm	0.3~3.0	0.1~2.0	0.1~1.0
厚/μm	0.03~0.3	0.01~0.2	0.001~0.001
比表面积/$(m^2 \cdot g^{-1})$	10~20	80~100	800
流限	30~110	60~120	100~900
塑限	25~40	35~60	50~100
胀缩性	小	中	大
渗透性	大($<10^{-5}$cm/s)	中	小($<10^{-10}$cm/s)
强　度	大	中	小
压缩性	小	中	大
活动性	小	中	大

由于黏土矿物是很细小的扁平颗粒,颗粒表面具有很强的与水相互作用的能力,所以表面积越大,与水作用的能力越强。

3）有机质

在自然界的一般土,特别是淤泥质土中,通常都含有一定数量的有机质,当其在黏性土中的质量分数达到或超过 5%(在砂土中的质量分数达到或超过 3%)时,就开始对土的工程性质具有显著的影响。由于胶体腐殖质的存在使土具有高塑性、膨胀性和黏性。所以含有机质的土对

工程建设是不利的。

▶ 7.1.3 土的结构构造

土的结构、构造是其物质成分的连结特点、空间分布和变化形式。土的工程性质及其变化，除取决于其物质成分外，在较大程度上还与诸如土的粒间连结性质和强度、层理特点、裂隙发育程度和方向，以及土质的其他均匀性特征等土体的天然结构和构造因素有关。所以只有研究并查明土的结构和构造特征，才能了解土的工程性质在一定区域内不同方向的变化情况，从而全面地评定相应建筑地区土体的工程性质。

土的结构及构造特征与其形成环境、形成历史以及组成成分等有密切关系。

1）土的结构

（1）土的结构定义与类别划分

在岩土工程中，土的结构是指土颗粒个体本身的特点和颗粒间相互关系的综合特征。具体来说是指：

①土颗粒本身的特点：土颗粒大小、形状和磨圆度及表面性质（粗糙度）等。这些结构特征对粗粒土（如碎石、砾石类土，粗中砂土等）的物理力学性质，如孔隙性与密实度、透水性、强度和压缩性等有重要影响。当组成颗粒小到一定程度时（如对黏性土），以上因素变化对土性质影响不大。

②土颗粒之间的相互关系特点：粒间排列及其连结性质。土的结构可分为两大基本类型：单粒（散粒）结构和集合体（团聚）结构。这两大类不同结构特征的形成和变化取决于土的颗粒组成、矿物成分及所处的环境条件。

（2）单粒结构特征

单粒结构，也称散粒结构，是碎石（卵石）、砾石类土和砂土等无黏性土的基本结构形式，如图 7.5 所示。

（a）原状细砂　　　　　　　　　　　　　（b）放大30倍呈单粒状结构的扫描电镜图

图 7.5 细砂

单粒结构对土的工程性质影响主要在于其松密程度。据此，单粒结构一般分为疏松的和紧密的两种。土粒堆积的松密程度取决于沉积条件和后来的变化作用。

具有单粒结构的碎石土和砂土，虽然孔隙比较小，而孔隙大，透水性强，土粒间一般没有内聚力,但土粒相互依靠支承,内摩擦力大,并且受压力时土体积变化较小。另外,由于这类土的透水性强,孔隙水很容易排出,在荷载作用下压密过程很快。因此,即使原来比较疏松,当建筑物结构封顶时,地基沉降也告完成。所以,对于具有单粒结构的土体,一般情况(静荷载作用)下可以不必担心它的强度和变形问题。

(3)集合体结构特征

集合体结构,也称团聚结构、絮凝结构或易变结构。这类结构为黏性土所特有。

由于黏性土组成颗粒细小,表面能大,颗粒带电,沉积过程中粒间引力大于重力,并形成结合水膜连结,使之在水中不能以单个颗粒沉积下来,而是凝聚成较复杂的集合体进行沉积。这些黏粒集合体呈团状,常称为团聚体,构成黏性土结构的基本单元。具有集合体结构的土体,孔隙度很大(可达50%~98%),土的压缩性大;含水量很大,往往超过50%且压缩过程缓慢;具有大的易变性——不稳定性,对外界条件变化(如加压、震动、干燥、浸湿以及水溶液成分和性质变化等)很敏感,往往使之产生质的变化。

根据其颗粒组成、连结特点及性状的差异性,集合体结构可分为蜂窝状结构和絮状结构两种类型。

①蜂窝状结构:亦称为聚粒结构,是由较粗黏粒和粉粒的单个颗粒之间以面—点、边—点或边—边,受异性电引力和分子引力相连结组合而成的疏松多孔结构。

②絮状结构:亦称为聚粒絮凝结构或二级蜂窝状结构,主要是由更小黏粒连结形成的,是上述蜂窝状的若干聚粒之间,以面—边或边—边连结组合而成的更疏松、孔隙体积更大的结构。如图7.6所示。

(a)原状黏土　　　　　(b)放大2 000倍后的絮状结构扫描电镜图

图7.6　黏土

2)土的构造

土的构造是指土体结构相对均一的土层单元体在空间上的排列方式和组合特征。各土层单元体的分界面称土层层面。土层单元体的形状多为层状、条带状,局部夹有透镜状,所以土层构造主要是层状构造。土层层面形态有平直的、交叉的,也有变化起伏的。由于地质历史的漫长,土层沉积往往是分层沉积的,所以从地面开始越往深处土层地质年代一般越老,如图7.7所示。

不同的土性也有不同的构造,碎石土往往呈粗砂状或似斑状构造,黏土中往往有砂土透镜体夹层等。也就是说,地层剖面中垂直方向地层层位变化较复杂,但水平方向同一层土性状大致相同但层厚有变化。因此,工程地质勘测中往往要多布钻孔才能详细掌握地层变化。

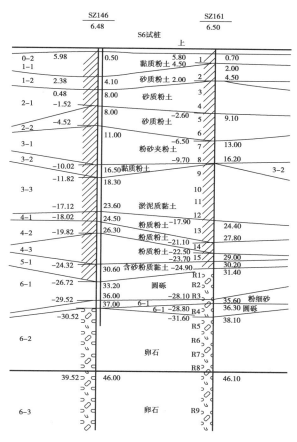

图 7.7　杭州某工地地质剖面图

7.1.4　土的三相关系

土的三相系指土是由土颗粒(固相)、土中水（液相）和土中气(气相)组成的。土的三相组成物质的差异、结构构造不同及形成年代不同等因素必然影响土的工程性状,并在土的含水量、重度、软硬程度、孔隙比、强度、承载能力方面有所反映。下面分别介绍土的三相关系。

1)土的固相

土的固相指的是土中固体颗粒的大小及所构成的骨架,土骨架可以传递有效应力。有效应力 $\sigma' =$ 上覆土层的总应力 $\sigma -$ 孔隙水压力 u。土的固相由各种大小不同的矿物颗粒组成,所以有必要对土颗粒分组。

（1）粒组的划分及特征

粒径（或粒度）:土颗粒直径的大小(单位:mm),可通过筛分时的筛孔孔径和水中下沉的当量球体的直径来确定。

粒组:粒径处于一定范围内的土粒组。

土的粒度成分(或称土的颗粒级配):土中各粒组颗粒的质量分数。颗粒级配良好表示土颗粒大小不均匀。

土的粒径由大到小逐渐变化时,土的工程性质也相应地发生变化。因此,在工程上粒组的划分在于使同一粒组土粒的工程性质相近,而与相邻粒组土粒的性质有明显差别。土粒粒组的划分见表7.2。

表 7.2　土粒粒组的划分

粒组名称		粒径范围/mm	一般特征
漂石或块石颗粒 卵石或碎石颗粒		>200 200~20	透水性很大;无黏性;无毛细作用
圆砾或角砾颗粒	粗 中 细	20~10 10~5 5~2	透水性大;无黏性;毛细水上升高度不超过粒径大小
砂　粒	粗 中 细 极细	2~0.5 0.5~0.25 0.25~0.1 0.1~0.075	易透水;无黏性,无塑性,干燥时松散;毛细水上升高度不大(一般小于1 m)
粉　粒	粗 细	0.075~0.01 0.01~0.005	透水性较弱;湿时稍有黏性(毛细力连结),干燥时松散,饱和时易流动;无塑性和遇水膨胀性;毛细水上升高度大;湿土振动之有水析现象(液化)
黏　粒	很细	<0.005	几乎不透水;湿时有黏性、可塑性,遇水膨胀大,干时收缩显著;毛细水上升高度大,但速度缓慢

从表7.2可以看到,粒组特征如下:

①土颗粒愈细小,与水的作用愈强烈。毛细作用由无到毛细上升高度逐渐增大。

②土颗粒越大,透水性越好。

③黏性土由于结合水与双电层的作用,颗粒越细越易吸水膨胀,具有可塑性和流变性,但黏土基本不透水。

（2）颗粒分析试验

土的颗粒级配需通过土的颗粒大小筛分实验来测定。对于粒径大于0.075 mm粗颗粒用筛分法测定粒组的土质量。试验时将风干、分散的代表性土样通过一套孔径不同的标准筛(例如20,2,0.5,0.25,0.1,0.075 mm)进行分选,分别用天平称重即可确定各粒组颗粒的相对含量。粒径小于0.075 mm的颗粒难以筛分,可用比重计法或移液管法进行粒组相对含量测定。实际上,小土颗粒多为片状或针状,因此粒径并不是这类土粒的实际尺寸,而是它们的水力当量直径(与实际土粒在液体中有相同沉降速度的理想球体的直径)。

颗粒级配曲线法是一种最常用的颗粒分析试验结果的表示方法,它表示土中小于某粒径的颗粒质量占土的总质量百分率与土粒粒径的变化关系。其横坐标表示土粒粒径,采用对数坐标;纵坐标表示小于某粒径颗粒的质量分数。筛分试验所得曲线称为颗粒级配曲线或颗粒级配累积曲线,如图7.8所示。从级配曲线可以直观地判断土中各粒组的含量情况,如果颗粒级配曲线陡峻(曲线 C),表示土粒大小均匀,级配不好;反之,曲线平缓(曲线 B),则表示土粒大小不均匀,级配良好。

有效粒径 d_{10} 指小于某粒径的土粒的质量分数为10%时相对应的粒径指标。d_{10} 之所以被称为有效粒径,是因为它是土中有代表性的粒径,对分析评定土的某些工程性质有一定意义,例如碎石土、砂土等粗粒土的透水性与由有效粒径的土粒构成的均匀土的透水性大致相同,因而可由d_{10}估算土的渗透系数及预测机械潜蚀的可能性等。

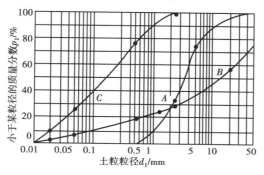

图 7.8　土的颗粒级配曲线

平均粒径d_{50}指小于某粒径的土粒的质量分数为50%时相对应的粒径指标。

限定粒径d_{60}指小于某粒径的土粒的质量分数为60%时相对应的粒径指标。

d_{60}与d_{10}之比值反映颗粒级配的不均匀程度,所以称为不均匀系数C_u:

$$C_u = \frac{d_{60}}{d_{10}} \tag{7.1}$$

C_u愈大,土粒愈不均匀(颗粒级配累积曲线愈平缓),作为填方工程的土料时,则比较容易获得较小的孔隙比(较大的密实度)。工程上把$C_u<5$的土看作是均匀的,$C_u>10$的土则是不均匀的,即级配良好的。

除不均匀系数(C_u)外,还可用曲率系数(C_c)来说明累积曲线的弯曲情况,从而分析评述土粒度成分的组合特征:

$$C_c = \frac{d_{30}^2}{d_{10} \cdot d_{60}} \tag{7.2}$$

式中　d_{10},d_{60}的意义同上,d_{30}为相应累积粒径的质量分数为30%的粒径值。

C_c值为1~3的土级配较好。C_c值小于1或大于3的土,累积曲线都明显弯曲(凹面朝下或朝上)而呈阶梯状,粒度成分不连续,主要由大颗粒和小颗粒组成,缺少中间颗粒。

2)土的液相

土的液相是指存在于土孔隙中的水。通常认为水是中性的,在零度以下时冻结,但实际上土中的水是一种成分非常复杂的电解质水溶液,它和亲水性的矿物颗粒表面有着复杂的物理化学作用。土中水溶液与土颗粒表面及气体有着复杂的相互作用,其作用程度不同,则形成不同性质的土中水,可将土中水分为结合水和非结合水两大类。

土中水 {
　结合水——分强结合水和弱结合水
　(土粒表面结合水)　(吸着水)(薄膜水)
　非结合水 {
　　液态水 { 毛细水(实为半结合水)
　　　　　　重力水(自由水)
　　气态水(水蒸气)
　　固态水(冰)
}

（1）结合水

结合水是指受分子引力、静电引力吸附于土粒表面的土中水,受到表面引力的控制而不服从静水力学规律,其冰点低于零度。结合水又可分为强结合水和弱结合水。

①强结合水(吸着水):强结合水也称吸着水,是牢固地被土粒表面吸附的一层极薄的水层。强结合水在最靠近土颗粒表面处,水分子和水化离子排列得非常紧密,以致其相对密度大于1,并有过冷现象,即温度降到零度以下不发生冻结的现象。由于受土粒表面的强大引力作用,吸着水紧紧地吸附于土粒表面,失去自由活动能力,整齐地排列起来。强结合水厚度很小,一般只有几个水分子层。它的特征是,没有溶解能力,不能传递静水压力,只有吸热变成蒸汽时才能移动,具有极大的黏滞度、弹性和抗剪强度。

②弱结合水(薄膜水):弱结合水是距离土粒表面稍远的水分子,受到土粒的吸引力较弱,有部分活动能力,排列疏松不整齐。弱结合水厚度比强结合水大得多,且变化大,是整个结合水膜的主体,它仍然不能传递静水压力,没有溶解能力,冰点低于 0 ℃。但水膜较厚的弱结合水能向邻近的较薄的水膜缓慢转移。当土中含有较多的弱结合水时,土则具有一定的可塑性。砂土比表面较小,几乎不具可塑性,而黏性土的比表面较大,其可塑性就大。

弱结合水离土粒表面愈远,其受到的静电引力愈小,并逐渐过渡到非结合水。

③土粒表面的双电层结构:双电层结构的第一层是指最靠近土粒表面处,静电引力最强,把水化离子和水分子牢固地吸附在颗粒表面形成的固定层。土粒周围水溶液中的阳离子和水分子,一方面受到土粒所形成电场的静电引力作用,另一方面又受到布朗运动(热运动)的扩散力作用。

双电层结构的第二层是指在固定层外围,静电引力比较小,因此水化离子和水分子的活动性比在固定层中大而形成的扩散层。

固定层和扩散层中所含的阳离子与土粒表面负电荷一起构成双电层(见图7.9)。弱结合水则相当于扩散层中的水。

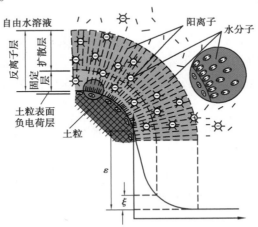

图 7.9 土粒表面双电层、结合水及其所受静电引力变化示意图

从上述双电层的概念可知,反离子层中的结合水分子和交换离子,愈靠近土粒表面,则排列得愈紧密和整齐,即靠近土体表面的强结合水活动性也愈小。因此蒙脱石类黏性土与水作用最强烈,伊利石类次之,高岭石类相对不是很活跃。

（2）非结合水

非结合水为土粒孔隙中超出土粒表面静电引力作用范围的一般液态水。主要受重力作用控制，能传递静水压力和溶解盐分，在温度 0 ℃左右冻结成冰。液态非结合水包括毛细水和重力水。

①毛细水：毛细水是由于毛细作用保持在地下水位附近土的毛细孔隙中的地下水。它分布在结合水的外围，有极微弱的抗剪强度，能传递静水压力，在外力较小的情况下就可以发生显著的流动。毛细水不仅受到重力的作用，还受到表面张力的支配，能沿着土的细孔隙从潜水面上升到一定的高度。这种毛细水上升接近建筑物基础底面时，毛细压力将作为基底附加压力的增值，而增大建筑物的沉降；毛细水上升接近或浸没基础时，在寒冷地区将加剧冻胀作用；毛细水浸润基础或管道时，水中盐分对混凝土和金属材料常具有腐蚀作用。

②重力水：重力水是存在于较粗大孔隙中，具有自由活动能力，在重力作用下流动的水，为普通液态水。重力水流动时，产生动水压力，能冲刷带走土中的细小土粒，这种作用称为机械潜蚀作用。重力水还能溶滤土中的水溶盐，这种作用称为化学潜蚀作用。两种潜蚀作用都将使土的孔隙增大，增大压缩性，降低抗剪强度。同时，地下水面以下饱水的土重及工程结构的重量，因受重力水浮力作用，将相对减小。

3）土的气相

土的气相是指充填在土的孔隙中的气体，包括土中与大气连通的气体和土中密闭的气体两类。与大气连通的气体对土的工程性质没有多大的影响，它的成分与空气相似，当土受到外力作用时，这种气体很快从孔隙中挤出；但是密闭的气体对土的工程性质有很大的影响，密闭气体的成分可能是空气、水汽或天然气。密闭气体很难从土中排除，对土的性质影响较大，使土不易压密、弹性变形量增加等。在压力作用下这种气体可被压缩或溶解于水中，而当压力减小时，气泡会恢复原状或重新游离出来。

7.2 土的工程分类

我国规范对第四纪土按堆积年代、地质成因、颗粒级配进行以下分类。

▶ 7.2.1 土按堆积年代和固结程度分类

1）按堆积年代分类

按堆积年代土可以分为老黏性土、一般黏性土和新近堆积的黏性土。

（1）老黏性土

老黏性土是指第四纪晚更新世（Q_3）及其以前堆积的土。它是一种堆积年代久、工程性质较好的土，一般具有较高强度和较低压缩性，并具有超固结的性质。

（2）一般黏性土

一般黏性土是指第四纪全新世（Q_4 文化期以前）堆积的黏性土。其分布面积广，工程性质变化很大，一般为正常固结土。

（3）新近堆积的黏性土

新近堆积的黏性土是指近期以来堆积的黏性土，大多为欠固结土，强度低。

2）按固结程度分类

按固结程度土可分为正常固结土、超固结土和欠固结土。

（1）正常固结土

目前承受的有效上覆自重压力等于其先期固结压力的土。

（2）超固结土

目前承受的有效上覆自重压力小于其先期固结压力的土。

（3）欠固结土

在目前的上覆自重应力下尚未完全固结的土。

▶ 7.2.2 土按地质成因分类

土按地质成因可分为残积土、坡积土、洪积土、冲积土、淤积土、冰积土和风积土。

（1）残积土

残积土是岩石经风化破碎后残留在原地的一种碎屑堆积物。残积土颗粒未经磨圆或分选，没有层理构造，均质性差，因而土的物理力学性质很不一致，同时多为棱角状的粗颗粒土，其孔隙率较大，作为建筑物地基容易产生不均匀沉降。

残积土

（2）坡积土

坡积土是在重力作用下，高处的风化物被雨水或雪水搬运到较平缓的山坡地带而形成的山坡堆积物。它一般分布在坡腰或坡脚下，其上部与残积土相接。坡积土形成于山坡，故常发生沿下卧基岩倾斜面滑动的现象。另外，坡积土由于组成物质粗细颗粒混杂，土质不均匀，厚度变化大（图7.10）。新近堆积的坡积土，土质疏松，压缩性较高。

坡积土

（3）洪积土

洪积土是由山区暴雨和临时性的洪水作用，在山前形成的堆积物。洪积土常呈现不规则的交错层理构造，如具有夹层、尖灭或透镜体等产状（图7.11）。靠近山地的洪积土颗粒较粗，地下水位埋藏较深，土的承载力一般较高，常为良好的天然地基；离山较远地段颗粒较细，土质均匀、密实，厚度较大，通常也是良好的天然地基。

洪积土

图7.10 坡积土

图7.11 洪积土

（4）冲积土

冲积土是由河流流水作用在平原河谷或山区河谷中形成的沉积物。其特点是呈现明显的层理构造。冲积土具明显的分选性，层理清晰，常为砂与黏性土的交错层理，亦存在砾石层，故常为理想的天然地基。

冲积土

（5）淤积土

淤积土是在静水或缓慢水流环境下所形成的沉积物。包括海相沉积土和湖泊沉积土两大类。常见的淤积土有淤泥和淤泥质土,其特点是含水量很高,孔隙比很大,强度很低。

淤积土

（6）冰积土

冰积土是由冰川和冰水作用所形成的沉积物。一般可分为冰碛、冰湖及冰水沉积 3 种类型。冰碛物主要堆积在冰川的近底部分,颗粒常以砾石为主,夹有砂和黏土,由于受上覆冰层的巨大压力而压实,具有较高的强度,是良好的建筑物地基。冰湖和冰水沉积物,分别是冰湖或融化后的冰川水所形成的堆积物。冰湖沉积的带状黏土,具有明显的层理,但有时含有少量漂石,是一种不均匀地基土。

冰积土

（7）风积土

风积土是风力搬运形成的堆积物。主要包括松散的砂和砂丘,典型的黄土也是风积物的一种。这种土的特征是没有层理,同一地点沉积的物质颗粒大小十分接近。

▶　7.2.3　土按颗粒级配分类

《岩土工程勘察规范》（GB 50021—2001）、《建筑地基基础设计规范》（GB 5007—2011）中,按颗粒级配或塑性指数将土分为碎石土、砂土、粉土和黏性土。

（1）碎石土

碎石土是指粒径大于 2 mm 的颗粒质量超过总质量 50%的土。根据颗粒级配和颗粒形状,碎石土又可分为漂石、块石、卵石、碎石、圆砾和角砾。碎石土分类见表 7.3。

表 7.3　碎石土分类

土的名称	颗粒形状	颗粒级配
漂石 块石	圆形及亚圆形为主 棱角形为主	粒径大于 200 mm 的颗粒、质量超过总质量的 50%
卵石 碎石	圆形及亚圆形为主 棱角形为主	粒径大于 20 mm 的颗粒、质量超过总质量的 50%
圆砾 角砾	圆形及亚圆形为主 棱角形为主	粒径大于 2 mm 的颗粒、质量超过总质量的 50%

注:分类时应根据粒组含量栏从上到下以最先符合者确定。

（2）砂土

砂土是指粒径大于 2 mm 的颗粒质量不超过总质量的 50%、粒径大于 0.075 mm 的颗粒质量超过总质量的 50%的土。根据颗粒级配,砂土又分为砾砂、粗砂、中砂、细砂和粉砂,如表7.4所示。

表 7.4　砂土的分类

土的名称	颗粒级配
砾砂	粒径大于 2 mm 的颗粒质量占总质量的 25%~50%
粗砂	粒径大于 0.5 mm 的颗粒质量超过总质量的 50%
中砂	粒径大于 0.25 mm 的颗粒质量超过总质量的 50%

续表

土的名称	颗粒级配
细砂	粒径大于 0.075 mm 的颗粒质量超过总质量的 85%
粉砂	粒径大于 0.075 mm 的颗粒质量超过总质量的 50%

注:①定名时应根据颗粒级配由大到小以最先符合者确定。
　　②当砂土中,小于 0.075 mm 的土的塑性指数大于 10 时,应冠以"含黏性土"定名,如含黏性土粗砂等。

（3）粉土

粉土是指粒径大于 0.075 mm 的颗粒质量不超过总质量的 50%,且塑性指数小于或等于 10 的土。必要时,可根据颗粒级将粉土配分为砂质粉土（粒径小于 0.005 mm 的颗粒质量不超过总质量的 10%）和黏质粉土（粒径小于 0.005 mm 的颗粒质量等于或超过总质量的 10%）,如表 7.5 所示。

表 7.5　粉土分类

土的名称	颗粒级配
砂质粉土	粒径小于 0.005 mm 的颗粒质量不超过总质量的 10%
黏质粉土	粒径小于 0.005 mm 的颗粒质量超过总质量的 10%

（4）黏性土

黏性土是指塑性指数 I_p 大于 10 的土。根据塑性指数又可分为粉质黏土（$10 < I_p \leqslant 17$）和黏土（$I_p > 17$）。

7.3　无黏性土与黏性土的性状

▶　7.3.1　无黏性土的性状

无黏性土一般指碎石土和砂土,粉土属于砂土和黏性土的过渡类型,但是其物质组成、结构及物理力学性质主要接近砂土（特别是砂质粉土）,故列入无黏性土的性状一并讨论。

决定无黏性土工程性状的主要因素是紧密状态,它综合地反映了无黏性土颗粒的岩石和矿物组成、粒度组成（级配）、颗粒形状和排列等对其工程性质的影响。一般说来,无论在静荷载或动荷载作用下,密实状态的无黏性土与其疏松状态的表现都很不一样。密实者具有较高的强度,结构稳定,压缩性小;而疏松者则强度较低,稳定性差,压缩性较大。因此在岩土工程勘察与评价时,首先要对无黏性土的紧密程度作出判断。无黏性土紧密状态主要受受荷历史、形成环境、颗粒组成和矿物成分等影响。决定无黏性紧密状态的指标主要有孔隙比 e、相对密实度 D_r、标贯击数 N、压缩模量 E_s、地基土极限承载力 f_k 等。

1）孔隙比 e

土的孔隙比是土中孔隙体积与土粒体积之比,即:$e = \dfrac{V_v}{V_s}$。由此可知孔隙比是一个重要的物理性指标,可以用来评价天然砂土的密实程度。一般 $e<0.6$ 的土是密实的低压缩性土, $e>1.0$ 的土是疏松的高压缩性土。

采用天然孔隙比作为砂土紧密状态的分类指标,具体划分标准见表7.6。

表 7.6　按天然孔隙比 e 划分砂土的紧密状态

砂土名称	实　密	中　密	稍　密	疏　松
砾砂、粗砂、中砂	<0.60	0.60~0.75	0.75~0.35	>0.85
细砂、粉砂	<0.70	0.70~0.85	0.85~0.95	>0.95

2)相对密实度 D_r

相对密实度 D_r 定义为:

$$D_r = \frac{e_{max} - e}{e_{max} - e_{min}}$$ (7.3)

式中　e_{max}——砂土最大孔隙比;

$\quad\quad e_{min}$——砂土最小孔隙比;

$\quad\quad e$——砂土的天然孔隙比。

对于不同的砂土,其 e_{min} 与 e_{max} 的测定值是不同的, e_{max} 与 e_{min} 之差(即孔隙比可能变化的范围)也是不一样的。一般粒径较均匀的砂土,其 e_{max} 与 e_{min} 之差较小;对不均匀的砂土,则较大。

从式(7.3)可知,若无黏性土的天然孔隙比 e 接近于 e_{min},即相对密实度 D_r 接近于 1 时,土呈密实状态;当 e 接近于 e_{max} 时,即相对密实度 D_r 接近于 0,则呈松散状态。根据 D_r 值,我国原冶金工业部编制的工程地质规范采用表7.7划分砂土的紧密状态。

表 7.7　按相对密实度划分砂土的紧密状态

紧密状态	D_r
密实	$0.67<D_r\leqslant1$
中密	$0.33<D_r\leqslant0.67$
稍密	$0.2<D_r\leqslant0.33$
松散	$0\leqslant D_r\leqslant0.2$

采用相对密实度 D_r 来评定砂土的紧密状态,需要采取原状砂样,经过土工试验测定砂土天然孔隙比。

3)标贯击数 N

目前国内外,已广泛使用标准贯入试验于现场评定砂土的紧密状态。表7.8为国家标准《岩土工程勘察规范》(GB 50021— 2001)规定,按标准贯入锤击数 N 值划分砂土紧密状态的标准。

表 7.8　按标准贯入锤击数 N 值确定砂土的密实度

密实度	N 值
密　实	$N>30$

续表

密实度	N 值
中　密	$15<N\leqslant30$
稍　密	$10<N\leqslant15$
松　散	$N\leqslant10$

4）压缩模量 E_s

砂土的 E_s 越大，土的压缩性越小。低压缩性土，$E_s>15$ MPa；中压缩性土，4 MPa$<E_s\leqslant$ 15 MPa；高压缩性土，$E_s\leqslant4$ MPa。

5）地基土极限承载力 f_k

地基土极限承载力是指地基土单位面积上所能稳定承受的最大荷载，以 kPa 计。地基土在规范规定的一定允许变形下的地基承载力值称为特征值 f_{ak}，单位为 kPa。砂土的土性越好，砂土的极限承载力越高，地基土的压缩性越小。

► 7.3.2　黏性土的性状

决定黏性土工程性状的主要因素是它的软硬程度。其评价指标有含水量、液性指数和塑性指数、遇水作用的活动性指数、压缩模量 E_s、地基土极限承载力 f_k 和强度特性。

1）界限含水量

黏性土的物理状态因其颗粒很细，与水作用很强烈，内部结构与无黏性土差别很大，因此工程性质也与无黏性土差别很大。影响黏性土性质的主要因素包括：黏性土的含水量、黏性土中所含矿物的胶体活动性、黏性土遇水膨胀和失水收缩的程度、黏性土的耐崩解特性以及黏性土压实的最优含水量等。黏性土的主要特性指标包括黏性土的界限含水量（包括液限 w_L、塑限 w_p 和缩限 w_s）、塑性指数 I_p、液性指数 I_L、活动性指数 A 以及最优含水量 w_{cp} 等。

随着含水量的变化，黏性土由一种稠度状态转变为另一种稠度状态，相应于转变点的含水量称为界限含水量。界限含水量是黏性土的重要特性指标。

如图 7.12 所示：土由可塑状态转到流塑、流动状态的界限含水量称为液限 w_L（也称塑性上限或流限）；土由半固态转到可塑状态的界限含水量称为塑限 w_p（也称塑性下限）；土由半固体状态不断蒸发水分，则体积逐渐缩小，直到体积不再缩小时土的界限含水量称为缩限 w_s，它们都以百分数表示。

图 7.12　黏性土的物理状态与含水量的关系

我国一般用锥式液限仪法来测定土的液限。而塑限的测定在以前一般采用手工滚搓法测定，由于该方法采用手工操作，受人为因素影响较大，试验结果不稳定。后来在锥式液限仪法基础上推出了联合测定法，该方法可同时测定土的液限和塑限。

塑性指数 I_p 是指液限和塑限的差值，用不带百分数符号的数值表示，即：

$$I_p = w_L - w_p \tag{7.4}$$

塑性指数表示土处在可塑状态的含水量变化范围。塑性指数愈大,土处于可塑状态的含水量范围也愈大,可塑性就愈强。

黏性土是指塑性指数 I_p 大于 10 的土。根据塑性指数可细分为粉质黏土($10 < I_p \leqslant 17$)和黏土($I_p > 17$)。粉土是指粒径大于 0.075 mm 的颗粒质量不超过总质量的 50%,且塑性指数小于或等于 10 的土。

液性指数 I_L 是指黏性土的天然含水量和塑限的差值与塑性指数之比,即:

$$I_L = \frac{w - w_p}{w_L - w_p} = \frac{w - w_p}{I_p} \tag{7.5}$$

从式中可见,可以利用液性指数 I_L 来表征黏性土所处的软硬状态(划分为坚硬、硬塑、可塑、软塑及流塑 5 种),其划分标准见表 7.9。可见液性指数 I_L 值愈大,土质愈软;I_L 值愈小,土质愈硬。

表 7.9 黏性土的状态

状 态	坚 硬	硬 塑	可 塑	软 塑	流 塑
液性指数 I_L	$I_L \leqslant 0$	$0 < I_L \leqslant 0.25$	$0.25 < I_L \leqslant 0.75$	$0.75 < I_L \leqslant 1.0$	$I_L > 1.0$

2)活动性指数

由于实际中可能有两种土的塑性指数相接近,但性质却有很大的差异的情况,只根据塑性指数可能很难区别。

土的活动性指数 A 是衡量黏土矿物胶体活动性的指标。它等于塑性指数 I_p 与黏粒(粒径 < 2 mm 的颗粒)的质量分数的比值,即:

$$A = \frac{I_p}{m} \tag{7.6}$$

式中 m——粒径小于 0.002 mm 的颗粒的质量分数。

表 7.10 为不同黏土矿物的活动性指数 A 的近似值。

黏性土的活动性指数值反映了土中黏粒部分主要矿物成分的单位(每 1%)黏粒含量所具有的胶体活动性大小,和土中黏粒部分高活动性矿物所占的比例。

在实际工程中,按活动性指数 A 的大小,可把黏性土划分为:$A \leqslant 0.75$,不活动性黏性土;$0.75 < A \leqslant 1.25$,正常黏性土;$A > 1.25$,活动性黏性土。

此外,黏性土还有遇水膨胀、失水收缩的特性以及遇水崩解的特性。黏性土的膨胀、收缩和崩解特性除可能使建筑物地基产生不均匀胀缩变形外,对建筑基坑、路堤、路堑及新开挖的河道岸边等工程边坡的稳定性,都有极重要的影响。

表 7.10 黏土矿物的活动性指数 A

黏土矿物类别	活动性指数 A
蒙脱石	1.2 ~ 7
伊利石	0.5 ~ 1
高岭石	0.3 ~ 0.5
水化埃洛石	0.5 ~ 1
水铝英石	0.5 ~ 1.2

3）灵敏度与触变性

软黏性土灵敏度 S_r 是指原状黏性土试样无侧限抗压强度 q_u 与含水量不变时该土的重塑试样无侧限抗压强度 q_u' 之比，即 $S_r = q_u/q_u'$。$4 < S_r$ 为高灵敏度的土，$2 < S_r \leqslant 4$ 为中灵敏度土，$1 < S_r \leqslant 2$ 为低灵敏度土。

土的触变性是指黏性土受到扰动作用导致结构破坏、强度部分丧失；当扰动停止后又因静置使其强度逐渐恢复的性质。

4）压缩模量 E_s

黏性土 E_s 越大，土的压缩性越小。低压缩性土，$E_s > 15$ MPa；中压缩性土，4 MPa $< E_s \leqslant 15$ MPa；高压缩性土，$E_s \leqslant 4$ MPa。

5）地基土极限承载力 f_k

地基土极限承载力是指地基土单位面积上所能稳定承受的最大荷载，以 kPa 计。地基土在规范规定的一定允许变形下的地基承载力值称为特征值 f_{ak}，单位 kPa。黏性土的土性越好，黏性土的极限承载力越高，地基土的压缩性越小。

7.4　特殊土的工程地质特征

不同的地质条件、地理环境和气候条件造成了不同区域的工程性质各异的土质。有些土类，由于形成条件及次生变化等原因而具有与一般土类显著不同的特殊工程性质，称其为特殊土。特殊土的性质都表现出一定的区域性，有其特殊的规律，在工程上应充分考虑其特殊性，采取相应的治理措施，否则很容易造成工程事故。

▶　7.4.1　软　土

软土是静水或缓慢流水环境中沉积的以细颗粒为主的第四纪沉积物，软土可细分为软黏性土、淤泥质土、淤泥、泥炭质土和泥炭等。它具有天然含水量高、

软土

压缩性大、承载力低和抗剪强度很低的特性。我国软土分布广泛，主要位于沿海平原地带、内陆湖盆、洼地及河流两岸地区。我国软土成因类型主要有：沿海沉积型（滨海相、泻湖相、溺谷相、三角洲相）、内陆湖盆沉积型、河滩沉积型、沼泽沉积型。

1）软土的物理性质

通常在软土形成过程中有生物化学作用参与，这是因为在软土沉积环境中生长有喜湿植物，植物死亡后遗体埋在沉积物中，在缺氧条件下分解，参与软土的形成。我国软土有下列特征：

①软土的颜色多为灰绿、灰黑色，手摸有滑腻感，能染指，有机质含量高时有腥臭味。

②软土的颗粒成分主要为黏粒及粉粒，黏粒的质量分数高达 $60\% \sim 70\%$。

③软土的矿物成分，除粉粒中的石英、长石、云母外，黏土矿物主要是伊利石，高岭石次之，此外软土中常有一定量的有机质，其质量分数可高达 $8\% \sim 9\%$。

④软土具有典型的海绵状或蜂窝状结构,其孔隙比大,含水量高,透水性小,压缩性大,是软土强度低的重要原因。

⑤软土具层理构造,软土、薄层粉砂、泥炭层等相互交替沉积,或呈透镜体相间沉积,形成性质复杂的土体。

⑥淤泥质土的孔隙比 e 大于 1,小于 1.5;淤泥孔隙比大于 1.5;泥炭土的含水量有可能大于 100%。

2)软土的工程性质

软土的工程特性主要有高含水量、高孔隙性、低渗透性、压缩性大、抗剪强度低并有较显著的触变性和蠕变性,具体见表 7.11。软土的性质表现为浅基础的建构筑物的沉降大(不但竣工时有沉降,而且还有后期沉降),稳定性差。所以在软土地基上建设工程项目都需进行地基处理。

表 7.11　软土的工程特性及处理措施

软土的特点	工程性状	处理措施
高含水量	软土的天然含水量一般为 50%~70%,沿海湖泊泥炭土有时高达 200%,其饱和度一般大于 85%。软土的高含水量特征是决定其压缩性和抗剪强度的重要因素	(1)处理措施总体上要根据软土高含水量、压缩性大、强度低且有蠕变性和触变性的特点来设计处理方案,控制变形并保证建构筑物的长久安全。 (2)软土中建设多层以上建筑物及大型构筑物一般采用桩基础。 (3)软土上建造高速铁路桥梁一般采用刚性桩基础。高速铁路路基一般采用刚柔复合桩基础或 CFG 桩基础。 (4)软土中建设公路路基可采用刚性桩承式路基或采用柔性水泥搅拌桩或采用堆载预压排水固结处理路基。 (5)软土中建设大型堆场一般采用排水固结法、强夯法等复合地基处理或采用桩基处理。 (6)软土中基坑开挖边坡加固围护设计方案可视开挖深度采用注浆锚杆加固或排桩加支撑加固或地下连续墙加支撑等方式来处理。 (7)软土中抗浮基础一般采用抗拔桩来实现。 (8)软土中抗水平力基础一般采用抗水平桩来实现。
高孔隙性	天然孔隙比为 1~2,最大达 3~4。软土的高孔隙性特征是决定其压缩性和抗剪强度的重要因素	
渗透性低	软土的渗透系数一般在 $1×10^{-8}$~$1×10^{-4}$ cm,通常水平向的渗透系数较垂直方向要大得多。由于该类土渗透系数小,含水量大且呈饱和状态,使得土体的固结过程非常缓慢,其强度增长的过程也非常缓慢	
压缩性高	软土的压缩系数 a_{1-2} 一般为 0.7~1.5 MPa^{-1},最大达 4.5 MPa^{-1},因此软土都属于高压缩性土。而且具有变形大而不均匀,变形稳定历时长的特点,软土具有排水固结压缩的特性	
抗剪强度低	软土的抗剪强度很低,同时与加荷速度及排水固结条件密切相关。要提高软土地基的强度,必须控制施工时的加荷速率	
触变性	软土的触变性是指在打桩等扰动时土的强度显著降低,但过一段休止期后其强度又慢慢恢复的特性。软土触变性是由于土的结构性引起的,触变性可用土的灵敏度来反映,灵敏度是指原状土的强度与扰动土强度的比值。灵敏度大于 4 的土是高灵敏度的土,2~4 为中灵敏度土,1~2 为低灵敏度土。灵敏度越高,土的触变性越大,造成的危害也越大	
蠕变性	软土的蠕变性是指软土在长期恒定应力作用下变形随时间增加而增加的一个过程。软土在主固结沉降完成之后,还可能继续产生可观的次固结沉降,给高速公路路基造成危害	

黄土

▶ 7.4.2 黄 土

黄土是以粉粒为主,含碳酸盐,具大孔隙,质地均一,无明显层理而有显著垂直节理的黄色陆相沉积物。

1)黄土的物理性质

典型黄土具备以下特征:

①颜色为淡黄、褐黄或灰黄色。

②以粉土颗粒(0.075~0.005 mm)为主,占总质量的60%~70%。

③土粒密度在2.54~2.84 g/cm³,黄土的密度为1.5~1.8 g/cm³,干密度为1.3~1.6 g/cm³。干密度反映了黄土的密实程度,干密度小于1.5 g/cm³的黄土具有湿陷性。

④黄土天然含水量一般较低。含水量与湿陷性有一定关系。含水量低,湿陷性强,含水量增加,湿陷性减弱,当含水量超过25%时就不再湿陷了。

⑤含各种可溶盐,主要富含碳酸钙,其质量分数达10%~30%,对黄土颗粒有一定的胶结作用,常以钙质结核的形式存在,又称姜石。

⑥结构疏松,孔隙多且大,孔隙度达33%~64%,有肉眼可见的大孔隙、虫孔、植物根孔等。

⑦无层理,具柱状节理和垂直节理,天然条件下稳定边坡近直立。

⑧具有湿陷性。

我国黄土分布面积约 6.4×10^5 km²,主要分布于西北、华北和东北等干旱少雨地区。黄土按生成过程及特征可划分为风积、坡积、残积、洪积、冲积等类型,其成因与分布见表7.12。

表7.12 黄土的成因与分布

成 因	分 布
风积黄土	分布在黄土高原平坦的顶部和山坡上,厚度大,质地均匀,无层理
坡积黄土	多分布在山坡坡脚及斜坡上,厚度不均,基岩出露区常夹有基岩碎屑
残积黄土	多分布在基岩山地上部,由表层黄土及基岩风化而成
洪积黄土	主要分布在山前沟口地带,一般有不规则的层理,厚度不大
冲积黄土	主要分布在大河的阶地上,如黄河及其支流的阶地上。阶地越高,黄土厚度越大,有明显层理,常夹有粉砂、黏土、砂卵石等,大河阶地下部常有厚数米及数十米的砂卵石层

2)黄土的工程性质

黄土的工程特性见表7.13。在湿陷性黄土地基上进行建筑时,必须弄清地基的湿陷类型和湿陷程度。对于非自重湿陷性黄土地基,设计时可将建筑物的荷载与上覆土重之和控制在湿陷起始压力以内,这样可以使建筑物地基遇水时不致产生湿陷。当湿陷起始压力过小而难以满足上述要求时,或者在自重湿陷性黄土地基上进行建筑时,则要根据建筑物的重要性和地基的湿陷等级采取相应的地基处理、防水和结构等措施。

表 7.13　黄土的工程特性及处理措施

黄土的特点	工程性状	处理措施
黄土的颗粒成分	黄土中粉粒的质量分数占 60%～70%，其次是砂粒和黏粒，各占 1%～29% 和 8%～26%。我国从西向东，由北向南黄土颗粒有明显变细的分布规律。陇西和陕北地区黄土的砂粒含量大于黏粒，而豫西地区黏粒含量大于砂粒。黏土颗粒的质量分数大于 20% 的黄土，湿陷性明显减小或无湿陷性。因此，陇西和陕北黄土的湿陷性通常大于豫西黄土，这是由于均匀分布在黄土骨架中的黏土颗粒起胶结作用，湿陷性减小	（1）处理全部湿陷性土层，一般采用桩基将建筑物的荷重支撑在下部非湿陷性土层的地基上，这种方法适用于重要的建筑物或湿陷性黄土层较薄的场地。 （2）处理一定深度内湿陷性土层，采用夯、压、挤密或换土的方法消除一定深度内土层的湿陷性，使剩余的湿陷量达到不致危害建筑物安全使用的程度。 （3）防止或减少建筑物地基受水浸湿的防护措施。如使贮水构筑物和输水管道离开建筑物一定距离，以免漏水殃及建筑物地基，或增设防止漏水和检查漏水的专门设施等。 （4）减少建筑物不均匀沉降和使建筑物能适应地基局部湿陷变形的措施，如选用适宜的上部结构和基础形式，以加强结构的整体性和空间刚度，使构件连接处有足够的支承长度，以及使建筑物预留适应地基变形的净空以减少局部湿陷所造成的危害等。 此外，黄土地区常常有天然或人工洞穴，由于这些洞穴的存在和不断发展扩大，往往引起上覆建筑物突然塌陷，称为陷穴。黄土陷穴的发展主要是由于黄土湿陷和地下水的潜蚀作用造成的。为了及时整治黄土洞穴，必须查清黄土洞穴的位置、形状及大小，然后有针对性地采取有效整治措施。
压缩性	我国湿陷性黄土的压缩系数为 0.1～1.0 MPa^{-1}。Q2 和 Q3 早期的黄土，其压缩性多为中等偏低，或低压缩性；而 Q3 晚期和 Q4 的黄土，多为中等偏高压缩性。新近堆积黄土一般具有高压缩性，且其峰值往往在压力不到 200 kPa 时出现，压缩系数最大值达 1.0～2.0 MPa^{-1}	
抗剪强度	一般黄土的内摩擦角 $\varphi = 15°～25°$，黏聚力 $C = 30～40$ kPa，抗剪强度中等	
黄土的湿陷性	黄土在一定压力作用下受水浸湿后，结构迅速破坏而产生显著附加沉陷的性能，称为湿陷性。当湿陷系数 δ_s 值小于 0.015 时，应定为非湿陷性黄土；当湿陷系数 δ_s 值等于或大于 0.015 时，应定为湿陷性黄土。 当 $0.015 \leq \delta_s \leq 0.03$ 时，湿陷性轻微； 当 $0.03 \leq \delta_s \leq 0.07$ 时，湿陷性中等； 当 $\delta_s > 0.07$ 时，湿陷性强烈	

▶ 7.4.3　膨胀土

膨胀土是指含有大量亲水黏土矿物，湿度变化时体积会发生较大变化，膨胀变形受约束时其内部会产生较大内应力的高塑性土。其黏土矿物主要是蒙脱石和伊利石，二者吸水后强烈膨胀，失水后收缩，长期反复多次胀缩，强度衰减，可能导致工程建筑物开裂、下沉、失稳破坏。膨胀土在我国有着广泛的分布，至今先后发现膨胀土的省区达 20 多个，尤其在北京—西安—成都一线东南、杭州—广西一线西北，这一北东至南西向的广大区域内，分布最为普遍。膨胀土的地质成因多以残积、坡积、冲积、洪积、湖积为主，一般位于盆地内垅岗，山前丘陵地带和二、三级阶地。

膨胀土

1)膨胀土的物理性质

膨胀土多为灰白、棕黄、棕红、褐色等,颗粒成分以黏粒为主,其质量分数在35%~50%以上,粉粒次之,砂粒很少。黏粒的矿物成分多为蒙脱石和伊利石,这些黏土颗粒比表面积大,有较强的表面能,在水溶液中吸引极性水分子和水中离子,呈强亲水性。

天然状态下,膨胀土结构紧密,孔隙比小,干密度达 1.6~1.8 g/cm³,塑性指数为 18~23,天然含水量接近塑限,一般为 18%~26%,土体处于坚硬或硬塑状态,有时被误认为良好地基。

2)膨胀土的工程性质

膨胀土在与水相互作用中,随含水量增加,体积显著增大,即明显表现出不同程度的膨胀变形,同时也相应地产生膨胀压力。土体的不均匀膨胀变形和膨胀压力常使建筑物发生变形其至破坏。上覆土层的自重压力和建筑物的附加荷载对其膨胀变形有抑制作用,膨胀变形量随其所承受的上部压力的增大而减小。当土中含水量减少时,土的体积也随之减小,即出现收缩。土体不均匀收缩变形和收缩时产生的裂隙,同样也可导致建筑物的损坏。当膨胀土的含水量剧烈增大或土的原状结构被扰动时,土体强度会骤然降低,压缩性增高。膨胀土的工程特性见表7.14。

表 7.14 膨胀土的工程特性及处理措施

膨胀土的特点	工程性状	处理措施
高塑性	高塑性是膨胀土的明显特性,其液限一般均大于40%,塑限为17%~35%,塑性指数为16~33。膨胀土的天然含水率通常为20%左右,常处于硬塑或坚硬状态,强度高,黏聚力大,摩擦角亦普遍偏高,压缩性属中偏低,故常被误认为良好的天然地基	膨胀土地基的防治措施主要有防水保湿措施和地基土改良措施。 (1)防水保湿措施 防止地表水下渗和土中水分蒸发,保持地基土湿度稳定,控制胀缩变形。在建筑物周围设置散水坡,设水平和垂直隔水层;加强上下水管道防漏措施及热力管道隔热措施;建筑物周围合理绿化,防止植物根系吸水造成地基土不均匀收缩;选择合理的施工方法,基坑不宜暴晒或浸泡,应及时处理夯实。 (2)地基土改良措施 地基土改良的目的是消除或减少土的胀缩性,常采用: ①换土法,挖除膨胀土,换填砂、砾石等非膨胀性土; ②压入石灰水法,石灰与水相互作用产生氢氧化钙,吸收周围水分,氢氧化钙与二氧化碳形成碳酸钙,起胶结土粒的作用; ③钙离子与土粒表面阳离子进行离子交换,使水膜变薄脱水,使土的强度和抗水性提高膨胀土的胀缩性对建构筑物的沉降和稳定性影响很大。所以在膨胀土地基上建设重大工程项目一般都需进行膨胀性试验
裂隙发育	膨胀土中裂隙发育,是不同于其他土的典型特征,膨胀土裂隙可分为原生裂隙和次生裂隙两类。原生裂隙多闭合,裂面光滑,常有蜡状光泽;次生裂隙以风化裂隙为主,在水的淋滤作用下,裂面附近蒙脱石含量增高,呈白色,构成膨胀土中的软弱面。膨胀土边坡失稳滑动常沿着灰白色软弱面发生	
抗剪强度和弹性模量	天然状态下膨胀土的抗剪强度和弹性模量比较高,但遇水后强度显著降低,黏聚力一般小于 0.05 MPa。有的黏聚力接近于零,内摩擦角从几度到几十度	
超固结性	超固结性是指膨胀土在历史上曾受到过比现在的上覆自重压力更大的压力,因而孔隙比小,压缩性低,一旦被开挖外露,卸载回弹,产生裂隙,遇水膨胀,强度降低,造成破坏	

冻土

▶ 7.4.4　冻　土

冻土是指温度低于 0 ℃时,土中的液态水冻结成冰,形成一种具有特殊联结的土。冻土可分为多年冻土和季节冻土。多年冻土是冻结状态持续三年以上的土。季节冻土是随季节变化周期性冻结融化的土。温度升高,土中的冰融化,则称融土,此时其含水率较冻前提高很多。冻结时,土体体积膨胀,地基隆起,但冻土的强度高,压缩性很低。融化时,土体体积缩小,强度急剧降低而压缩性提高。我国季节冻土主要分布在华北、东北、西北和西南高山区;多年冻土主要分布在大兴安岭北部、青藏高原和新疆高山地区。

1)冻土的物理性质

土的冻胀是土中水凝结成冰以及水在此过程中迁移富集的结果。土的冻胀程度一般用冻胀率 η 表示,它是冻胀变形量与冻结深度之比。它除与气温有关外,还受土的粒度成分、冻前含水率以及地下水位埋深的影响。在其他条件相同时,粗粒土的冻前含水率一般较小,或者冻结过程中无地下水不断补给,土的冻胀程度则较低。按照冻胀率可将冻土划分为四级,不冻胀的($\eta < 1\%$)、弱冻胀的($\eta = 1.0\% \sim 3.5\%$)、冻胀的($\eta = 3.5\% \sim 6.0\%$)和强冻胀的($\eta > 6.0\%$)。

土的融化使土体体积减小而产生沉降,称为融沉。融沉程度用融沉系数 A_0 表示,为融化后土体的沉陷变形与融化层厚度之比。它与冻土层内冰的发育程度有关。由于在不同粒度的土中冰的发育情况和总含水量的差别很大,从而其融沉性也有较大差异。按照融沉系数可将其分为四级:不融沉的、弱融沉的($A_0 < 0.02$)、中融沉的($A_0 = 0.02 \sim 0.06$)、强融沉的($A_0 > 0.06$)。

2)冻土的工程性质

冻土地区危及建筑物的地质作用,首推冻胀和融沉,道路冻胀和道路翻浆是常见实例。在季节冻土区,冻胀危害是主要的,道路翻浆(融沉)危害也很大。多年冻土的危害则主要是融沉。

冻土的工程地质问题及处理措施见下表 7.15。

表 7.15　冻土的工程地质问题及处理措施

冻土的工程地质问题	工程性状	处理措施
道路边坡及基底稳定问题	在融沉性多年冻土区开挖道路路堑,将使多年冻土上限下降,由于融沉可能产生基底下沉,边坡滑塌;如果修筑路堤,则多年冻土上限上升,路堤内形成冻土结核,发生冻胀变形,融化后路堤外部沿冻土上限发生局部滑塌	冻土病害的防治措施主要包括排水、保温和改善土的性质等措施。 (1)排水:水是影响冻胀融沉的重要因素,必须严格控制土中的水分。可在地面设置一系列排水沟、排水管,用以拦截地表周围流向建筑物地基的水,防止这些地表水渗入地下产生冻胀。也可人工降低地下水位。 (2)保温:应用各种保温隔热材料,减少地基土温度与外界温度的温差,最大限度地防止温差冻胀融沉。如在路基的底部和铺设通风路基和边坡上覆盖保温膜及电保温棒,都有使多年冻土保持稳定的功效。 (3)换填土:用粗砂、砾石、卵石等不冻胀土代替天然地基的细颗粒冻土,是最常采用的防治冻害的措施。
建筑物地基问题	桥梁、房屋等建筑物地基的主要工程地质问题包括冻胀、融沉及长期荷载作用下的流变,以及人为活动引起的热融下沉等问题	

续表

冻土的工程地质问题	工程性状	处理措施
冰丘和冰锥	多年冻土区的冰丘、冰锥和季节冻土区类似,但规模更大,而且可能延续数年不融。它们对工程建筑有严重危害,基坑工程和路堑应尽量绕避	(4)物理化学法:在土中加某种化学物质,使土粒、水与化学物质相互作用,降低土中水的冰点,使水分转移受到影响,从而削弱和防止土的冻胀。 (5)严重冻胀地区采用桩基减少冻胀。如青藏铁路高架桥大面积采用桩基础防冻胀与减少沉降

▶ ## 7.4.5 红黏土

红黏土

红黏土是指出露的碳酸盐类岩石,经风化作用后形成的具有棕红、褐黄等色,且液限等于或大于 50% 的高塑性黏土。红黏土经搬运、沉积后仍保留其基本特征,且液限大于 45% 的土,称为次生红黏土,在相同物理指标情况下,其力学性能低于红黏土。

红黏土的形成,一般具备气候和岩性两个条件。气候条件是四季气候变化大,年降水量大于蒸发量,潮湿的气候有利于岩石的机械风化和化学风化;岩性条件是主要为碳酸盐类岩石,且岩石破碎,更易风化成红黏土。红黏土主要成因为残积、坡积、洪积类型,其主要分布在多雨的山区或丘陵地带,是一种区域性的特殊性土。红黏土及次生红黏土广泛分布于我国的云贵高原、四川东部、广西、粤北及鄂西、湘西等地区的低山丘陵地带顶部,以及山间盆地、洼地、缓坡及坡脚地段。

1)红黏土的物理性质

红黏土的粒度成分中,小于 0.005 mm 的黏粒的质量分数为 60%~80%,其中小于0.002 mm 的胶粒的质量分数为 40%~70%,使红黏土具有高分散性。红黏土的主要矿物成分为高岭石、伊利石、绿泥石,是碳酸盐类以及其他类岩石的风化后期产物。黏土矿物具有稳定的结晶格架,细粒组结成稳固的团粒结构,土体近于两相系且土中水多为结合水,所有这些都是决定红黏土具有良好力学性能的基本因素。

红黏土的物理力学性质主要有:高水量,其天然的含水量一般为 40%~60%,有的高达 90%;高孔隙比,天然孔隙比一般为 1.4~1.7,最高 2.0;高饱和度;高塑性界限,液限一般为 60%~80%,最高达 110%;塑限一般为 40%~60%,最高达 90%;塑性指数一般为 20~50。由于塑限很高,红黏土一般仍处于坚硬或硬塑状态,且具有较高的力学强度和较低的压缩性。但各种指标的变化幅度很大,具有高分散性。

2)红黏土的工程性质

红黏土的工程特性及处理措施见表 7.16。

表 7.16 红黏土的工程特性及处理措施

红黏土的特点	工程性状	处理措施
裂隙性	处于坚硬和硬塑状态的红黏土层,由于胀缩作用形成了大量裂隙。裂隙发育深度一般为 3~4 m,已见最深者达 6.0 m。裂隙面光滑,有的带擦痕,有的被铁锰质浸染,裂隙的发生和发展速度极快,在干旱条件下,新挖坡面数日内便可被收缩裂隙切割得支离破碎,使地面水易侵入,土的抗剪强度降低,常造成边坡变形和失稳	(1)充分利用红黏土上部坚硬或硬塑状态的土层作持力层; (2)对石芽密布的地基可将基础直置于其上;对石芽出露的地基,可作衬垫; (3)对基础下红黏土厚度变化较大的地基,可进行换填,以达到基础的均匀沉降; (4)对裂隙发育的红黏土地区的重要工程要采用桩基础
胀缩性	有些地区的红黏土具有一定的胀缩性。由于红黏土的胀缩变形,致使一些单层(少数为 2~3 层)民用建筑物和少数热工建筑物出现开裂破坏。红黏土的胀缩性能表现为以缩为主,即在天然状态下膨胀量微小,收缩量较大。经收缩后的土试样浸水后,可产生较大的膨胀量	
红黏土的透水性	红黏土的透水性微弱,其中的地下水多为裂隙性潜水和上层滞水,它的补给来源主要是大气降水,基岩岩溶裂隙水和地表水体,水量一般均很小。在地势低洼地段的土层裂隙中或软塑、流塑状态土层中可见土中水,水量不大,且不具统一水位。红黏土层中的地下水水质属重碳酸钙型水,对混凝土一般不具腐蚀性	
分散性	同一场地的红黏土由于裂隙发育程度不同,压缩性和强度指标变化较大	

▶ 7.4.6 填 土

填土是由于人为堆填、倾倒以及自然力的搬运而形成的处于地表面的土层。

1)填土的物理性质

填土的结构往往疏松,颜色根据填充物的材料而定,孔隙往往较大,软土中的填土含水量往往较高。填土的厚度往往不均匀。

填土

填土可划分为素填土、杂填土和冲填土 3 类。

(1)素填土

素填土的物质组成主要为碎石、砂土、粉土和黏性土,不含杂质或杂质很少。按其组成成分的不同,分为碎石素填土、砂性素填土、粉性素填土和黏性素填土。素填土经分层压实者,称为压实填土。塘渣是属于具有大小不等一定级配的人工填土,常用于建筑场地平整填土。

(2)杂填土

杂填土为含有大量杂物的填土。根据其组成物质成分和特征的不同分为:建筑垃圾土、工业废料土和生活垃圾土等。

(3)冲填土

冲填土亦称吹填土,是指利用专门设备(常用挖泥船和泥浆泵)将泥砂夹带大量水分,冲送至江河两岸或海岸边而形成的一种填土。在我国几条主要的江河两岸以及沿海岸边都分布有不同性质的冲填土。

2）填土的工程性质

通常未经压实的人工填土的工程性质不良，强度低，压缩性大且不均匀。压实填土相对较好。但在池塘等软土上的杂填土性状差，且在场地平面与剖面上分布很不均匀、无规律，工程性质差。吹填土由于含水量大，固结程度差，孔隙大而需要后期处理。高速公路路基等填土一般为塘渣素填土，且需要分层碾压压实并保持最优含水量，才能保证路基不出现过大沉降并避免不均匀沉降。填土的工程特性及处理措施是表 7.17。

表 7.17　填土的特性及处理措施

填土的特点	工程性状	处理措施
孔隙大	未经压实的素填土、杂填土、吹填土都具有大孔隙的特点	（1）大面积堆场的吹填土处理可采用排水固结堆载预压法、水泥搅拌桩法、CFG 桩法等处理； （2）公路路基填土需要采用大小不等的塘渣并采用分层碾压且确定最优含水量来保证密实度； （3）有池塘等软土的地方填土前要先清理软土然后再填塘渣等素填土； （4）大面积填土的地方建设建筑物一般采用桩基础，而且要考虑因填土本身固结沉降而产生的桩负摩阻力。
吹填土欠固结	由海相或湖相填筑的吹填土形成时间短，往往具有欠固结的特性	
池塘填土欠固结	池塘填土往往厚度不一且具有欠固结的特性	
生活垃圾土具有分解性	生活垃圾场上的填土由于其中腐殖质的含量常较高，随着有机质的腐化，地基的沉降将增大；以工业残渣为主的填土，要注意其中可能含有水化物，因而遇水后容易发生膨胀和崩解，使填土的强度迅速降低，地基产生严重的不均匀变形	
软土中的填土地基往往具有蠕变性	软土中的填土在主固结沉降完成后随时间增加往往还要有长期的次固结沉降	

本章小结

（1）土是母岩经风化作用后在原地，或经搬运作用在异地各种地质环境下形成的堆积物。岩石经过风化、剥蚀等作用会形成颗粒大小不等的岩石碎块或矿物颗粒，这些岩石碎屑物质在重力作用、流水作用、风力吹扬作用、冰川作用及其他外力作用下被搬运到别处，在适当的条件下沉积成各种类型的土体，土体按地质成因可分为残积土、坡积土、洪积土、冲积土、淤积土、冰积土和风积土。

（2）根据组成土的固体颗粒的矿物成分的性质，及其对土的工程性质影响不同，分为原生矿物、次生矿物和有机质三大类别。

（3）土的结构是指土颗粒个体本身的特点和颗粒间相互关系的综合特征。土的结构分为单粒结构和集合体结构两大基本类型。对集合体结构,根据其颗粒组成、联结特点及性状的差异性,可分为蜂窝状结构和絮状结构两种类型。

(4)土的构造是指土体结构相对均一的土层单元体,在空间上的排列方式和组合特征。不同的土性也有不同的构造,碎石土往往呈粗砂状或似斑状构造,黏土中往往有砂土透镜体夹层等。

(5)土的三相系指土由土颗粒(固相)、土中水(液相)和土中气(气相)组成。土的粒度成分是指土中各粒组颗粒的质量分数,常用累计曲线法表示。

(6)土的液相是指存在于土孔隙中的水。土中水可分为结合水和非结合水两大类。结合水包括强结合水和弱结合水,非结合水包括重力水和毛细水。

(7)土的气相是指充填在土的孔隙中的气体,包括土中与大气连通的气体和土中密闭的气体两类。

(8)土按堆积年代可以分为老黏性土、一般黏性土和新近堆积的黏性土;土按地质成因可分为残积土、坡积土、洪积土、冲积土、淤积土、冰积土和风积土;土按颗粒级配或塑性指数分为碎石土、砂土、粉土和黏性土。

(9)决定无黏性土工程性状的主要因素是紧密状态,它综合反映了无黏性土颗粒的岩石和矿物组成、粒度组成(级配)、颗粒形状和排列等对其工程性质的影响。无黏性土紧密状态主要受受荷历史、形成环境、颗粒组成和矿物成分等影响。决定无黏性土紧密状态的指标主要有孔隙比 e、相对密度 D_r、标贯击数 N、压缩模量 E_s、地基土极限承载力 f_k 等。

(10)决定黏性土工程性状的主要因素是它的软硬程度。其评价指标有含水量、液性指数和塑性指数、遇水作用活动性指数。黏性土的主要特性指标包括黏性土的界限含水量(包括液限 w_L、塑限 w_p 和缩限 w_s)、塑性指数 I_p、液性指数 I_L,活动性指数 A,最优含水量 w_{cp},压缩模量 E_s,地基土极限承载力 f_k 和强度特性等。

(11)工程中的特殊土(如软土、黄土、膨胀土、冻土、红黏土、填土等),在进行工程建设时会产生特殊的工程地质问题,需进行适当的处理。处理前应明晰各种特殊土的成因和工程性质。

思考题

7.1 土的成因是什么?

7.2 土的矿物成分有哪些? 常见的原生矿物与次生矿物有哪些?

7.3 什么是土的结构? 土的结构类别如何划分? 单粒结构有哪些特征? 集合体结构有哪些特征? 什么是土的构造? 各类土有哪些常见的构造形式?

7.4 土按堆积年代、地质成因各分为哪几类?

7.5 土的粒度成分如何划分? 土的粒度分析及其成果如何表示?

7.6 土中水如何进行分类? 什么是结合水? 什么是非结合水? 结合水与非结合水各分为哪几类? 各有什么特点? 什么是土粒表面双电层结构? 土中气包含哪几种?

7.7 什么是无黏性土? 影响无黏性土紧密状态的因素有哪些? 无黏性土紧密状态指标是什么? 有怎样的物理意义? 如何进行测定?

7.8 什么是黏性土的塑性指数和液性指数? 塑性指数和液性指数如何确定? 黏性土的活

动性指数是什么？如何来表示？

7.9　软土有哪些地质特征？软土的工程性质有哪些？软土中有哪些工程地质问题？如何进行防治？

7.10　黄土有哪些工程性质？湿陷性黄土有哪些基本特征？如何防治黄土中的工程地质问题？

7.11　什么是膨胀性土？膨胀土的成因如何？膨胀土有哪些工程地质特性？膨胀土的防治措施有哪些？

7.12　什么是冻土？冻土有哪些工程性质？冻土有哪些工程地质问题？如何进行防治？

7.13　什么是填土？填土如何进行工程分类？填土有哪些工程地质问题？

7.14　什么是红黏土？红黏土的结构特征和矿物组成？红黏土有哪些特点和性质？

8 不良地质作用及防灾减灾

不良地质作用是指由地球内力或外力产生的对工程环境及人身安全可能造成危害的地质作用。不良地质作用包括地震、地裂缝、崩塌、滑坡、泥石流、岩溶与土洞、采空区、台风带来的地质灾害等。

本章将介绍不良地质作用的种类、定义、形成条件、发展规律，并针对地质灾害的特点介绍防灾减灾的技术措施，以及地质灾害危险性评估、场地选址的工程评价等，以便指导工程应用。

8.1 地震及抗震原则

地震是一种破坏性很强的自然灾害。据不完全统计，全世界每年由地壳运动引起的地震约 500万次，但人们能感觉到的地震仅 5 万次，占总数的 1%。具破坏性的 6 级或大于 6 级的地震约 100 次，7 级或 7 级以上具有强烈破坏性的地震每年平均约 20 次。强烈的地震会造成巨大的灾害，甚至毁灭性的灾害，使人民的生命财产遭到巨大的损失（图 8.1）。值得一提的是，2008 年 5 月 12 日 14 时 28分，在四川省汶川县发生了里氏 8.0 级地震，这次地震是新中国成立以来破坏性最强、波及范围最广、

图 8.1　地震的破坏

救灾难度最大的一次地震。此次地震共造成 69 207 人遇难，18 194 人失踪，并造成了连接青藏高原东部山脉和四川盆地之间大约长 275 km 的断层，同时地震还触发了大量的次生地质灾害。因

此,在工程活动中,必须考虑地震这个重要的环境地质因素,并采取必要的防震措施。

▶ 8.1.1 地震的基本概念

1)地震的定义

地震是由于地球构造运动等地质作用产生的内力,沿着地幔或地壳的活动性断层突然错动而释放能量,从而导致地下深处的岩层发生强烈震动,并以地震波的形式向上传递,造成地表地层及建构筑物破坏的一种地质现象。地震震级是地震能量释放大小的一项指标。

震源是指地壳或地幔某深处发生地震的地方。震中是指震源在地面上的垂直投影。震中可以看做地面上振动的中心,震中附近地面振动最大,远离震中地面振动减弱。震源与地面的垂直距离,称为震源深度(见图8.2)。

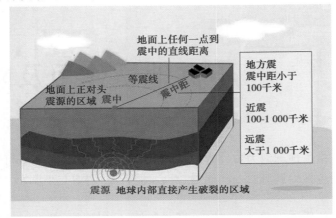

图 8.2 震源、震中示意图

同样大小的地震,当震源较浅时,波及范围较小,破坏性较大;当震源深度较大时,波及范围虽较大,但破坏性相对较小。多数破坏性地震都是浅震。深度超过 100 km 的地震,在地面上不会引起灾害。

地面上某一点到震中的水平直线距离,称为该点的震中距(见图8.2)。震中距在 1 000 km以内的地震,通常称为近震,大于 1 000 km 的称为远震。引起灾害的一般都是近震。

围绕震中的一定面积的地区,称为震中区,它表示一次地震时震害最严重的地区。强烈地震的震中区往往又称为极震区。在同一次地震影响下,地面上破坏程度相同各点的连线,称为等震线。等震线图在地震工作中的用途很多,根据它可确定宏观震中的位置。根据震中区等震线的形状,还可以推断产生地震的断层(发震断层)走向。

地震发生时,震源处产生剧烈振动,地震引起的振动以波的形式从震源向各个方向传播,称为地震波。地震波可分为体波和面波。

体波是在地体内部传播的波。体波又分为纵波和横波。纵波是由震源传出的压缩波,又称P 波,其波的传播方向与质点振动方向一致,一疏一密地向前传播,纵波在固态、液态及气态中均能传播。纵波的传播速度快,是最先到达地表的波。纵波周期短,振幅小,纵波的能量约占地震波能量的7%。横波是震源向外传播的剪切波,又称 S 波,横波的传播方向与质点振动方向垂直。横波传播时介质体积不变,但形状改变,周期较长,振幅较大。由于横波是剪切波,所以它只能在固体介质中传播,而不能通过对剪切变形没有抵抗力的流体。横波是第二个到地表的波,横波的能量约占地震波总能量的 26%。

面波(又分瑞利波 R 波和勒夫波 L 波)只在地表传播,又称表面波。面波波长大,振幅大,且面波的能量很大,约占地震波总能量的 67%。面波的传播速度最慢,但对建筑物的地下结构部分破坏大。

地震时,最先到达地面建筑物的总是纵波,人首先感觉到上下振动;其次是横波,人感觉到左右晃动;最后到达的才是能量很大的面波。当横波和面波到达时,地面振动最强烈,对建筑物的破坏性最大。离地震震中的距离越远,地震引起的地面振动幅值相对越小,地震对该点的破坏也越小,离震中距离很远(几千千米)甚至感觉不到地震发生。所以地震对某地的破坏程度是与某地距震中的距离有关的。

2)地震的分类

地震按照震源深度主要分成 3 类:浅源地震,震源深度 0~70 km;中源地震,震源深度 70~300 km;深源地震,震源深度大于 300 km。一般来讲在相同震级的情况下,浅源地震对震中附近的建筑物破坏程度最大。

地震按其成因可划分为构造地震、火山地震、陷落地震和人工诱发地震。

(1)构造地震

由于地质构造作用所产生的地震称为构造地震。这种地震与构造运动的强弱直接有关,它分布于新生代以来地质构造运动最为剧烈的地区。构造运动中最为普遍的是由地壳断裂活动而引起的地震。地壳运动使组成地壳的岩层发生倾斜、褶皱、断裂、错动以及大规模岩浆活动等,在此过程中因应力释放、断层错动而造成地壳震动,构造地震约占地震总数的 90%。这种地震绝大部分都是浅源地震,对地面的影响最显著,一些巨大的破坏性地震都属于这种类型。

(2)火山地震

由于火山喷发和火山下面岩浆活动而产生的地震称为火山地震。火山地震强度较大,但受震范围较小。火山地震在我国很少见,主要分布在日本、印度尼西亚及南美等地。它只占地震总数的 7%左右。

(3)陷落地震

由地层塌陷、洞穴崩塌、巨型滑坡等引起的地震称为陷落地震。地层塌陷主要发生在石灰岩岩溶地区,岩溶溶蚀作用使溶洞不断扩大,导致上覆地层塌落而形成地震。陷落地震一般地震能量较小,影响范围小。此类地震只占地震总数的 3%左右。

(4)人工诱发地震

人工诱发地震主要包括两个方面:一是由于水库蓄水或向地下大量灌水,使地下岩层增大负荷,如果地下有大断裂或构造破碎带存在,断层面浸水润滑加之水库荷载等共同作用,使断层复活而引起小型地震;二是由于地下核爆炸或地下大爆破,巨大的爆破力量对地下产生强烈的冲击,促使地壳小构造应力的释放,从而诱发地震。人工诱发地震的特点是震中位置多发生在水库或爆炸点附近地区,小震多,震动次数多,震源深度较浅。

3)地震震级

地震震级指一次地震时,地震震源处释放能量的大小。它用符号 M 表示。地震释放的能量越大,震级越大。某地一次地震所释放的能量是固定的,因此无论在任何地方测定都只有一个震级。地震震级是根据地震仪记录的地震波振幅来测定的,一般采用里氏震级标准。按里希特-古登堡的最初定义:震级(M)是以距震中100 km处的标准地震仪(周期0.8 s,衰减常数约等于1,放大倍率为2 800倍)所记录的地震波最大振幅值的对数来表示的,振幅值以 μm 为单位计算,如在离震中100 km处的标准地震仪,其记录地震波的幅值为10 mm=10^4μm,取其对数等于4,则该地记录的本次地震震级为4级。某地某时刻发生的同一地震,在不同距离观测点用标准地震仪观测到的地震波幅值并不一样,而地震震级是距震中100 km处记录的地震波幅值来定义的,所以,不同地点标准地震仪观测的某次地震要换算修正到100 km处标准地震仪记录的强度,才是该次地震的震级。地震震级的划分见表8.1。

表8.1　地震震级划分

震级 M	能量/J	震中地区震级及影响程度	
1	2.0×10^6	微　震	1 级 ≤ M< 3 级的地震
2	6.3×10^7		
3	2.0×10^9		
4	6.3×10^{10}	小[地]震	3 级 ≤ M< 4.5 级的地震
5	2.0×10^{12}	中[地]震	4.5 级 ≤ M< 6 级的地震
6	6.3×10^{13}	强[地]震	6 级 ≤ M< 7 级的地震
7	2.0×10^{15}	大[地]震	M≥ 7 级的地震
8	6.3×10^{16}	特大地震	M≥ 8 级的大地震
8.9	1.4×10^{18}		

4)地震烈度

地震烈度是指地震时对某地建筑物的破坏程度的指标。一个地震中只有一个震级,而地震烈度却在不同地区有不同烈度。距震中越近,烈度越大;距震中越远,烈度越小。如唐山发生的8级大地震,对震中唐山的破坏是毁灭性的,对附近北京的破坏只是局部性的,而对远处的沈阳基本没有影响。地震烈度的大小不仅与震级、震源深度、震中距有关,还与当地地质构造、地形、岩土性质等因素有关。一般情况下,震级越高、震源越浅、距震中越近,地震烈度就越高,破坏程度就越大。

我国使用的是十二度地震烈度表(见表8.2)。此表将地震烈度根据不同地震情况分为Ⅰ～Ⅻ度,每一个烈度均有相应的地震加速度和地震系数,以便烈度在工程上的应用。地震烈度小于Ⅴ度的地区,具有一般安全系数的建筑物是足够稳定的;Ⅵ度地区,一般建筑物不必采取加固措施,但应注意地震可能造成的影响;Ⅶ～Ⅸ度地区,能造成建筑物损坏,必须按照有关规定进行工程地质勘察,并采取有效防震措施;Ⅹ度以上地区属于灾害性破坏,其勘察要求须作专门研究。选择建筑物场地时尽可能避开不良地段并采取特殊防震措施。

表8.2　中国地震烈度鉴定标准表(数据出自中国科学院地球物理研究所)

等级	名　称	地震加速度 /(m·s^{-2})	地震系数 (K_e)	地震情况	相应地震强度的震级(M)
Ⅰ	无感震	<0.25	<1/4 000	人不能感觉,只有仪器可以记录	0

续表

等级	名 称	地震加速度 /(m·s⁻²)	地震系数 (K_e)	地震情况	相应地震强度的震级(M)
II	微 震	0.26~0.5	1/4 000~1/2 000	少数在休息中极宁静的人感觉,住在楼上者更容易	2
III	轻 震	0.6~1.0	1/2 000~1/1 000	少数人感觉地动(如轻车从旁经过),不能立刻断定地震,振动来自的方向和继续的时间,有时约略可定	3
IV	弱 震	1.1~2.5	1/1 000~1/400	少数在室外的人和大多数在室内的人都能感觉,家具等物有些摇动,盘碗及窗户玻璃震动有声,屋梁天花板等咯咯地响,缸里的水或敞口杯中的液体有些荡漾,个别情况可惊醒睡觉的人	3.5~4
V	次强震	2.6~5.0	1/400~1/200	震感较明显,树木摇晃,如有风吹动。房屋及室内物体全部震动,发出声响,悬吊物如帘子、灯笼、电灯来回摇动,挂钟停摆和乱打,杯中水满的溅出一些,窗户玻璃出现裂纹,睡的人被惊逃至户外	4~4.5
VI	强 震	5.1~10	1/200~1/100	人人感觉,大部惊骇跑到户外,缸里的水激烈地荡漾,墙上挂图、架上的书都会落下来,碗碟器杯打碎,家具移动位置或翻倒,墙上灰泥发生裂缝,坚固的庙堂房屋也不免有些地方掉落泥灰,不好的房屋会受到损害,但较轻	4.5~5
VII	损害震	10.1~25	1/100~1/40	室内陈设物品和家具损伤甚大,庙里的风铃叮当作响,池塘腾起波浪并翻出浊泥,河岸河湾处有些崩滑,井泉水位改变,房屋有裂缝,灰泥及塑料装饰大量脱落,烟囱破裂,骨架建筑物的隔墙也有损伤,不好的房屋严重地损伤	5~5.75
VIII	破坏震	25.1~50	1/40~1/20	树木发生摇摆有时断折,重的家具物件移动很远或抛翻,纪念碑或塑像从座上扭转或倒下,建筑较坚固的房屋如庙宇也被损害,墙壁间起了缝或部分破坏,骨架建筑墙倾脱,塔或工厂烟囱倒塌。建筑特别好的烟囱顶部也遭破坏。陡坡或潮湿的地方发生小裂缝,有些地方涌出泥水	5.75~6.5
IX	毁坏震	50.1~100	1/20~1/10	坚固的建筑如庙宇等损伤颇重,一般砖砌房屋严重破坏,有相当数量的倒塌,以致不能再住。骨架建筑根基移动,骨架歪斜。地上裂缝颇多	6.5~7

续表

等级	名　称	地震加速度/(m·s⁻²)	地震系数（K_e）	地震情况	相应地震强度的震级（M）
X	大毁坏震	101~250	1/10~1/4	大的庙宇、大的砖砌及骨架建筑连基础遭受破坏，坚固砖墙发生危险的裂缝，河堤、坝、桥梁、城垣均严重损伤，个别的被破坏，马路及柏油街道起了裂缝与皱纹，松散软湿之地开裂相当宽且深，有局部崩滑，崖顶岩石有部分崩落。水边惊涛拍岸	7~7.75
XI	灾震	251~500	1/4~1/2	砖砌建筑全部倒塌，大的庙宇及骨架建筑亦只部分保存。坚固的大桥破坏，桥柱崩裂，钢架弯曲（弹性大的木桥损坏较轻），城墙开裂崩坏，路基堤坝断开，错离很远。钢轨弯曲且鼓起，地下输送管完全破坏，不能使用，地面开裂甚大，沟道纵横错乱到处土滑山崩，地下水夹泥砂从地下涌出	7.75~8.5
XII	大灾震	501~1 000	>1/2	一切人工建筑物无不毁坏，物体抛掷空中，山川风景亦变异。范围广大，河流堵塞，造成瀑布，湖底升高，山崩地毁，水道改变等	8.5~8.9

在工程建筑设计中，鉴定划分建筑区的地震烈度是很重要的。为把地震烈度应用到实际工程中，地震烈度本身又可分为基本烈度、建筑场地烈度和设防烈度。

（1）基本烈度

基本烈度是指一个城市或一个地区在今后100年内，在一般场地条件下可能遇到的最大地震烈度（也称区域烈度）。基本烈度是根据对一个地区的实地地震调查、地震历史记载、仪器记录并结合地质构造综合分析得出的。基本烈度提供的是地区内普遍遭遇的烈度，其所指范围不是一个具体的建筑场地。它是在研究了区域内毗邻地区的地震活动规律后，对地震危险性作出的综合性的平均估计和对未来地震破坏程度的预报，目的是作为工程设计的依据和抗震的标准。如杭州一般场地一般建筑的抗震基本烈度为6度。

（2）建筑场地烈度

建筑场地烈度又称地震小区域烈度，它是指某一个具体工程的建筑场地内，因地质构造稳定性、地貌条件、岩土的物理力学性质和水文地质条件的不同，而需要提高或降低基本烈度。通常建筑场地烈度比基本烈度提高或降低半度至一度。

（3）设防烈度（设计烈度）

设防烈度是在建筑场地烈度的基础上，考虑拟设计建筑物的重要性、永久性、抗震性能等将基本烈度加以适当的调整，调整后设计采用的烈度称为设计烈度或设防烈度。大多数一般建筑物不需调整，基本烈度即为设防烈度。重要的高层建筑和公共建筑要提高抗震设防烈度等级。

▶ 8.1.2　地震的破坏方式

地震破坏方式有共振破坏、驻波破坏、相位差动破坏、地震液化、地震带来的地质灾害和地震引发的海啸破坏6种。

1）共振破坏

某一场地的地基土具有一定的场地震动卓越频率（可通过在深夜安静时用地震仪和加速度计观测得到）和卓越周期。而场地上的某一个设计建筑物自身建造完成后有一个固有频率。当场地地基的卓越频率与该建筑物的固有自振频率一致时，在地震时就容易产生共振破坏。

卓越周期 T 可用式（8.1）计算：

$$T = \sum_{i=1}^{n} \frac{4h_i}{v_s} \tag{8.1}$$

式中　h_i——第 i 层厚度，一般算至基岩；

　　　v_s——横波波速。

根据地震记录统计，地基土随其软硬程度不同，卓越周期可划分为4级：Ⅰ级——稳定岩层，卓越周期为 0.1~0.2 s，平均 0.15 s；Ⅱ级——一般土层，卓越周期为 0.21~0.4 s，平均0.27 s；Ⅲ级——松软土层，卓越周期为Ⅱ~Ⅳ级；Ⅳ级——异常松散软土层，卓越周期为 0.3~0.7 s，平均 0.5 s。

一般低层建筑物的刚度比较大，自振周期比较短，大多低于 0.5 s。高层建筑物的刚度较小，自振周期一般大于 0.5 s。经实测，软土场地上的高层（柔性）建筑和坚硬场地上的拟刚性建筑的震害严重，就是由上述原因引起的。因此，为了准确估计和防止上述震害发生，必须使建筑物的自振周期避开场地的卓越周期。

2）驻波破坏

地震时当两个幅值相同、频率相同但运动方向相反的两个地震波波列，运动到同一点交会时，形成驻波，其幅值增加一倍。当驻波在某处建筑物产生时，会由于波幅增大一倍对建筑物形成较强的破坏作用，称为驻波破坏。当相同条件的地震波与从沟谷反射回来的反方向地震波在某地建筑物相会时，就会产生驻波而造成该建筑物破坏。

3）相位差动破坏

当建筑物长度小于地面振动波长时，建筑物与地基一起做整体等幅谐和振动。但当高层建筑等其高度大于场地地基土的振动波长时，两者振动相位不一致从而会形成很大协调的振动（高层的顶端位移大，底端位移小），此时不论地面振动位移（振幅）有多大，而建筑物的平均振幅为零。在这种情况下，地震波引起的地基振动激烈地撞击建筑物的地下结构部分，并在最薄弱的底层部位导致剪切破坏，即为相位差动破坏。

4）地震液化与震陷

（1）地震引起砂土液化

地震引起的砂土液化是指地震产生的持续振动，使得饱和砂土层中的孔隙水压力骤然上升，且来不及消散从而将减小砂粒间的有效压力，当孔压上升到上覆土的总应力时，将导致砂土颗粒的有效压力全部消失，从而使砂与水一起流动，由此饱和砂土层将完全丧失抗剪强度和承载能力的地质现象。地震液化的宏观表现有喷水冒砂和地下砂层液化两种。地震液化会导致地表沉陷和变形，称为震陷。震陷将直接引起地面建筑物的变形和损坏。

（2）地震液化的发生条件

①要有粉砂土层的存在且地下水位较高；

②粉砂土层的埋藏深度一般在 20 m 以内；

③要有持续的地震动或打桩振动等振动作用。

（3）饱和粉砂土层抗液化的措施

防止地震引发液化破坏的最好措施是，对拟设计的建筑物采用合理的桩基础形式或有抗震措施的浅基础形式，并提高建筑物与基础的整体刚度。

防止打桩振动等可能引起的液化破坏的合理措施，包括打桩时人工降低地下水位，打桩时预打应力释放孔，地基注浆加固，设置隔振沟、隔振屏蔽桩等。

5）地震诱发的地质灾害

地震诱发的地质灾害主要是指，强烈的地震作用使得高山边坡上的岩土体发生松动、失稳，从而引发滑坡灾害、崩塌灾害、泥石流灾害、堰塞湖灾害等不良地质灾害。这些灾害造成的破坏往往是巨大的破坏和突发性的破坏，可以掩埋山区村落的房屋、道路交通、水库河道等。汶川地震中北川县城被埋是地震诱发地质灾害的典型例子。因此，工程建设规划设计时要避开可能受地震影响而激发地质灾害的危险地带。

6）地震引发的海啸破坏

海啸是水下地震、火山爆发或水下塌陷和滑坡等激起的巨浪，在涌向海湾内和海港时所形成的破坏性的大浪。

破坏性的地震海啸，只在出现垂直断层，里氏震级大于 6.5 级的条件下才能发生。全球地震海啸发生区的分布基本上与地震带一致。破坏性较大的地震海啸平均六七年发生一次，其中约 80% 发生在环太平洋地震带上。当海底地震导致海底变形时，变形地区附近的水体产生巨大波动，海啸就产生了。

2004 年 12 月 26 日，位于印度板块、欧亚板块和太平洋板块三者交汇点的苏门答腊岛，由于板块相互挤压，在长达 1 000 km 的地壳上出现了一个大断层，地球内部的巨大应力在顷刻间释放出来，发生里氏 8.7 级地震，地震引发了巨大的海啸，其最大浪高超过了 40 m。印度洋大海啸给印度尼西亚、斯里兰卡、印度、泰国等国造成了重大人员伤亡和财产损失，这次海啸共导致 12 万多人死亡。

2011 年 3 月 11 日，日本仙台地区发生里氏 9 级地震，地震引发了浪高达 10 m 巨大的海啸，造成 3 万余人伤亡和失踪，且导致福岛核电站被淹破坏的严重核安全事故，引起全世界对地震海啸的充分关注。

海啸威力如此之大，所以在海边建筑物选址时要尽可能将建筑物选择建在海拔较高的位置，以防止海啸淹没建筑物。对核电站等重要的建筑设施除了要选择建在场地稳定性好的、海拔较高的位置外，还要注意构筑高大的防护堤坝和完善的排水设施，同时要做好双路供电、双向排水等应急措施。

▶ 8.1.3 土木工程建筑物的抗震要求及措施

1）建筑抗震设防分类

《建筑抗震设计规范》（GB 50011—2010）根据其使用功能的重要性，将建筑抗震设防类别分为甲类、乙类、丙类、丁类 4 类：

甲类建筑——属于重大建筑工程和地震时可能发生严重次生灾害的建筑；

乙类建筑——属于地震时使用功能不能中断或需尽快恢复的建筑；

丙类建筑——属于除甲、乙、丁类以外的一般建筑；

丁类建筑——属于次要建筑。

2）建筑抗震设防的标准

建筑抗震设防标准是衡量建筑抗震设防要求的尺度，由抗震设防烈度和建筑使用功能的重要性确定。抗震设防烈度是按国家规定的，作为一个地区抗震设防依据的地震烈度。一般情况下，抗震设防烈度可采用中国地震烈度区划图的地震基本烈度，或采用《建筑抗震设计规范》（GB 50011—2010）设计基本地震加速度对应的地震烈度。对已编制抗震设防区划的城市，也可采用批准的抗震设防烈度。

各抗震设防类别建筑的设防标准，应符合下列要求：

（1）甲类建筑

应按高于本地区抗震设防烈度的要求确定地震作用，并按批准的地震安全性评价结果确定抗震措施，当抗震设防烈度为 6~8 度时，应符合本地区抗震设防烈度提高一度的要求，当为 9 度时，应符合比 9 度抗震设防更高的要求。

（2）乙类建筑

应按本地区抗震设防烈度的要求确定地震作用。抗震措施确定，一般情况下，当抗震设防烈度为 6~8 度时，应符合本地区抗震设防烈度提高一度的要求，当为 9 度时，应符合比 9 度抗震设防更高的要求。地基基础的抗震措施，应符合有关规定。对较小的乙类建筑，当其结构改用抗震性能较好的结构类型时，应允许仍按本地区抗震设防烈度的要求采取抗震措施。

（3）丙类建筑

地震作用和抗震措施的确定均应符合本地区抗震设防烈度的要求。

（4）丁类建筑

一般情况下，地震作用仍应符合本地区抗震设防烈度的要求确定，抗震措施应允许比本地区抗震设防烈度的要求适当降低。但抗震设防烈度为 6 度时不应降低。

3）建筑抗震设防的目标

抗震设防目标的通俗说法是"小震不坏、中震可修、大震不倒"。

4）建筑场地的选择

抗震设计应贯彻执行"以预防为主"的方针，使建筑经抗震设防后，减轻建筑的地震破坏，避免人员伤亡，减少经济损失。因此，在地震区建筑，场地的选择至关重要，所以必须在工程地质勘察的基础上进行综合分析研究，做出场地的地震效应评价及震害预测，然后选出抗震性能最好、震害最轻的地段作为建筑场地。同时应作出场地对抗震有利和不利的条件的分析，提出建筑物抗震措施的建议。

按《建筑设计抗震规范》（GB 50011—2010），根据场地的地形地貌、岩土性质、断裂以及地下水埋藏条件，建筑场地可划分对建筑物抗震有利、不利和危险三类地段，见表 8.3。

表 8.3　建筑抗震各类地段的划分标准

地段类别	地质、地形、地貌条件
有利地段	稳定基岩，坚硬土，开阔、平坦、密实、均匀的中硬土等
一般地段	不属于有利、不利和危险的地段

续表

地段类别	地质、地形、地貌条件
不利地段	软弱土,液化土,条状突出的山嘴,高耸孤立的山丘,陡坡、陡坎、河岸和边坡的边缘,平面分布上成因、岩性、状态明显不均匀的土层(含故河道、疏松的断层破碎带、暗埋的塘浜沟谷和半填半挖地基),高含水量的可塑黄土,地表存在结构性裂缝等。
危险地段	地震时可能发生滑坡、崩塌、地陷、地裂、泥石流等及发震断裂带上可能发生地表错位的部位

场地土的类型按地震波剪切波速,划分为坚硬土或岩石、中硬土、中软土和软弱土四种类型,见表 8.4。

表 8.4　场地土的类型划分

土的类型	土层剪切波速 /(m·s^{-1})	岩土名称和性状
岩石	$v_s > 800$	坚硬、较硬且完整的岩石
坚硬土或软质岩石	$800 \geqslant v_s > 500$	破碎和较破碎的岩石或软和较软的岩石,密实的碎石土
中硬土	$500 \geqslant v_s > 250$	中密、稍密的碎石土,密实、中密的砾、粗、中砂,$f_{ak} > 150$ kPa 的黏性土和粉土,坚硬黄土
中软土	$250 \geqslant v_s > 150$	稍密的砾、粗、中砂,除松散外的细、粉砂,$f_{ak} \leqslant 150$ kPa 的黏性土和粉土,$f_{ak} \geqslant 130$ kPa 的填土,可塑黄土
软弱土	$v_s \leqslant 150$	淤泥和淤泥质土,松散的砂,新近沉积的黏性土和粉土,$f_{ak} < 130$ kPa 的填土、流塑黄土

注:f_{ak} 为由载荷试验等方法得到的地基承载力特征值(kPa);v_s 为岩土剪切波速。

5)地基基础抗震设计原则

场地如已选定,即应进行详细的岩土工程勘察,查明场地地层分类和地基稳定性,对重要工程则应作场地地震反应分析。地基基础抗震设计原则有如下几项:

①建筑物的自振固有周期必须避开建筑场地的卓越周期。

②对于可液化土层上的建筑物一般应采用桩基础。

③对软土中的高层建筑一般也应采用桩基础。

④对于地基土承载力高的一般建筑可采用浅基础,但要对地基基础做抗震处理,同时加强基础与上部结构的整体刚度。

⑤适当加大基础埋深。基础埋深加大,可以增加地基土对建筑物的约束作用,从而减小建筑物的振幅,减轻震害。加大基础埋深,还可以提高地基的强度和稳定性,以利于减小建筑物的整体倾斜,防止滑移及倾覆。高层建筑箱形基础,在地震区埋深不宜小于建筑物高度的 1/10。

⑥对地基土地层倾斜的建筑应做稳定性验算,以保证地震时建筑物的抗震稳定。

⑦建筑设计时要考虑上部结构与地基基础的整体刚度和抗震措施,以便布置合理的结构形式。

8.2 地裂缝及其处理对策

地裂缝(见图8.3)泛指所有的地表裂缝,不论是与发震断裂带连通的还是不连通的,也不论是构造性的还是非构造性的。历史地震经验表明:地表土层即使是在较低烈度下(如小于7度),也可能发生破裂;而地表岩层产生的裂缝(除沿软弱结构面开裂的情况外)只有在极强烈的地震下才会产生,其相应的宏观烈度多在9度以上。地裂缝一般情况下是地层的不稳定因素。我国西北地区(特别是陕西)地裂缝发育,所以有地裂缝的地区要加强拟设计建筑物基础的抗裂缝处理和抗震措施。

图8.3 地裂缝

▶ **8.2.1 地裂缝的特征**

地裂缝可以分为构造性地裂缝、非构造性地裂缝和复合型地裂缝3类。

(1)构造性地裂缝

构建性地裂缝是指这种地裂的力学特征与震源机制相对应,但它们是地面强烈波动的结果而不是发生地震的震源。也就是说,它们是强烈地震动的产物,与震源没有直接联系。最大值出现在地表并随深度增加逐渐消失,受震源机制控制并与发震断裂走向吻合,具有明显的继承性和重复性。

(2)非构造性地裂缝

在强烈地震之后,可以找到多种类型的非构造性地裂,它们亦属强烈地面运动的产物。例如:

①地震造成多处地面震陷,在大面积震陷区的边缘地带多出现张性裂缝,并有垂直错动,总体分布呈环状的地裂带。

②地震液化可能导致路基、堤坝、边坡等的纵向张裂或岸边斜坡的侧向滑移,其边缘处也常产生张性裂缝。

③强烈地震震中区的地面运动,受面波的影响较大,因而地面波动中常会产生侧向挤压和拉伸,从而造成没有规律的地裂。

(3)复合型地裂缝

复合型地裂缝指在第四系中由两种以上原因形成的地面破裂。它的形成首先是在一次强烈历史地震中形成了构造性地裂。该地裂在其后的地质环境中被掩盖起来而在地表面消失,但在新的地质因素影响下(例如开采地下水引起地面沉降等)又重新活动并在地表显示出来。

地裂缝常常有一些共同特征:

①方向性。

②成带性,各条地裂缝可组成裂缝带。

③地裂缝的分布受地面沉降所控制;地裂缝活动与承压地下水位变化密切相关;现在活动

的地裂缝与古地裂缝重合,并且是古地裂缝的发展。

▶ 8.2.2 地裂缝的危害及处理对策

构造地裂缝常存在差异沉降、水平拉张、水平扭动三向变形,构造地裂缝灾害是其长期的活动效应,地裂缝活动成为动力源使其周围一定范围的地质体内发生位移,产生形变场和应力场,这些场通过地基和基础作用于建筑。长期水准测量表明,位于地裂缝上的建筑物两侧的相对沉降差产生的水平方向的拉张和错动更加重了地裂缝的破坏程度。这种地裂缝的发生所导致的破坏效应,可以引起地面工程设施的结构性破坏,构成某些地基的失稳和失效而成灾。若地裂缝沉降速率大,现有通用结构形式难于适应,跨地裂缝的建筑物均遭到破坏,使其开裂失稳,墙体、圈梁、条基石断裂,室内地坪开裂不平,楼面倾斜,其破坏范围常大于地裂缝宽度数米,它们穿越厂房民居,横切地下硐室路基,造成建筑物损坏,机器停止运转,道路变形,管道破裂,危及城市建设与人民生活安全。区域微破裂开启型地裂缝成为地表水渗漏及管涌的通道,使农田漏水、水井干涸、农业减产,降低土地使用价值。

地裂缝灾害防治对策应考虑以下几个方面:

①建筑物规划设计建造前首先应避开地裂缝带。

②减少人为因素影响,控制地下水开采,必要时人工回灌,将减轻地裂缝灾害。

③地裂缝灾害主要集中于地裂缝带内,对于跨越地裂缝已破坏的建筑应尽早局部拆除,对于裂缝带内已有的完整建筑物应加强沉降观测,并对地基和基础作适当加固以提高抗震等级。

④对于在临近地裂缝带影响范围内拟建建筑物要提高设计抗震标准。可采用桩基础形式并提高基础与上部结构的整体刚度,以抵抗地裂缝发展可能出现的差异沉降而产生的拉裂。

⑤在地裂缝影响范围内建设桥梁和建筑物时,应采用桩基础并加强基础和上部结构的整体刚度。

8.3 崩塌、滑坡及其防治对策

▶ 8.3.1 崩塌的概念与分类

1)崩塌的概念

崩塌是指在陡峭的斜坡上,裂隙发育的巨大岩块在重力作用下,突然发生崩解并立即快速向下滚落、倾倒而造成危害的一种地质灾害现象(见图1.1)。崩塌经常发生在山区的陡峭山坡上,有时也发生在高陡的路堑边坡上,崩塌岩石的岩性往往是质坚性脆裂隙发育。崩塌发生时堆积于坡脚的物质为崩塌堆积物。崩塌的发生是突然的,但是不平衡因素却是长期积累的,特别是地震时或下大雨时易产生崩塌。

2)崩塌的分类

(1)根据崩塌体的规模分类

①崩滑:崩塌体的体积超过 $1\ 000\ 000\ \text{m}^3$。

②崩塌:崩塌体的体积为 $10\ 000 \sim 1\ 000\ 000\ \text{m}^3$。

③坍塌或塌方：崩塌体的体积小于 10 000 m³。

④坠石：悬崖陡坡上个别较大岩块的崩落。

（2）根据坡地物质组成分类

①土体崩塌：山坡上已有的残留堆积土体等物质，由于它们结构很松散，当有大雨暴雨侵蚀或受地震震动时，即会产生边坡土体崩塌。

②岩体崩塌：受长期重力作用的陡峭风化岩体以及裂隙发育的节理岩体，在暴雨侵蚀或地震震动等外力影响下突然发生的崩塌。

（3）《岩土工程勘察规范》（GB 50021—2001）对崩塌的分类

我国《岩土工程勘察规范》（GB 50021—2001）中，根据崩塌的特征、规模及其危害程度，将其分为 3 类：

①Ⅰ类：山高坡陡；岩层软硬相间，风化严重；岩体结构面发育、松弛且组合关系复杂，形成大量破碎带和分离体；山体不稳定，可能崩塌的落石方量大于 5 000 m³，破坏力强，难以处理。

②Ⅱ类：介于Ⅰ、Ⅲ类之间。

③Ⅲ类：山体较平缓；岩层单一，风化程度轻微；岩体结构面密闭且不甚发育或组合关系简单，无破碎带和危险切割面；山体稳定，斜坡仅有个别危石，可能崩塌的落石方量小于 500 m³，破坏力小，易于处理。

▶ 8.3.2 崩塌的发生条件

崩塌的发生条件主要包括地形地貌条件、岩性条件、构造条件以及其他一些自然因素，详见表 8.5。

表 8.5 崩塌的发生条件

崩塌的发生条件	特 点
地形地貌条件	崩塌发生的地形地貌条件主要是山上高陡岩石与土质边坡
岩性条件	质坚而性脆且裂隙发育的岩石易于崩塌。高陡边坡土体有裂缝的情况下易塌
构造条件	崩塌发生的构造条件主要是岩面上构造裂隙发育，且岩层的倾向与坡向一致，岩层节理发育、有软弱结构面等因素
其他因素	温度强烈变化、暴雨作用、地震以及强烈的人类工程活动等都可能诱发崩塌

▶ 8.3.3 崩塌的防治对策

首先，在建设工程选址规划时要避开崩塌危险地段。防治崩塌的措施包括以下几个方面：

崩塌的
防治措施

①削坡：清除易崩塌的危岩；

②排水：重新设置地面排水沟使地表水不从裂隙岩体上流过；

③加固岩体：包括胶结岩石裂隙；对易崩塌体用锚索、锚杆与斜坡稳定部分联固。

④遮挡护面：可在坡脚或半坡设置落石平台或挡石墙、拦石网等；对易风化的软弱岩层，可用水泥喷浆胶结或镶补勾缝等加固护面。

滑坡的概念

⑤支护支挡:对易崩塌的公路边可修筑门型的混凝土挡墙支护。对重要工程可采用抗滑桩、锚杆注浆等联合支挡。

▶ 8.3.4 滑坡的概念与分类

1)滑坡的概念

滑坡是斜坡土体或岩体在重力作用下失去原有的稳定状态,沿着斜坡内某些滑动面(或滑动带),先缓慢而后整体快速向下滑动的地质现象。

滑坡往往是山区铁路、公路以及水库岸边经常遇到的一种地质灾害。由于山坡或路基边坡发生滑坡,常使交通中断,影响公路的正常运输。大规模的滑坡,可以堵塞河道,摧毁公路,破坏厂矿,掩埋村庄,对山区建设和交通设施危害很大。

2)滑坡的基本特征

一个发育完全的比较典型的滑坡具有如下的基本特征,如图8.4所示。滑坡的各个部分由于受力状态不同,裂缝形态也不同。按受力状态可把滑坡裂缝划分为4种:拉张裂缝、剪切裂缝、鼓张裂缝和扇形张裂缝。滑坡的基本特征要素如下:

(a)实景图

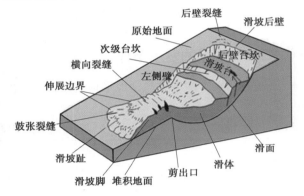

(b)滑坡的组成要素

图8.4 滑坡

(1)滑坡体

沿滑动面向下滑动的那部分岩体或土体称为滑坡体。滑坡体虽经滑动变形、相互挤压,但整体性相对完整,仍保持有原层位和结构构造体系,只是裂隙松动。

(2)滑坡床

滑动面以下未滑动的稳定土体或岩体称为滑坡床。

(3)滑动面

滑坡体与滑坡床之间的滑动界面称为滑动面。滑动面上下受揉皱的厚度为数厘米至数米的被扰动带,称为滑动带。后缘中部滑动带常出现剪切裂缝面。

(4)滑坡后壁及后缘

滑坡向下滑动后,滑动体后部与未动体之间的分界面外露,形成断壁,称为滑坡后壁。其坡度较陡,多在60°~80°。滑坡后壁呈弧形向前延伸,形态上呈圈椅状,也称滑坡圈谷。后壁高矮不等,矮的几米,高的几十米、数百米。滑坡后缘是指滑坡床后壁上面边缘的部分,滑坡后缘常见环状拉张裂缝。

（5）滑坡台阶

滑坡各个部分由于滑动速度和滑动距离的不同,在滑坡上部常形成一些阶梯状的错台,称为滑坡台阶。台面常向后壁倾斜。有多层滑动面的滑坡,经多次滑动,常形成几个滑坡台阶。

（6）滑坡舌

在滑坡体前部,形如舌状向前伸出的部分,称为滑坡舌。如果滑坡舌受阻,形成隆起小丘,则称为滑坡鼓丘,前缘滑坡舌常见鼓张裂缝。

（7）滑坡侧壁

滑坡床的侧面部分称为滑坡侧壁,常出现扇形张裂缝。

3）滑坡的分类

为对滑坡有更深入的了解和采取有针对性的措施进行滑坡治理,需要对滑坡进行分类。但由于自然界的地质条件和作用因素复杂,各种工程分类的目的和要求也不尽相同,因而可从不同角度进行滑坡分类。滑坡类型和其特征见表8.6。

表 8.6　滑坡类型及其特征

划分依据	名称类型	滑坡的特征
按滑坡体的物质组成分类	堆积层滑坡	发生于斜坡或坡脚处的堆积体,物质成分多为崩积、坡积土及碎块石,因堆积物成分、结构、厚度不同,滑坡的形状、大小不一,滑坡结构以土石混杂为主
	岩层滑坡	发育在两种地区,一种是在软弱岩层或具有软弱夹层的岩层中,另一种是在硬质岩层的陡倾面或结构面上
	黄土滑坡	发生于黄土地区,多属崩塌性滑坡,滑动速度快,变形急剧,规模及动能巨大,常群集出现
	黏土滑坡	发生于第四系与第三系地层中未成岩或成岩不良,有不同风化程度,且以黏土层为主的地层中,滑坡地貌明显,滑床坡度较缓,规模较小,滑速较慢,多成群出现
按滑坡力学特征分类	推移式滑坡	滑体上部局部破坏,上部滑动面局部贯通,向下挤压下部滑体,最后整个滑体滑动。多是由于滑体上部增加荷载,或地表水沿拉张裂隙渗入滑体等原因所引起的
	平移式滑坡	始滑部位分布在滑动面的许多点处,同时局部滑动,然后逐步发展成整体滑动
	牵引式滑坡	滑体下部先失去平衡发生滑动,逐渐向上发展,使上部滑体受到牵引而跟随滑动,大多是因坡脚遭受冲刷和开挖而引起的
按滑面与岩层层面关系的分类	无层(均质)滑坡	发生在均质、无明显层理的岩土体中,滑坡面一般呈圆弧形。在黏土岩和土体中常见
	顺层滑坡	沿岩层面发生。当岩层倾向与斜坡倾向一致,且其倾角小于坡角的条件下,往往顺层间软弱结构面滑动而形成滑坡
	切层滑坡	滑动面可以是平直的,也可以是弧形或折线形的
按滑坡规模大小划分	小型滑坡	滑坡体体积小于 3 万 m^3
	中型滑坡	滑坡体体积为 3 万 ~50 万 m^3
	大型滑坡	滑坡体体积为 50 万 ~300 万 m^3
	巨型滑坡	滑坡体体积超过 300 万 m^3

续表

划分依据	名称类型	滑坡的特征
按滑坡体厚度	浅层滑坡	滑坡体厚度小于 6 m
	中层滑坡	滑坡体厚度为 6~20 m
	深层滑坡	滑坡体厚度为 20~30 m
	超深层滑坡	滑坡体厚度超过 30 m

▶ **8.3.5 滑坡的形成条件与野外识别**

1)滑坡的形成条件

由于滑坡是斜坡土体或岩体在重力作用下失去原有的稳定状态,沿着斜坡内某些滑动面(或滑动带)先缓慢而后整体快速向下滑动的地质灾害现象,所以引起滑坡的因素主要包括岩性、构造、斜坡外形、水、地震和人为等方面。这些因素可使斜坡外形改变,岩土体性质恶化以及增加附加荷载等而导致滑坡的发生。

(1)斜坡土体及外形

斜坡土体是软硬交互的土体且斜坡土层地形较陡,岩土层面的倾向与坡向基本一致,从而使斜坡土体的滑动面能在斜坡前缘临空出露。这是滑坡产生的先决条件。

(2)构造滑动面

斜坡土体内存在一些软弱结构面(层面、节理面、断层面、片理面等),且软弱面若与斜坡坡面倾向近于一致,则此斜坡的岩土体容易失稳形成滑坡。这时,此等软弱面组合成为滑动面。

(3)水的作用

地下水的作用可使软弱滑动面岩土体软化、强度降低,可使岩土体加速滑移。若为地表水作用还可以使坡脚侵蚀冲刷;如地下水位上升可使岩土体软化、增大水力坡度等。不少滑坡有"大雨大滑、小雨小滑、无雨不滑"的特点,说明水对滑坡作用的重要性。所以特别要注意暴雨季节的滑坡。

(4)地震或人为诱发因素

地震可诱发滑坡发生,此现象在山区非常普遍。地震首先将斜坡岩土体结构破坏,可使粉砂层液化,从而降低岩土体抗剪强度;同时地震波在岩土体内传递,使岩土体承受地震惯性力,增加滑坡体的下滑力,促进滑坡的发生。

人为诱发主要有:人为破坏表层覆盖物,引起地表水下渗作用的增强,或破坏自然排水系统,或排水设备布置不当,泄水断面大小不合理而引起排水不畅,漫溢乱流,使坡体水量增加;在兴建土建工程时,由于切坡不当,斜坡的支撑被破坏,或者在斜坡上方任意堆填岩土方、兴建工程、增加荷载,从而破坏原来斜坡的稳定性。引水灌溉或排水管道漏水将会使水渗入斜坡内,促使滑动因素增加。

2)滑坡的野外识别

斜坡滑动之前,常有一些先兆现象,如:地下水位发生显著变化,干涸的泉水重新出水并且浑浊,坡脚附近湿地增多,范围扩大;斜坡上部不断下陷,外围出现弧形裂缝,坡面树木逐渐倾斜,建筑物开裂变形;滑坡前缘土石零星掉落,坡脚附近土石被挤紧,并出现大量鼓张裂缝等。斜坡滑动之后,会出现一系列的变异现象。这些变异现象,提供了野外识别滑坡的标志,其中主

要标志有:

（1）地形地貌及地物标志

滑坡的存在,常使斜坡不顺直、不圆滑而造成圈椅状地形和槽谷地形,其上部有陡峭及弧形张拉裂缝;中部坑洼起伏,有一级或多级台阶,其高程和特征与外围河流阶地不同,两侧可见羽毛状剪切裂缝;下部有鼓丘,呈舌状向外突出,有时甚至侵占部分河床,表面多鼓张扇形裂缝;两侧常形成沟谷,出现双沟同源现象如图8.5(a)所示;有时内部多积水洼地,喜水植物茂盛,有"醉汉林"及"马刀林",如图8.5(b)(c)所示,和建筑物开裂、倾斜等现象。

（a）双沟同源

（b）醉汉林

（c）马刀林

图8.5 滑坡的地形标志

（2）地层滑动面及构造标志

假如斜坡地层属于软弱层或软硬相间,可形成良好聚水条件,加上斜坡较陡,就有可能产生滑坡;如坡面松散堆积层下面为致密地层,也容易产生滑坡;如斜坡上的岩层发育有层理或有不整合面,或节理裂隙面的倾斜角大到某一限度时,也可能为滑坡的滑动面;当滑坡发生时,滑坡范围内的地层整体性常因滑动而破坏,有扰乱松动现象;层位不连续,出现缺失某一地层;岩层层序重叠或层位标高有升降等特殊变化;岩层产状发生明显的变化;构造不连续(如裂隙不连贯、发生错动等)。这些都是滑坡存在的标志。

（3）水文地质标志

沟谷交汇的陡坡上部或地下水露头多的斜坡地带,常发育着滑坡群。在地下水露头较多的斜坡地带,多产生浅层小滑坡,这种小滑坡因含水层与周界外的联系错断,形成单独的含水体系,有时发生潜水位不规则和流向紊乱的现象,斜坡下部常有成排的泉水溢出。同时在滑坡周界裂缝的两侧,坡面洼地和舌部常有喜水性植物茂盛生长。

上述各种变异现象均可作为识别滑坡的标志,是滑坡运动的统一产物,它们之间有不可分割的联系。因此,在实践中必须综合考虑几个方面的标志,相互验证,才能准确无误,绝不能根据某一标志,就轻率地作出结论。

3)滑坡先兆现象的识别

不同类型、不同性质、不同特点的滑坡,在滑动之前,均会表现出各种不同的异常现象,显示出滑动的预兆(前兆),归纳起来常见的有以下几种:

①大滑动之前,在滑坡前缘坡脚处,有堵塞多年的泉水复活现象,或者出现泉水(水井)突然干枯、井(钻孔)水位突变等类似的异常现象。

②滑坡体前缘土石零星掉落,坡脚附近土石被挤紧,并出现大量鼓张裂缝,这是滑坡向前推挤的明显迹象。

③如果在滑坡体上有长期位移观测资料,那么大滑动之前,无论是水平位移量还是垂直位移量,均会出现加速变化的趋势,这是明显的临滑迹象。

④坡面上树木逐渐倾斜,建筑物开始开裂变形,此外还可发现山坡农田变形、水田漏水、动物惊恐异常等现象,这些均说明该处坡体在缓慢滑动。

▶ 8.3.6　滑坡的防治对策

滑坡防治对策

滑坡可造成严重的工程事故,因此,在工程建设中应采取积极措施加以预防。第一,要确定某地是否存在滑坡;第二,对存在的滑坡要加强监测;第三,对可能引起工程破坏和财产损失的滑坡进行治理。滑坡的防治措施和方法如下:

(1)绕避滑坡

工程建设中,在选择场址时,应通过工程地质勘察,查明建设场地内是否有滑坡存在,并对场址的稳定性作出判断。如有滑坡,则以绕避为主,以免对拟建工程造成危害。

(2)削坡减重与反压

对上陡下缓亦即头重脚轻的滑坡,可在滑坡上部主滑地段卸土削坡减重,以减小滑体的下滑力;而在滑坡下部抗滑部分堆土加载反压,以达到滑体的力学平衡。

(3)提高滑动界面的摩擦力

对于边坡上有顺向软弱结构面的滑坡体,可以采用硅酸盐水泥或有机合成化学材料对滑动界面高压灌浆,以增强滑动面岩土的抗剪强度,提高界面抗滑力。灌浆孔需钻至滑面以下3~5 m,但要避免封存地下水于滑体之内。另外,灌浆时必须注意选择合适的灌浆压力,防止灌浆压力对滑坡的进一步破坏。

(4)排水

即在滑坡体外侧四周设置排水沟排水,从而阻止地表水流入滑动面内以减慢滑坡的运动速度。

(5)锚杆注浆加固

对小型的滑坡体可以采用打锚杆注浆来加固。

(6)抗滑桩加固

对于较深的滑动面,可以采用一排或几排抗滑桩来加固以减缓滑坡的发生,抗滑桩桩长要穿过滑动面到达滑坡床的稳定部位,且有一定的插入深度(大于圆弧滑动面)。抗滑桩可以采用人工挖孔桩或钻孔灌注桩。

（7）抗滑挡墙加固

抗滑挡墙（见图8.6）可以采用石砌挡墙或混凝土挡墙，一般是对坡脚进行加固。

► 8.3.7　崩塌与滑坡的区别

滑坡和崩塌的发育环境比较接近，都是发育在坡地上的一种块体运动现象，而且滑坡和崩塌常常相互伴生或交错发生。崩塌往往是无先兆的突然发生的小型地质灾害现象，滑坡则是有先兆的缓慢发生的中大型地质灾害现象。

正确区分滑坡与崩塌能使减灾工作更具针对

图8.6　抗滑挡墙

性。滑坡与崩塌在发生的环境条件、运动机制、堆积物结构及治理措施等方面具有较大的差异，具体见表8.7。

表8.7　崩塌与滑坡的主要差别

比较项目	崩　塌	滑　坡
定义	崩塌是陡坡上的裂隙岩石突然崩落的地质现象	滑坡是斜坡上有软弱结构面的岩土体先缓慢后快速滑移的地质现象
斜坡坡度	一般大于50°	一般小于50°
发生的斜坡特点	只发生在斜坡上陡峭的岩石坡面上	岩土体的坡向与滑动面的倾向一致
岩性特征	质坚性脆裂隙发育的岩石	有软弱结构面
运动本质	重力下拉裂	重力下剪切
运动速度	极快	极快至极慢
运动状态	多为滚动、跳跃	相对整体滑移
运动规模	较小	较小~极大
水的作用	加快裂隙风化发展速度	加快滑动速度
堆积体名称	崩塌倒石堆	滑坡岩土体
灾害的严重性	具有突发性，可堵塞公路、砸坏车辆厂房	发生后大量掩埋河道、公路、建筑

8.4　泥石流及其防治对策

► 8.4.1　泥石流的概念和分类

泥石流

泥石流是指山区暴雨或冰雪融化带来的山洪水流挟带大量泥砂、石块等固体物质，突然以巨大的速度从沟谷上游冲驰而下，凶猛而快速地对下游建筑物和人员造成强大破坏力的一种地质灾害现象。泥石流中的固体碎屑物的质量分数大致有20%~80%。

泥石流具有突然暴发、流速快、流量大、物质容量大和破坏力强的特点，常常造成村镇房屋、

图 8.7　浙江某山区泥石流灾害

道路、桥梁瞬间摧毁或掩埋,甚至堵河断流,造成严重的自然灾害,给人民生命财产带来巨大损失。图 8.7 为浙江某山区泥石流景象。该次泥石流把沿溪而建的 20 多间民房全部夷为平地,原来一两米宽的小溪,被泥石流冲刷成一条二十多米宽的乱石滩,几百块重达数吨的巨石横卧在乱石滩上。此次泥石流灾害共造成 39 人死亡,8 人失踪。

我国是一个多山的国家,山区面积达 70% 左右,是世界上泥石流最发育的国家之一。我国泥石流主要分布在西南、西北及华北地区,在东北西部和南部山区、华北部分山区及华南、台湾、海南岛等地山区也有零星分布。泥石流的发生具有一定的时空分布规律。时间上多发生在降雨集中的雨季或高山冰雪消融的季节,空间上多分布在新构造活动强烈的陡峻山区。

泥石流按其物质成分、流体性质和地貌特征可将其分类,具体分类见表 8.8。

表 8.8　泥石流类型及其特征

划分依据	名称类型	滑坡的特征
按泥石流固体物质组成分类	泥流	所含固体物质以黏土、粉土为主(占 80%~90%),仅有少量岩屑碎石。泥流的黏度大,有时出现大量泥球
	泥石流	固体物质由黏土、粉土、块石、碎石、砂砾所组成,是一种比较典型的泥石流类型。全世界的山区,尤其是基岩裸露剥蚀强烈的山区产生的泥石流,多属此类
	水石流	固体物质主要是一些坚硬的石块、漂砾、岩屑和砂粒等,黏土和粉土含量很少(<10%)。水石流主要分布于石灰岩、石英岩、大理岩、白云岩、玄武岩及坚硬砂岩地区
按泥石流流体性质分类	黏性泥石流	一般指泥石流密度大于 1 800 kg/m³(泥流大于 1 500 kg/m³),流体黏度大于 0.3 Pa·s,体积浓度大于 50% 的泥石流。该类泥石流运动时呈整体层流状态,阵流明显,固、液两相物质等速运动,堆积物无分选性,常呈垄岗状。流体黏滞性强,浮托力大,能将巨大漂石悬移。由于泥浆的铺床作用,泥石流流速快,冲击力大,破坏性强,弯道处常有直进性爬高等现象
	稀性泥石流	也叫紊流型泥石流,其固体物质的体积分数一般小于 40%,黏土、粉土的体积分数一般小于 5%,其重度多介于 13~17 kN/m³。搬运介质为浑水或稀泥浆,其流速大于固体物质运动速度,在运动过程中,具紊流性质,无层流现象,停滞后固液两相立即离析,堆积物呈扇形散流,有一定的分选性,堆积地形较平坦
按泥石流地貌特征分类	山坡型泥石流	山坡型泥石流主要沿山坡坡面上的冲沟发育。沟谷短、浅、沟床纵坡常与山坡坡度接近。泥石流流程短,有时无明显的流通区。固体物质来源主要为沟岸塌滑或坡面侵蚀
	沟谷型泥石流	沟谷型泥石流沟谷明显,长度较大,有时切穿多道次级横向山梁,个别甚至切穿分水岭。形成区、流通区、沉积区明显,固体物质来源主要为流域崩塌、滑坡、沟岸坍塌、支沟洪积扇等
	标准型泥石流	具有明显的形成、流通、沉积 3 个区段。形成区多崩塌、滑坡等不良地质现象,地面坡度陡峻;流通区较稳定,沟谷断面多呈"V"形;沉积区一般呈扇形,沉积物棱角明显;该型泥石流破坏能力强,规模较大

8.4.2　泥石流的发生条件

泥石流的形成与所在地区的自然条件和人类经济活动密切相关。泥石流的发生条件包括地形地貌条件、地质构造条件、水文气象条件及人类工程活动的影响等4类。其形成可简化为3个基本条件,缺一不可。

①有陡峭便于集水集物的适当地形;②上游堆积有丰富的松散固体物质;③短期内有突然性的大量流水的来源。

1)地形地貌条件

泥石流发生的地形地貌条件主要是指泥石流流域的地形特征,即山高谷深,地形陡峭,沟床纵坡大,且流域的形状便于松散物质和水流的混合汇集。也就是说,沟谷上游应有一个面积很大、便于汇水和有松散堆积物汇聚的区域。区域多为三面环山、一面出口的瓢形围谷地形。区内山坡较陡,为30°~60°,坡面岩土裸露,植被稀少,沟谷狭窄幽深,沟壁陡峭,沟床坡降大。沟的下游多位于沟口外大河河谷地两侧,地形开阔、平坦,是泥石流的沉积所处。在地貌上,泥石流的地貌一般可分为形成区、流通区和堆积区3部分(见图8.8)。

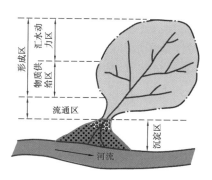

图8.8　典型的泥石流沟分区

（1）形成区

形成区一般位于泥石流沟的上、中游。形成区又可分为汇水动力区及固体物质供应区,汇水区是会聚和提供水源的地方,物质供应区山体裸露,风化严重,不良地质作用广泛分布,是为泥石流储备与提供大量泥砂石块的地方。

（2）流通区

流通区位于泥石流沟中、下游,多为一段较短的深陡峡谷,谷底纵坡大,便于泥石流的迅猛通过。非典型的泥石流沟,可能没有明显的流通区。

（3）堆积区

堆积区位于泥石流沟下游,一般多为山口外地形较开阔地段,泥石流至此流速变缓,大量固体物质呈扇形沉积。

2)地质构造条件

泥石流发生的地质构造条件是指泥石流发育地区都是地质构造复杂,岩石节理与断裂发育,风化作用强烈,岩层破碎,风化松散物多的区域,且区域内崩塌、滑坡等各种不良地质现象普遍发育,为泥石流的形成提供了丰富的固体碎屑物质。

3)水文气象条件

泥石流发生的水文气象条件是指暴雨给沟谷区域带来大量的汇聚水。水既是泥石流的组成部分,又是泥石流的搬运介质。松散固体物质大量充水达到饱和或过饱和状态后,结构破坏,摩阻力降低,流动性增大,从而与水一起流动形成泥石流。春夏季节高强度的暴雨使得沟谷的水流和泥石混合形成泥石流,且短时间内突然性的大量沿沟谷喷发出来,冲毁下游的建(构)筑物,造成泥石流灾害。

4）人类工程活动的影响

人类工程活动不当可促使泥石流发生、发展或加剧其危害。滥伐乱垦会使植被消失、山坡失去保护、土体疏松、冲沟发育，大大加重水土流失，进而山坡稳定性破坏，滑坡、崩塌等不良地质现象发育，结果就很容易产生泥石流，甚至那些已退缩的泥石流又有重新发展的可能。修建铁路、公路、水渠以及其他工程建筑的不合理开挖，不合理的弃土、弃渣、采石等也可能形成泥石流。

▶ 8.4.3 泥石流的防治措施

对泥石流病害，应进行调查，通过访问、测绘、观测等获得第一手资料，掌握其活动规律，有针对性地采取预防为主、以避为宜、以治为辅，防、避、治相结合的方针。泥石流的治理要因势利导，顺其自然，就地论治，因害设防和就地取材，充分发挥排、挡、固等防治技术的有效结合。

（1）水土保持

水土保持包括封山育林、植树造林、平整山坡、修筑梯田，修筑排水系统及支挡工程等措施。水土保持虽是根治泥石流的一种方法，但需要一定的自然条件，收效时间也较长，一般应与其他的措施配合进行。

（2）跨越

根据具体情况，可以采用桥梁、涵洞、过水路面、明洞隧道、渡槽等方式跨越泥石流发生的通道。

（3）排导

采用挖深排导沟、急流槽、导流渠等措施使泥石流顺利排走，以防止掩埋道路，堵塞桥涵。

（4）拦截与支挡

在泥石流流经的河流有建筑物的一侧修建拦截坝、支挡堤坝等，改变泥石流的流向，从而保护建筑物的安全。

另外，在泥石流发育地区拟建建筑物设计时，要避开泥石流通道地带。暴雨季节要加强预防监测和预警工作。

8.5 岩溶、土洞及其处理对策

▶ 8.5.1 岩溶的概念及发生条件

1）岩溶的概念

岩溶是岩溶作用及其所产生的一切岩溶现象的总称，岩溶也称喀斯特。岩溶作用是指地表水和地下水对地表及地下可溶性岩石所进行的化学溶解作用、机械侵蚀作用、溶蚀作用、侵蚀—溶蚀作用，以及与之相伴生的堆积作用的总称。在岩溶作用下所产生的地表形态和沉积物，称为岩溶地貌和岩溶堆积物。在岩溶作用地区所产生的特殊地质、地貌和水文特征，称为岩溶现象。岩溶在我国分布非常广泛。其中在桂、黔、滇、川东、川南、鄂西、湘西、粤北等地连片分布的就达 55 万 km^2。

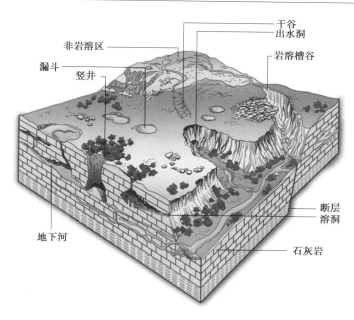

图 8.9 岩溶形态示意图

由于岩溶地区有着独特的水文特征和地貌特征,因此在岩溶地区进行各种经济建设和生产活动都会遇到非岩溶地区所没有的问题。在岩溶地区,由于存在大量的地下空洞,进行水库修建时要注意防止渗漏问题,在开凿隧道和建设矿井时要注意涌水排水问题,在建筑铁路、桥梁和厂房时要注意地基的塌陷问题。

2)岩溶的形态特征

在可溶性岩石分布地区,溶蚀作用在地表和地下形成了一系列溶蚀现象,称为岩溶的形态特征。这些形态既是岩溶区所特有的,使该地区地表形态奇特,景致优美别致,常被开发为旅游景点,如广西桂林山水和云南路南石林。同时,这些形态,尤其是地下洞穴、暗河,也是造成工程地质问题的根源。常见的岩溶形态见图 8.9 和表 8.9。

岩溶形成条件
及形态视频

表 8.9 常见的岩溶形态

编号	岩溶形态	各类岩溶形态的特点
1	石芽、石林	溶沟槽间的突起称石芽。其底部往往被土及碎石所充填。在质纯层厚的石灰岩地区,可形成巨大的貌似林立的石芽,称为石林
2	溶蚀洼地	溶蚀洼地是岩溶作用形成的小型封闭洼地。它的周围常分布着陡峭的峰林,面积一般只有几平方千米到几十平方千米,底部有残积、坡积物,且高低不平,常附生着漏斗。溶蚀盆地是一种大型封闭洼地,也称坡立谷。面积由数平方千米至数百平方千米,进一步发展则成溶蚀平原
3	漏斗	地表水顺着可溶性岩石的竖直裂隙下渗,最先产生溶隙。待顶部岩石溶蚀破碎及竖直溶隙扩大,岩层顶部塌落形成近乎圆形坑。圆形坑多具向下逐渐缩小的凹底,形状酷似漏斗称为溶蚀漏斗。在漏斗底部常堆积有岩石碎屑或其他残积物

续表

编号	岩溶形态	各类岩溶形态的特点
4	落水洞	如果岩石的竖直溶隙连通大溶洞或地下暗河,溶隙可能扩大成地面水通向地下暗河或溶洞的通道称落水洞。其形态有垂直的、倾斜的或弯曲的,直径也大小不等,深度可达数百米
5	溶沟、溶槽	水沿可溶性岩石的节理、裂隙进行溶蚀和冲蚀所形成的沟槽间突起与沟槽形态,形成的沟槽其深度由数厘米至几米,或者更大些,浅者为溶沟,深者为溶槽
6	溶洞	溶洞地下水沿岩石裂隙溶蚀扩大而形成的各种洞穴。溶洞形态多变,洞身曲折、分岔,断面不规则。地面以下至潜水面之间,地表水垂直下渗,溶洞以竖向形态为主。规模较大的溶洞,长达数十千米,洞内宽处如大厅,窄处似长廊。水平溶洞有的不止一层
7	暗河	岩溶地区地下沿水平溶洞流动的河流称暗河。溶洞和暗河对各种工程建筑物,特别是地下工程建筑物造成较大危害,应予特别重视
8	溶蚀裂隙	地表水沿可溶性岩石的节理裂隙流动,不断地进行溶蚀和侵蚀而形成溶蚀裂隙
9	钟乳石	钟乳石是指碳酸盐岩地区洞穴内在漫长地质历史中和特定地质条件下形成的石钟乳、石笋、石柱等不同形态碳酸钙沉淀物的总称

3)岩溶的形成条件

岩溶的形成条件包括岩石的可溶性、岩石的透水性和有溶解能力的地下水活动 3 个方面。

(1)岩石的可溶性

可溶性岩石是岩溶发育的物质基础,它的成分和结构特征影响岩溶的发育程度。

岩石的成分不同,其溶解度也不一样。按其成分,可溶性岩石可以分为易溶的卤素盐类(如岩盐)、中等溶解度的硫酸盐类(如石膏、硬石膏、芒硝)和碳酸盐类(如石灰岩、白云岩)。通常所说的岩溶常指碳酸盐类地貌,它可以形成溶洞和石林。

(2)岩石的透水性

岩石的透水性是岩溶发育的另一个必要条件,岩石的透水性越高,岩溶发育也越强烈。岩石的透水性取决于岩体的裂隙、孔隙的多少和连通情况,所以,岩石中裂隙的发育情况往往控制着岩溶的发育情况。一般在断层破碎带,背斜轴部等地段,岩溶比较发育,原因就在这里。此外,在地表附近,由于风化裂隙增多,有利于地下水的运动,岩溶一般比深部发育。

(3)有溶解能力的地下水活动

有溶解能力的地下水活动是岩溶发生的另一条件。水对碳酸盐类岩石的溶解能力,主要取决于水中侵蚀性 CO_2 的含量。水中侵蚀性 CO_2 含量越多则溶解能力越强。当地下水中含侵蚀性 CO_2 时,CO_2 与方解石的 $CaCO_3$ 反应,最终生成 Ca^{2+} 离子,使碳酸盐岩的溶解度高达几百 mg/L,大大提高了岩溶发育速度。其化学反应式如下:

$$CaCO_3 + CO_2 + H_2O \Leftrightarrow Ca(HCO_3)_2 \Leftrightarrow Ca^{2+} + 2HCO_3^- \qquad (8.2)$$

该反应为可逆反应,反应达到平衡时的 CO_2 含量称为平衡 CO_2,当地下水中 CO_2 含量超过平衡时的 CO_2,反应才会向右进行,超过部分称为侵蚀性 CO_2。水中 CO_2 的来源,主要是雨水溶解空气中所含 CO_2 形成的,土壤和地表附近强烈的生物化学作用,也是水中 CO_2 的重要来源之一。由此可见,水的物理化学性质与岩溶的发育有着密切的关系。此外随着水温增高,进入水中的 CO_2 扩散速度增大,使岩溶加强,故热带石灰岩溶蚀速度比温带、寒带快。

地下水的主要补给是大气降水。降雨量大的地区,水源补给充沛,岩溶就易于发育。岩溶水随深度不同有不同的运动特征,从而形成不同的岩溶形态。

▶ 8.5.2 岩溶区的工程地质问题及处理对策

在进行建(构)筑物布置时,应先将岩溶的位置勘察清楚,然后针对实际情况做出相应的防治措施。当建(构)筑物的位置可以移位时,为了减少工程量和确保建(构)筑物的安全,应首先设法避开有威胁的岩溶区,实在不能避开时,再考虑处理方案。

1)岩溶地区的工程地质问题

岩溶地区的工程地质问题包括以下几个方面:

(1)岩溶地区地基土的不均匀沉降问题

由于地表岩溶深度不一致,基岩岩面起伏,导致上覆土层厚度不均匀,使建筑物地基产生不均匀沉降。在岩溶发育地区,水平方向上相距很近(如 $1\sim2$ m)的两点,有时土层厚度相差可达 $4\sim6$ m,甚至十余米。在土层较厚的溶槽(沟)底部,往往又有软弱土存在,更加剧了地基的不均匀性。此外,在一些溶洞中,存在溶洞坍塌堆积物,当在上面修筑路堤或桥墩等建(构)筑物时,也存在上述不均匀沉降问题,特别是隧道一半在基岩中,一半在溶洞中,而隧道底部高于溶洞底部时,需进行填补支护,溶洞土层的不均匀沉降常导致轨面倾斜和衬砌开裂。

(2)岩溶地基稳定性问题

岩溶地区地基稳定性包括浅基础下地基土厚度不均匀导致的滑移问题,和桩端进入持力层深浅不一的滑移问题,以及开挖边坡的稳定滑移问题。因为在岩溶地区,由于地表覆盖层下有石芽、溶沟,岩体内部有暗河、溶洞,如作为地基通常是很不均匀的,基岩界面不能准确掌握,所以要进行详细的工程地质勘察。对岩溶地区重要工程的桩基础要求每个桩都要有一个勘探孔,且勘探孔的深度要穿过溶洞到达完整基岩 2 m 以上。

(3)岩溶地区地基潜蚀塌陷问题

岩溶地区地基的潜蚀塌陷问题指的是,岩溶地区上覆土层常因下部岩溶水的潜蚀作用而塌陷,形成土洞。而且这种作用是长期存在的,土洞(空洞)是随时间不断形成的且有可能继续发展,所以对跨岩溶地区高速公路的路基等,需要全面勘察评价线路上全流域的岩溶发育情况。

(4)岩溶地区地下水渗漏问题

在岩溶发育地区修筑水库时,库水常沿溶蚀裂隙、岩溶管道、溶洞、地下暗河等渗漏、严重时可造成水库不能蓄水。由于渗漏形式错综复杂,防渗工程处理难度大,所以,应慎重选址,并且详细的工程地质勘察是十分必要的。

2)岩溶地区工程地质问题的处理对策

①在岩溶地区进行工程建设设计前,必须进行详细的工程地质勘察,勘察内容见第 8 章。

②在岩溶地区一般建筑的浅基础设计时要详细了解地质资料,包括拟建场地内岩溶的溶洞发育情况,岩溶基岩面石芽的起伏情况,基岩面上方覆盖土层的厚度变化情况,及岩土物理力学参数的变化情况。具体设计时要尽量提高基础与上部结构的整体刚度,同时要进行房屋基础的不均匀沉降验算和稳定性验算。

③在岩溶地区重要建筑的深基础设计时要详细了解地质资料,包括拟建场地内岩溶的溶洞发育情况,岩溶基岩面石芽的起伏情况,基岩面上方覆盖土层的厚度变化情况及岩土物理力学参数的变化情况。具体设计时要尽量采用桩基础,且桩端要穿过溶洞进入下部完整基岩内1 m以上。并尽量提高基础与上部结构的整体刚度,同时要进行房屋基础的不均匀沉降验算和稳定性验算。

④岩溶地区小型水库建设要详细了解库区的地质资料,包括拟建场地内岩溶的溶洞发育情况,岩溶基岩面石芽的起伏情况,基岩面上方覆盖土层的厚度变化情况及岩土物理力学参数的变化情况。具体设计时坝基要选择在完整基岩上,且坝基上下游之间不能有溶洞连通,以利于蓄水。坝基要作整体防渗处理并作整体稳定性验算。

▶ **8.5.3 土洞的概念及发生条件**

1)土洞的概念

土洞是由于地表水和地下水对地下岩土层潜蚀溶蚀产生空洞,而空洞的扩展导致地表土层陷落的一种地质现象。因为地下水或者地表水流入地下土体内,将颗粒间可溶成分溶滤,带走细小颗粒,使土体被掏空成洞穴,这种地质作用的过程称为潜蚀。当土洞发展到一定程度时,上部土层发生塌陷,破坏地表原来形态(图 8.10),危害建(构)筑物安全和使用。土洞的危害包括岩土体中的空洞使地表突然塌陷造成地面沉降和房屋不均匀沉降,城市道路路基土沉陷造成自来水管和污水管的破裂等。

图 8.10 四川某地土洞塌陷图

2)土洞的形成条件

土洞的形成条件包括岩土的可溶性、岩土的透水性和地下水的潜蚀溶蚀作用 3 个方面。

(1)岩土的可溶性

岩石的土洞往往是表层覆盖土下有可溶性的碳酸岩类岩石存在,岩石慢慢发育成溶洞造成地表土塌陷。土层的土洞往往是浅表层覆盖土下有粉砂土层的存在且地下水位较低,粉砂土层在外界振动荷载或承压水头等作用下,潜蚀液化而造成地表土塌陷。

(2)岩土的透水性

岩土的透水性是地下土洞发育的另一个必要条件,岩土的透水性越高,土洞发育也越强烈。岩石的透水性取决于岩体的裂隙、孔隙的多少和连通情况,土层的透水性取决于粉砂土的结构和连通性。

（3）地下水的潜蚀溶蚀作用

岩石土洞实质上是水对碳酸盐类的溶解作用，包括侵入性 CO_2 等作用，使岩石溶解后形成溶洞造成地表土塌陷而形成土洞。土层的土洞实质上是粉砂土层在高水头差的地下水潜蚀冲刷后，或振动冲刷作用后造成地表土的沉降而形成土洞。

土洞的形成主要是潜蚀作用导致的。潜蚀是指地下水流在土体中进行溶蚀和冲刷的作用。如果土体内不含有可溶成分，则地下水流仅将细小颗粒从大颗粒间的孔隙中带走，这种现象称为机械潜蚀。其实，机械潜蚀也是冲刷作用之一，所不同的是它发生于土体内部，因而也称内部冲刷。如果土体内含有可溶成分，例如黄土，含碳酸盐、硫酸盐或氯化物的砂质土和黏质土等，地下水流先将土中可溶成分溶解，而后将细小颗粒从大颗粒间的孔隙中带走，因而这种具有溶滤作用的潜蚀称之为化学潜蚀。化学潜蚀主要是因溶解土中可溶物而使土中颗粒间的联结性减弱和破坏，从而使颗粒分离和散开，为机械潜蚀创造条件。

机械潜蚀的发生，除了土体中的结构和级配成分能容许细小颗粒在其中搬运移动外，地下水的流速是搬运细小颗粒的动力。流速越大，机械潜蚀越强。

▶ 8.5.4　土洞的工程地质问题及其处理对策

在进行建（构）筑物布置时，应先将土洞的位置勘察清楚，然后针对实际情况采取相应的防治措施。当建（构）筑物的位置可以移位时，为了减少工程量和确保建（构）筑物的安全，应首先设法避开有威胁的土洞区，实在不能避开时，再考虑处理方案。

1）土洞地区的工程地质问题

土洞地区的工程地质问题包括以下几个方面：

（1）土洞地区地基土的不均匀沉降问题

由于地表土洞的地下基岩岩面起伏较大，导致上覆土层厚度不均匀，容易使建筑物地基产生不均匀沉降。所以一般对于土洞分布很密，并且土洞的发育处在地下水交替最积极的循环带内，洞径较大，顶板薄，并且裂隙发育，那么此地不宜选择为建筑场地和地基。但是如果某场地虽有土洞，但土洞是早期形成的，已被深厚第四纪沉积物所充填，并已证实目前这些洞已不在活动，在这种情况下可根据洞的顶板承压性能，选择其作为低矮建筑物的地基。

（2）土洞地基稳定性问题

土洞地区地基稳定性包括浅基础下地基土厚度不均匀导致的滑移问题，桩端进入持力层深浅不一的滑移问题，以及开挖边坡的稳定滑移问题。因为在土洞地区，由于地表覆盖层下有土洞，建筑物的地基通常是很不均匀的，基岩界面不能准确掌握，所以要进行详细的工程地质勘察。对土洞地区重要工程的桩基础，要求每个桩都要有一个勘探孔，且勘探孔的深度要穿过溶洞到达完整基岩 2 m 以上。一般土洞如埋置很浅，则洞的顶板可能不稳定，甚至会发生地表塌落。当洞埋藏较浅或洞顶板不稳定时，低矮建筑物可采用跨盖方案。如采用长梁式基础或桁架式基础或刚性大平板等方案跨越。但梁板的支承点必须放置在较完整的岩石上或可靠的持力层上，并注意其承载能力和整体稳定性。对于一般建筑物和高层建筑物必须采用桩基穿透土洞到达下部稳定的持力层。

（3）土洞地区地基潜蚀塌陷问题

土洞地区地基的潜蚀塌陷问题指的是岩溶地区上覆土层常因下部岩溶水的潜蚀作用而塌陷，形成土洞。而且这种作用是长期存在的，土洞（空洞）是随时间不断形成的且有可能继续发展，所以对跨岩溶地区高速公路的路基等,需要全面勘察评价线路上全流域的岩溶土洞发育情况。

(4)土洞地区地下水渗漏问题

在土洞发育地区修筑水库时,库水常沿溶蚀裂隙、土洞、溶洞、地下暗河等渗漏、严重时可造成水库不能蓄水。由于渗漏形式错综复杂,防渗工程处理难度大,所以,应慎重选址,并且详细的工程地质勘察是十分必要的。

2)土洞地区工程处理措施

①在土洞地区进行工程建设设计前,必须进行详细的工程地质勘察,勘察内容见第8章。

②在土洞地区,一般建筑的浅基础设计时要详细了解地质资料,包括拟建场地内土洞的发育情况及岩层起伏情况,基岩面上方覆盖土层的厚度变化情况,及岩土物理力学参数的变化情况。具体设计时要尽量提高基础与上部结构的整体刚度,同时要进行房屋基础的不均匀沉降验算和稳定性验算。

③在土洞地区,重要建筑的深基础设计时要详细了解地质资料,包括拟建场地内土洞发育情况及岩层起伏情况,基岩面上方覆盖土层的厚度变化情况,及岩土物理力学参数的变化情况。具体设计时要尽量采用桩基础,且桩端要穿过土洞进入下部完整基岩内1 m以上。并尽量提高基础与上部结构的整体刚度,同时要进行房屋基础的不均匀沉降验算和稳定性验算。

④土洞地区小型水库建设要详细了解库区的地质资料,包括拟建场地内土洞发育情况及岩层起伏情况,基岩面上方覆盖土层的厚度变化情况,及岩土物理力学参数的变化情况。具体设计时坝基要选择在完整基岩上,且坝基上游下游之间不能有土洞连通,以利于蓄水。坝基要作整体防渗处理并作整体稳定性验算。

8.6 采空区的处理原则

▶ 8.6.1 采空区的地表变形特征与影响因素

1)采空区的地表变形特征

地下矿层大面积采空后,矿层上部的岩层失去支撑,平衡条件被破坏,随之产生弯曲、塌落,以致发展到使地表下沉变形。地表变形开始成凹地,随着采空区的不断扩大,凹地不断发展而成凹陷盆地(见图8.11),此盆地称为移动盆地。

移动盆地的面积一般比采空区面积大,其位置和形状与矿层的倾角大小有关。矿层倾角平缓时,盆地位于采空区的正上方,形状对称于采空区;矿层倾角较大时,盆地在沿矿层走向方向仍对称于采空区,而沿倾斜方向随着倾角的增大,盆地中心愈向倾斜的方向偏移。

根据地表变形值的大小和变形特征,自移动盆地中心向边缘分为3个区:

(1)均匀下沉区(中间区)

即盆地中心的平底部分。当盆地尚未形成平底

图8.11 采空区

时,该区即不存在,区内地表下沉均匀,地面平坦,一般无明显裂缝。

（2）移动区（又称内边缘区或危险变形区）

区内地表变形不均匀,变形种类较多,对建筑物破坏作用较大,如地表出现裂缝时,又称为裂缝区。

（3）轻微变形区（外边缘区）

地表的变形值较小,一般对建筑物不起损坏作用。该区与移动区,一般是以建筑物的容许变形值来分界的。其外围边界,即移动盆地的最外边界,实际上难以确定,一般以地表下沉值10 mm 为标准来划分。

2）采空区影响地表变形的因素

采空区地表变形分为两种移动和 3 种变形。两种移动是:垂直移动（下沉）和水平移动;3 种变形是:倾斜、弯曲（曲率）和水平变形（伸张或压缩）。影响地表变形的因素主要包括矿层、岩性、地质构造、地下水和开采条件等,详见表 8.10。

表 8.10 采空区影响地表变形的因素

影响因素	对采空区地表变形的影响
矿层因素	（1）矿层埋深愈大（即开采深度愈大）,变形扩展到地表所需的时间愈长,地表变形值愈小,变形比较平缓均匀,但地表移动盆地的范围增大 （2）矿层厚度大,采空的空间大,会促使地表的变形值增大 （3）矿层倾角大时,使水平移动值增大,地表出现裂缝的可能性加大,盆地和采空区的位置更不相对应
岩性因素	（1）上覆岩层强度高、分层厚度大时,地表变形所需采空面积要大,破坏过程所需时间长,厚度大的坚硬岩层,甚至长期不产生地表变形。强度低、分层薄的岩层,常产生较大的地表变形,且速度快,但变形均匀,地表一般不出现裂缝。脆性岩层地表易产生裂缝 （2）厚的、塑性大的软弱岩层,覆盖于硬脆的岩层上时,后者产生破坏会被前者缓冲或掩盖,使地表变形平缓;反之,上覆软弱岩层较薄,则地表变形会很快,并出现裂缝。岩层软硬相间、且倾角较陡时,接触处常出现层离现象 （3）地表第四纪堆积物愈厚,则地表变形值增大,但变形平缓均匀
地质构造因素	（1）岩层节理裂隙发育,会促进变形加快,增大变形范围,扩大地表裂缝区 （2）断层会破坏地表移动的正常规律,改变移动盆地的大小和位置,断层带上的地表变形更加剧烈
地下水因素	地下水活动（特别是抗水性弱的岩层）会加快变形速度,扩大变形范围,增大地表变形值
开采条件因素	矿层开采和顶板处置的方法,以及采空区的大小、形状、工作面推进速度等,均影响着地表变形值、变形速度和变形的形式。目前以柱房式开采和全部充填法处置顶板,对地表变形影响较小。矿山开采时必须做好矿区坑道的加固以减少地面沉降

▶ 8.6.2 采空区地面建筑适宜性和处理原则

1）适宜性评价

采空区地表的建筑适宜性评价,应根据开采情况、移动盆地特征及变形值大小等,将被评价场地划分为不适宜建筑的场地、相对稳定的场地和可以建筑的场地。

①当开采已达"充分采动"(即移动盆地已形成平底)时,盆地平底部分可以作为低矮临时建筑的地基,但要观测沉降;平底外围部分,当变形仍在发展时不宜作建筑场地。

②当开采尚未达"充分采动"时,水平和垂直变形都发展较快,且不均匀,这时整个盆地范围内,一般都不适宜作建筑场地。

③一般不应作为建筑物的建筑场地的地段,包括:开采主要影响范围以内及移动盆地边缘变形较大的地段;开采过程中可能出现非连续变形的地段;处于地表移动活跃阶段的地段;由于地表变形可能引起边坡失稳地段;地表倾斜 $i > 10$ mm/m 或水平变形 $\varepsilon > 6$ mm/m 的地段。

④如需作为建筑场地时,应进行专门研究或对建筑物采取保护措施的地段,包括:采空区的深度小于 50 m 的地段;地表倾斜 $i = 3 \sim 10$ mm/m,或水平变形 $\varepsilon = 2 \sim 6$ mm/m,或曲率 $K = 0.2 \sim 0.6$ mm/m² 的地段。

2)防止地表和建筑物变形的措施

①新建建筑规划设计时要避开采空影响区。

②对采空区已有建筑物要加强沉降观测,同时应尽可能对地基基础进行加固以减少不均匀沉降。

③对有严重裂缝的建筑物要拆除,对于有轻微裂缝的建筑物要进行整体性加固。

8.7 台风带来的地质灾害

▶ 8.7.1 海岸带堆积物的特点

1)海岸带地质作用

海岸带的地质作用包括海岸带的风化作用、沉积作用、溶蚀作用、生物作用、潮汐作用和波浪作用等。其中,陆地上的营力作用包括风化作用、河流沉积作用和生物作用;海洋的营力作用包括波浪作用、潮汐作用及海蚀作用和海积作用等,见表 8.11。

表 8.11 海岸带地质作用

海岸带地质作用类型	各类海岸带地质作用
海岸带沉积作用	海岸带的松散物质,如波浪侵蚀陆地造成的海蚀产物、河流冲积物、海生物的贝壳、残骸等,在波浪作用力推动下移动,并进一步被研磨和分选,由于地形、气候等影响而使波浪力量减弱,这些沉积物就会堆积下来,形成各种海积地貌
海岸带风化作用	分布在海岸带上的先成岩石,在流水、波浪、潮汐、海流、生物,以及海风、空气等作用下,发生物理或化学变化的过程
海岸带溶蚀作用	海水对岩石、矿物的溶蚀能力比淡水强,海水使含有 SiO_2 的基岩遭到破坏
海岸带生物作用	包括生物风化作用和生物堆积作用两大类
潮汐作用	海水在天体引潮力作用下所产生的周期性运动
波浪作用	风(台风)吹过海面时,通过压力和摩擦作用将能量传递给海水,使海水质点离开平衡位置作圆周运动,海面随之发生周期性的起伏

2)海岸带堆积物的特点

根据外海波浪对岸边作用方向与岸线走向之间的角度关系,海底泥沙有作垂直岸线方向移动和平行岸线方向移动两种状态,它们各自形成不同的堆积地貌。

当外海波浪作用方向与海岸线正交时,海底泥沙在波浪作用力和重力的切向分力共同作用下作垂直岸线方向的运动,称为泥沙横向运动。泥沙横向移动过程可形成各种堆积地貌:水下堆积阶地、水下沙堤、离岸堤、泻湖和海滩等,见表8.12。

表8.12 泥沙横向移动形成的堆积地貌

堆积地貌类型	各类堆积地貌特点
水下堆积阶地	分布在水下岸坡的坡脚,由中立带以下向海岸移动的泥沙堆积而成。在粗颗粒物质组成的陡坡海岸,水下堆积阶地比较发育
水下沙堤	是一种大致与岸线平行的长条形水下堆积体。当变形的浅水波发生破碎时,倾翻的水体强烈冲掏海底,被掏起的泥沙大部分堆积在破碎点的靠陆侧,形成水下沙坝
离岸堤和泻湖	离岸堤是离岸一定距离高出海面的沙堤。海面下降可以使水下沙堤露出海面形成离岸堤,也可能在一次大风暴海面高涨时形成水下沙堤,风暴过后,海面水位迅速退到原来位置,水下沙堤露出海面形成离岸堤。离岸堤与陆地之间封闭或半封闭的浅水水域称为泻湖
海　滩	海滩是与陆地相连接的砂砾质堆积体。根据海滩的形态又分为双坡形海滩(滩脊海滩)和单坡向海倾斜的海滩(背叠海滩)。这两种海滩的向海坡,有时是上凸的,有时是下凹的。在砾石质海滩上,进流水体大量被渗透,退流速度迅速减小,进流带来的物质停积在海滩上,故呈凸形坡。沙质海滩常呈凹形坡

当波浪的传播方向与岸线呈斜交,海岸带泥沙所受的波浪作用力和重力的切向分力不在一条直线上,泥沙颗粒按两者的合力方向沿岸移动,称为泥沙纵向移动。由于岸线走向变化使波浪作用方向与岸线夹角增大或减小,以至于泥沙流过饱和而发生堆积,形成各种堆积地貌:凹形海岸堆积地貌、凸形海岸堆积地貌、岸外岛屿等。

▶ 8.7.2　台风带来的地质灾害

台风是一个强烈的热带气旋,它好比水中的漩涡一样,是在热带洋面上绕着自己的中心急速旋转同时又向前移动的空气漩涡。在移动时像陀螺那样,人们有时把它比作"空气陀螺"。由于这种空气漩涡移动时常常伴有狂风暴雨,故气象上给它取了一个与普通大风不同的名字——台风。

在我国沿海地区,几乎每年夏秋两季都会或多或少地遭受台风的侵袭,因此而遭受的生命财产损失也不小。作为一种灾害性天气,可以说,提起台风,没有人会对它表示好感。然而,凡事都有两重性,除了灾害性一面,台风这一热带风暴却为人们带来了丰沛的淡水和新鲜的空气。此外台风对于调剂地球热量、维持热平衡更是功不可没。但是,台风也总是带来各种破坏,具有突发性强、破坏力大的特点,是世界上最严重的自然灾害之一。

台风的破坏力主要表现在强风、暴雨、风暴潮及由此诱发的地质灾害等。对于沿海地区和台风经过的我国中部地区破坏力都很大。

（1）强风

台风是一个巨大的能量库,其风速都在 17 m/s 以上,甚至在 60 m/s 以上。在强大风力的作用下,海上船只很容易被吞没而沉入海底,陆上建筑物也会横遭摧毁,农作物可以被一扫而光。

（2）暴雨

台风是非常强的降雨系统。一次台风登陆,降雨中心一天之中可降下 100～300 mm 的大暴雨,甚至可达 500～800 mm。台风雨的特点是一次短时间内降雨量多,降雨强度大。台风暴雨造成的洪涝灾害和泥石流等地质灾害,是最危险的灾害之一。

（3）风暴潮

风暴潮,就是台风移向陆地时,由于台风的强风和低气压的作用,使海水向海岸方向强力堆积,潮位猛涨,水浪排山倒海般向海岸压去,导致潮水漫溢,海堤溃决冲毁房屋和各类建筑设施,淹没城镇和农田,造成大量人员伤亡和财产损失。风暴潮还会造成海岸侵蚀,海水倒灌造成土地盐渍化等灾害。

（4）台风带来的地质灾害

台风带来的持续强降水引发洪涝灾害,不但淹没房屋和人畜,而且还淹没农田,毁坏作物。洪水还会破坏厂房、通信与交通设施,损毁水利工程,从而造成对国民经济各部门的破坏。洪涝灾害还会造成继发性灾害,极易引发滑坡、崩塌、泥石流等地质灾害的发生。我国每年因台风造成的损失至少上百亿元至上千亿元,防灾减灾任务艰巨。

▶ 8.7.3 台风灾害的防范

台风带来的狂风暴雨以及引发的巨浪、风暴潮等灾害,具有很强的破坏力,严重威胁着沿海地区人民群众的生命和财产安全。因此,在台风来临前,一定要提高自我防范意识,避免人身伤害,减少财产损失。

①台风引发的风暴潮容易冲毁海塘、涵闸、码头、护岸等设施,甚至可能直接冲走附近的人。现在科技发达,通过遥感卫星可以适时监测台风到来的时刻和地点。因此台风来临前,海上船舶、海涂养殖人员、病险水库下游的人员、临时工棚内及危险地段的人员,都应及时转移到安全地方。

②沿海乡镇在台风来临前要加固各类危旧住房、厂房、工棚、临时建筑、在建工程、市政公用设施（如路灯等）、吊机、施工电梯、脚手架、电线杆、树木、广告牌、铁塔等,千万不要在以上地方躲风避雨。

③台风来临时,千万不要在河、湖、海的路堤或桥上行走,不要在强风影响区域开车。

④台风带来的暴雨容易引发洪水、山体滑坡、泥石流等灾害,发现危险征兆应及早转移。

8.8 地质灾害危险性评估及场地选址的工程评价

▶ 8.8.1 地质灾害评估范围及技术要求

1）地质灾害的评估范围

①凡处于地质灾害易发区内的工程建设项目、山区旅游资源开发和新建矿山项目,在可行

性研究阶段和建设用地预审前,以及采矿许可权审批前,必须进行地质灾害危险性评估。

编制土地利用总体规划、城市总体规划、村庄和集镇规划,以及相应的土地利用专项规划时,应当与地质灾害防治规划相衔接。对处于地质灾害易发区内的,应对规划区进行地质灾害危险性评估。

②鉴于重大工程建设对地质环境影响较大,极易诱发地质灾害,因此,为了避免不必要的损失,保障工程建设项目的安全,对处于地质灾害非易发区内的重大工程建设项目,也应进行地质灾害危险性评估。

③地质灾害危险性评估范围,不能局限于建设用地和规划用地面积内,应视建设和规划项目的特点、地质环境条件和地质灾害种类予以确定。

④在已进行地质灾害危险性评估的城市规划区范围内进行工程建设,若建设工程处于已划定为危险性大、中等的区段,还应按建设工程项目的重要性与工程特点,进行建设工程地质灾害危险性评估。区域性工程项目的评估范围,应根据区域地质环境条件及工程类型确定,按地质灾害危险性评估分级进行,根据地质环境条件复杂程度与建设项目重要性划分为三级,见表8.13。

表 8.13 地质灾害危险性评估分级表

评估分级　　复杂程度项目重要性	复　杂	中　等	简　单
重要建设项目	一级	一级	一级
较重要建设项目	一级	二级	三级
一般建设项目	二级	三级	三级

地质环境条件复杂程度分类见表8.14。

表 8.14 地质环境条件复杂程度分类表

复　杂	中　等	简　单
地质灾害发育强烈	地质灾害发育中等	地质灾害一般不发育
地形与地貌类型复杂	地形较简单,地貌类型单一	地形简单,地貌类型单一
地质构造复杂,岩性岩相变化大,岩土体工程地质性质不良	地质构造较复杂,岩性岩相不稳定,岩土体工程地质性质较差	地质、构造简单,岩性单一,岩土体工程地质性质良好
工程地质、水文地质条件不良	工程地质、水文地质条件较差	工程地质、水文地质条件良好
破坏地质环境的人类工程活动强烈	破坏地质环境的人类工程活动较强烈	破坏地质环境的人类工程活动一般

注:每类5项条件中,有一条符合复杂条件者即划为复杂类型。

2)技术要求

在充分收集和分析已有资料基础上,编制评估工作大纲,明确任务,确定评估范围与级别,明确地质灾害调查内容及重点,工作部署与工作量,提出质量监控措施和要求等。

①一级评估应有充足的基础资料,必须对评估区内分布的各类地质灾害体的危险性和对拟建工程的危害程度,建筑适宜性逐一进行评估,并提出有效防治地质灾害的措施与建议。

②二级评估应有足够的基础资料,必须对评估区内分布的各类地质灾害的危险性、危害程度和建筑适宜性进行综合分析,并提出可行的防治地质灾害措施与建议。

③三级评估应有必要的基础资料并进行分析,参照一级评估要求的内容,作出概略评估。

▶ **8.8.2 地质灾害危险性评估**

地质灾害危险性评估前应对不同类型灾种进行地质灾害调查。

地质灾害危险性评估是在查明各种致灾地质作用的性质、规模和受灾对象的社会经济属性(受灾对象的价值,可移动性等)的基础上,从致灾体稳定性和致灾体与承灾对象遭遇的概率上分析入手,对其潜在的危险性进行客观评估。

地质灾害危险性分级见表 8.15。

表 8.15　地质灾害危险性分级表

确定要素　危险性分级	地质灾害发育程度	地质灾害危害程度
危险性大	强发育	危害大
危险性中等	中等发育	危害中等
危险性小	弱发育	危害小

地质灾害危险性评估包括:地质灾害危险性现状评估、地质灾害危险性预测评估和地质灾害危险性综合评估。

1)地质灾害危险性现状评估

基本查明评估区已发生的崩塌、滑坡、泥石流、地面塌陷(含岩溶塌陷和矿山采空塌陷)、地裂缝和地面沉降等灾害形成的地质环境条件、分布、类型、规模、变形活动特征,主要诱发因素与形成机制,对其稳定性进行初步评价,并在此基础上对其危险性和对工程危害的范围与程度作出评估。

2)地质灾害危险性预测评估

地质灾害危险性预测评估是对工程建设场地及可能危及工程建设安全的邻近地区可能引发或加剧地质灾害的危险性作出评估。

地质害危险性预测评估内容包括:

①对工程建设中、建成后引发或加剧崩塌、滑坡、泥石流、地面塌陷、地裂缝和不稳定的高陡边坡变形等的可能性、危险性和危害程度作出预测评估。

②对建设工程自身遭受已存在的崩塌、滑坡、泥石流、地面塌陷、地裂缝、地面沉降等危害隐患和潜在不稳定斜坡变形的可能性、危险性和危害程度作出预测评估。

③各种地质灾害危险性预测评估,可采用工程地质比拟法、成因历史分析法、层次分析法、数字统计法等定性、半定量的评估方法进行。

3)地质灾害危险性综合评估

①地质灾害危险性综合评估,危险性划分为大、中等、小3级。

②地质灾害危险性小,基本不设计防治工程的,土地适宜性为适宜;地质灾害危险性中等,防治工程简单的,土地适宜性为基本适宜;地质灾害危险性大,防治工程复杂的,土地适宜性为适宜性差。

③地质灾害危险性综合评估,应根据各区(段)存在的和可能引发的灾种多少、规模、稳定性和承灾对象的社会经济属性等,综合判定建设工程和规划区地质灾害危险性的等级区(段)。

④分区(段)评估结果,应列表说明各区(段)的工程地质条件、存在和可能诱发的地质灾害种类、规模、稳定状态、对建设项目的危害。

8.8.3 场地选址的工程地质评价

工程选址的地质问题评价主要应考虑地形地貌、地层结构、水文地质及动力地质作用等四个方面内容。

对工程场地要进行气候、水文、水源、交通、工农业发展的综合调查。

岩土工程按照场地、岩土性质及工程条件划分等级,见表8.16。

表 8.16 岩土工程场地划分表

级 别	场地条件
一级岩土工程场地	场地处于抗震设防烈度≥9°的强震区,需要详细判定有无大面积地震液化、地面断裂、崩塌、地震引起的滑移及其他高震害的可能性
二级岩土工程场地	无建筑经验或在特定条件下不可能获得所需资料的场地;有失败的岩土工程先例,或有可能影响整体稳定性问题而待查证的场地;抗震设防烈度为7~8度的地震区且需进行小区划的场地;山区、丘陵地带的一般场地;处于不同地貌单元交界的场地
三级岩土工程场地	邻近场地已有建筑经验,而其地形、地质条件与之相似的场地;地形、地貌条件单一,地层结构简单的场地;无特殊的动力地质作用影响的场地;抗震设防烈度≤6度的场地

场地选择和分区的工程地质论证:对几个场地进行评比,选定一个条件较好的,并将场地按工程地质条件分区,以利于合理配置各种建筑物。

(1)场地选择中地形地貌条件

地形越平坦、广阔,越适合于布置一般的工业和民用建筑物,但缓坡(4%~20%)则利于排水。还需研究地貌单元的划分,同一地貌单元内不仅地形特征相同,且地质结构、水文地质条件也大体相同。场地按地形地貌特征划分见表8.17。

各类场地其建筑条件各不相同,工程地质勘察和评价也各异。

(2)场地选择中地层结构的条件

地层结构主要是指岩土层的产状、层厚变化、岩土层的工程性质。对岩质地基应了解其构造断裂情况。构成地基的岩土层是建筑物的持力层,它将影响选择基础类型、基础埋深、地基稳定以及施工方法。按地层结构划分场地,可分坚硬、半坚硬岩石地基和松散土地基。岩石地基能满足多层或高层建筑物的要求。

（3）场地选择中水文地质条件

在进行场地选择和分区时，要充分考虑到水文地质条件，应查明：地下水位的绝对标高、埋深、季节性水位变幅；承压含水层的埋深，承压水头高度以及地下水的化学成分。按地下水的埋藏，场地可分为干燥的场地、过湿的场地、水文地质条件复杂的场地。

表 8.17　场地按地形地貌特征划分表

场地类型	场地条件评价
开阔的平原场地	对城市和工厂的修建与发展很有利，但要注意当地防洪的条件和标准。如华北平原、江汉平原、长江中下游平原及三角洲、珠江三角洲、钱塘江三角洲等均属这类场地
河谷阶地上的场地	长江、黄河等中上游沿河一带许多城市（重庆、武昌、安庆、南京部分地区）位于这种场地上，由于其在一般洪水位之上，可免遭洪灾
较宽阔的溶蚀洼地中的场地	地形开阔时能满足修建大型工程的要求，但常有复杂的下伏基岩地形，地层厚度变化大，常发生地面塌陷，如广西、贵州等地大量存在此类场地
山麓或河谷斜坡上的场地	地形坡度大，场地较狭窄，不适于发展大城市，但可布置一些工厂
地形起伏的场地	对交通道路和建筑物的布置很不利，如被地形切割的黄土高原，起伏显著的丘陵地带

（4）场地选择中的稳定性条件

对场地稳定性有重要影响的动力地质作用，主要有泥石流、水流（河流、海岸）的侵蚀、水库坍岸、岩溶、滑坡、多年冻结（以及季节冻融）、地面沉降、地裂缝、地震（及其引起的海啸）等。应先查明这些作用的分布规律，以及与区域地质、地貌的关系，如工程不能避开时，应采取工程措施。例如，在岩溶地区选择场地，应注意该区基岩顶面的起伏，土层厚度变化，有无埋藏的淤泥层或土洞存在等复杂情况。

本章小结

（1）不良地质作用是指由地球内力或外力产生的，对工程环境及人身安全可能造成危害的地质作用。不良地质作用包括地震、地裂缝、崩塌、滑坡、泥石流、岩溶与土洞、采空区、台风带来的地质灾害等。

（2）地震是由于地球构造运动等地质作用产生的内力，沿着地幔或地壳的活动性断层突然错动使能量释放，从而导致地下深处的岩层发生强烈震动，并以地震波的形式向上传递，造成地表地层及建构筑物破坏的一种地质现象。地震按照震源深度可分为浅源地震（震源深度 0～70 km），中源地震（震源深度 70～300 km）和深源地震（震源深度大于 300 km）。地震按其成因可划分为构造地震、火山地震、陷落地震和人工地震。地震破坏方式有共振破坏、驻波破坏、相位差动破坏、地震液化和地震诱发的地质灾害和海啸等 6 种。要根据地震的不同危害有针对性地采取不同的预防和防治措施。

（3）地裂缝可以分为构造性地裂缝、非构造性地裂缝和复合型地裂缝三类。地裂缝常常伴随有一些共同特征：方向性；成带性，各条地裂缝可组成裂缝带；地裂缝的分布受地面沉降所控制；地裂缝活动与承压地下水位变化密切相关；现在活动的地裂缝与古地裂缝重合，并且是古地裂缝的发展。建筑物规划设计建造前首先应避开地裂缝带。如在地裂缝影响范围内建设桥梁和建筑物时，应采用桩基础并加强基础和上部结构的整体刚度。

（4）崩塌是指在陡峭的斜坡上，裂隙发育的巨大岩块在重力作用下，突然发生崩解并立即快速向下滚落、倾倒，在坡脚上造成危害的一种地质灾害现象。崩塌可根据崩塌体的规模、坡地物质组成、崩塌的特征及其危害程度进行分类。崩塌的发生条件主要包括地形地貌条件、岩性条件、构造条件以及其他一些自然因素。防治崩塌的措施包括削坡、排水、加固岩体、遮挡护面、支护支挡。

（5）滑坡是斜坡土体和岩体在重力作用下失去原有的稳定状态，沿着斜坡内某些滑动面（或滑动带），先缓慢而后整体快速向下滑动的地质灾害现象。一个发育完全的比较典型的滑坡具有滑坡体、滑动面、滑坡床、滑坡后壁、滑坡台阶、滑坡舌、滑坡侧壁等基本构造特征。滑坡按滑坡体的物质组成可分为堆积层滑坡、岩层滑坡、黄土滑坡、黏土滑坡；按滑坡力学特征可分为推移式滑坡、平移式滑坡和牵引式滑坡；按滑面与岩层层面关系可分为无层（均质）滑坡、顺层滑坡和切层滑坡；按滑坡规模大小可分为小型滑坡、中型滑坡、大型滑坡、巨型滑坡；按滑坡体厚度可分为浅层滑坡、中层滑坡、深层滑坡、超深层滑坡。引起滑坡的因素主要包括岩性、构造、斜坡外形、水、地震和人为等方面因素，这些因素可使斜坡外形改变，岩土体性质恶化以及增加附加荷载等而导致滑坡的发生。野外识别滑坡的标志主要有地形地貌及地物标志，地层滑动面及构造标志和水文地质标志等。防治滑坡的措施和方法主要包括绕避滑坡、削坡减重、反压、提高滑动界面的摩擦力、排水、锚杆注浆加固、抗滑桩加固、抗滑挡墙加固等。

（6）泥石流是指山区暴雨或冰雪融化带来的山洪水流挟带大量泥砂、石块等固体物质，突然以巨大的速度从沟谷上游冲驰而下，凶猛而快速地对下游建筑物和人员造成强大破坏力的一种地质灾害现象。泥石流按其物质成分可分为泥流、泥石流和水石流；按流体性质可分为黏性泥石流和稀性泥石流；按照地貌特征可分为山坡型泥石流、沟谷型泥石流和标准型泥石流等。泥石流的形成条件包括地形地貌条件、地质构造条件、水文气象条件及人类工程活动的影响等。泥石流的防治措施主要包括水土保持、跨越、排导、拦截与支挡等。

（7）岩溶是岩溶作用及其所产生的一切岩溶现象的总称。岩溶作用是指地表水和地下水对地表及地下可溶性岩石的化学溶解作用、机械侵蚀作用、溶蚀作用、侵蚀-溶蚀作用以及与之相伴生的堆积作用的总称。常见的岩溶形态主要有溶沟、石芽、石林、漏斗、落水洞、溶蚀洼地、坡立谷、峰丛、峰林、孤峰、干谷、盲谷、溶洞和暗河等。岩溶的形成条件包括岩石的可溶性、岩石的透水性和有溶解能力的地下水活动三个方面。岩溶地区一般建筑的浅基础设计时要详细了解地质资料，针对具体情况采取措施，要尽量提高基础与上部结构的整体刚度，同时要进行房屋基础的不均匀沉降验算和稳定性验算。采用桩基础时桩端要穿过溶洞进入下部完整基岩内1 m以上。

（8）土洞是由于地表水和地下水对地下岩土层潜蚀、溶蚀产生空洞，而空洞的扩展导致地表土层陷落的一种地质现象。土洞的形成条件包括岩土的可溶性、岩土的透水性和地下水的潜蚀溶蚀作用三个方面。土洞地区的处理措施与岩溶相同。

（9）影响采空区地表变形的因素主要包括矿层、岩性、地质构造、地下水和开采条件等。新建建筑规划设计时要避开采空影响区，对采空区已有建筑物要加强沉降观测，同时尽可能对地基基础进行加固以减少不均匀沉降；对有严重裂缝的建筑物要拆除；对于有轻微裂缝的建筑物要进行整体性加固。

（10）海岸带的地质作用包括海岸带的风化作用、沉积作用、溶蚀作用、生物作用、潮汐作用和波浪作用等。泥沙横向移动过程可形成各种堆积地貌，有水下堆积阶地、水下沙坝、离岸堤、泻湖和海滩等。由于岸线走向变化使波浪作用方向与岸线夹角增大或减小，以致泥沙流过饱和而发生堆积，形成各种堆积地貌，有凹形海岸堆积地貌、凸形海岸堆积地貌、岸外岛屿等。

（11）台风是产生于热带洋面上的一种强烈热带气旋，它好比水中的漩涡一样，是在热带洋面上绕着自己的中心急速旋转，同时又向前移动的空气漩涡。台风的破坏力主要表现在强风、暴雨、风暴潮及由此诱发的地质灾害等。台风带来的暴雨容易引发洪水、山体滑坡、泥石流等灾害。发现台风危险征兆应及早转移。

（12）凡处于地质灾害易发区内的工程建设项目、山区旅游资源开发和新建矿山项目，在可行性研究阶段和建设用地预审前以及采矿权许可审批前，必须进行地质灾害危险性评估。地质灾害危险性评估分级，根据地质环境条件复杂程度与建设项目重要性划分为三级。地质灾害危险性评估是在查明各种致灾地质作用的性质、规模、和承灾对象的社会经济属性（承灾对象的价值，可移动性等）的基础上，从致灾体稳定性和致灾体与承灾对象遭遇的概率上分析入手，对其潜在的危险性进行客观评估。地质灾害危险性评估包括：地质灾害危险性现状评估、地质灾害危险性预测评估和地质灾害危险性综合评估。

（13）工程选址的地质问题评价主要应考虑地形地貌、地层结构、水文地质及动力地质作用等4个方面内容。对工程场地要进行气候、水文、水源、交通、工农业发展的综合调查。

思考题

8.1 什么是地震？震源、震源深度、震中、震中距、等震线的定义是什么？

8.2 什么是地震波？地震波分为哪几种？各有什么特点？

8.3 地震按震源深度和成因如何分类？

8.4 什么是地震震级？地震震级与震源释放能量的关系如何？什么是地震烈度？地震烈度怎样分类？地震烈度如何鉴定？

8.5 地震有哪几种破坏方式？各种破坏方式的机理是什么？建筑工程有哪些防震原则？

8.6 地裂缝可以分为哪几种？各种地裂缝的成因如何？地裂缝的危害及工程对策有哪些？

8.7 什么是崩塌？崩塌的发生条件主要包括哪些？崩塌有哪些防治措施？

8.8 什么是滑坡？滑坡有哪些重要标志？滑坡如何进行分类？滑坡的形成条件是什么？滑坡如何进行野外识别？滑坡的防治措施有哪些？滑坡与崩塌的区别是什么？

8.9 什么是泥石流？泥石流如何分类？泥石流的形成应具备哪几个条件？泥石流的防治措施有哪些？

8.10 什么是岩溶？岩溶有哪些形态特征？岩溶的发生条件有哪些？岩溶有哪些分布规律？岩溶地区有哪些工程地质问题？如何进行防治？

8.11 什么是土洞？土洞的发生条件有哪些？土洞有哪些工程地质问题？如何进行防治？

8.12 采空区有哪些地表变形特征？影响地表变形的因素有哪些？采空区地面建筑适宜性如何评价？有哪些处理措施？

8.13 海岸带的地质作用有哪些？台风是如何形成的？台风有哪些危害？对于台风灾害有哪些防范措施？

8.14 简述地质灾害评估范围、级别与技术要求。如何进行地质灾害危险性评估？工程场地选址的地质问题如何评价？

岩土工程勘察

岩土工程勘察是整个工程建设工作的重要组成部分之一,也是一项最先开展的基础性工作。拟建场地只有进行详细的岩土工程勘察才能设计出既能长久安全,又经济合理、施工方便快速的基础形式和建筑物的结构方案。本章着重介绍岩土工程勘察的基本要求,工程地质测绘,勘探与取样,室内土工试验分析,现场原位测试及岩土工程勘察报告编写要求等内容。岩土工程地质原位测试包括静力载荷试验、静力触探、动力触探与标贯、十字板剪切试验、扁铲侧胀试验、旁压试验、波速测试等,以及深层土体水平位移监测、地下水位监测、建(构)筑物沉降监测等基坑监测。本章还介绍了不良地质作用的勘察要求和特殊土、桩基础、动力机器基础、交通路基和桥涵、岸边工程、管道和架空线、边坡工程、地下隧道、废弃物处理工程及水利水电岩土工程勘察的要点。

9.1　岩土工程勘察基本要求

▶　9.1.1　岩土工程勘察的分级

岩土工程勘察等级的划分是根据工程重要性、场地复杂程度及地基复杂程度三个方面确定的,因此首先来看一下这 3 个方面的等级划分。

1)岩土工程重要性等级的划分

《岩土工程勘察规范》(GB 50021—2001)根据工程的规模和特征,以及工程破坏或影响正常使用所产生的后果,将工程重要性分为 3 个等级,见表9.1。

表 9.1　岩土工程重要性等级划分表

岩土工程重要性等级	工程性质	破坏后引起的后果
一级工程	重要工程	很严重
二级工程	一般工程	严　重
三级工程	次要工程	不严重

2）场地等级划分

《岩土工程勘察规范》（GB 50021—2001）规定,场地的复杂程度可分为 3 个等级,见表 9.2。

表 9.2　场地的复杂程度等级划分

场地等级	特征条件	条件满足方式
一级场地 （复杂场地）	对建筑抗震危险的地段	满足其中一条及以上者
	不良地质作用强烈发育	
	地质环境已经或可能受到强烈破坏	
	地形地貌复杂	
	有影响工程的多层地下水、岩溶裂隙水或其他复杂的水文地质条件,需专门研究的场地	
二级场地 （中等复杂场地）	对建筑抗震不利的地段	满足其中一条及以上者
	不良地质作用一般发育	
	地质环境已经或可能受到一般破坏	
	地形地貌较复杂	
	基础位于地下水位以下的场地	
三级场地 （简单场地）	抗震设防烈度等于或小于 6 度,对建筑抗震有利的地段	满足全部条件
	不良地质作用不发育	
	地质环境基本未受破坏	
	地形地貌简单	
	地下水对工程无影响	

3）地基复杂程度划分

《岩土工程勘察规范》（GB 50021—2001）规定,地基复杂程度可分为 3 个等级,见表 9.3。

表9.3　地基(复杂程度)等级划分表

场地等级	特征条件	条件满足方式
一级地基 (复杂地基)	岩土种类多,很不均匀,性质变化大,需特殊处理	满足其中一条 及以上者
	严重湿陷、膨胀、盐渍、污染的特殊性岩土,以及其他情况复杂,需作专门处理的岩土	
二级地基 (中等复杂地基)	岩土种类较多,不均匀,性质变化较大	满足其中一条 及以上者
	除一级地基中规定的其他特殊性岩土	
三级地基 (简单地基)	岩土种类单一,均匀,性质变化不大	满足全部条件
	无特殊性岩土	

4)岩土工程勘察等级划分

在按照上述标准确定了工程的重要性等级、场地复杂程度等级以及地基复杂程度等级之后,就可以进行岩土工程勘察等级的划分了,具体划分标准见表9.4。

表9.4　岩土工程勘察等级划分表

岩土工程勘察等级	划分标准
甲　级	在工程重要性、场地复杂程度和地基复杂程度等级中,有一项或多项为一级
乙　级	除勘察等级为甲级和丙级以外的勘察项目
丙　级	工程重要性、场地复杂程度和地基复杂程度等级均为三级的

▶　**9.1.2　岩土工程勘察阶段的划分**

岩土工程勘察的阶段划分是与工程设计与施工的阶段划分密切相关的,大型工程的建筑设计一般分为工程选址方案设计、扩初设计和施工图设计3个阶段,所以对应岩土工程勘察可分为可行性研究勘察、初步勘察和详细勘察3个阶段。

1)可行性研究勘察阶段

可行性研究勘察阶段,也是选址阶段,该阶段应对拟建场地的稳定性和适宜性作出评价,并应符合下列要求:

①搜集区域地质、地形地貌、地震、矿产、当地的工程地质、岩土工程和建筑经验等资料;

②在充分搜集和分析已有资料的基础上,通过踏勘了解场地的地层、构造、岩性、不良地质作用和地下水等工程地质条件;

③当拟建场地工程地质条件复杂,已有资料不能满足要求时,应根据具体情况进行工程地质测绘和必要的勘探工作;

④当有两个或两个以上拟选场地时,应进行比选分析。

2）初步勘察阶段

初步勘察阶段应对拟建建筑地段的稳定性作出评价。

（1）初步勘察的主要工作要求

①收集拟建工程的有关文件、工程地质和岩土工程资料，以及工程场地范围的地形图；

②初步查明地质构造、地层结构、岩土工程特性、地下水埋藏条件；

③查明场地不良地质作用的成因、分布、规模、发展趋势，并应对场地的稳定性作出评价；

④抗震设防烈度等于或大于6度的场地，应对场地与地基的地震效应作出初步评价；

⑤季节性冻土地区，应调查场地土的标准冻结深度；

⑥初步判定水和土对建筑材料的腐蚀性；

⑦在高层建筑初步勘察时，应对可能采取的地基基础类型、基坑开挖与支护、工程降水方案进行初步分析评价。

（2）初步勘察的主要方法

初步勘察应在收集已有资料的基础上，根据需要进行工程地质测绘、勘探、室内试验和原位测试及物探工作。

采取土试样和进行原位测试的勘探点应结合地貌单元、土层结构和土的工程性质布置，其数量可占勘探点总数的1/4~1/2；采取土试样的数量和孔内原位测试的竖向间距，应按地层特点和土的均匀程度确定；每层土均应采取土试样或进行原位测试，数量不宜少于6个。

调查含水层的埋藏条件、地下水类型、补给排泄条件、各层地下水位，并查明地下水的变化幅度，必要时应设置长期观测孔，监测水位变化；当需绘制地下水水位线图时，应根据地下水的埋藏条件和层位，统一量测地下水位；当地下水可能浸湿基础时，应采取水试样进行腐蚀性评价。

（3）初步勘察的点线布置

①勘探点、线、网的布置

勘探线应垂直于地貌单元、地质构造、地层界线布置。每个地貌单元均应布置勘探点，在地貌单元交接部位和地层变化较大的地段，勘探点应当加密。在地形平坦地区，可按网格布置勘探点。对岩质地基，勘探线和勘探点布置及勘探孔的深度，应根据地质构造、岩体特性、风化情况，按当地标准或当地经验确定。

②勘探线、勘探点的间距

初步勘察中勘探线、勘探点的间距，根据场地复杂程度等级可按表9.5确定。

③勘探孔深度

初步勘察的勘探孔深度根据工程重要性等级可按表9.6确定。

控制性勘探孔是对拟建场地起控制作用的钻孔，钻孔深度要穿过上部土层并进入下部稳定持力层3 m以上。一般性钻孔深度可以只进入下部稳定持力层1~2 m。

表9.5　初步勘察勘探线、勘探点的间距

地基复杂程度等级	勘探线间距/m	勘探点间距/m
一级（复杂）	50~100	30~50
二级（中等复杂）	75~150	40~100
三级（简单）	150~300	75~200

注：表中间距不适合于地球物理勘探。控制性勘探点宜占勘探点总数的1/5~1/3，且每个地貌单元均应有控制性勘探点。

表 9.6 初步勘察勘探孔深度

工程重要性等级	一般勘探孔深度/m	控制性勘探孔深度/m
一级(重要工程)	≥15	≥30
二级(一般工程)	10~15	15~30
三级(次要工程)	6~10	10~20

注:勘探孔包括钻孔、探井和原位测试孔等,特殊用途的钻孔除外。

3)详细勘察阶段

详细勘察是为施工图设计提供详细勘察资料的。详细勘察应按单体建筑物或建筑群提出详细的岩土工程资料和设计、施工所需的岩土参数,对建筑地基作出岩土工程评价,并对地基类型、基础形式、基坑支护、工程降水和不良地质作用的防治等提出建议。

(1)详细勘察的主要工作要求

①搜集附有坐标及地形的建筑物总平面布置图,场区的地面整平标高、建筑物的性质、规模、荷载、结构特点、基础形式、埋置深度,地基允许变形等资料;

②查明不良地质现象的成因、类型、分布范围、发展趋势及危害程度,提出整治方案和建议;

③查明建筑物范围内岩土层的类型、深度、分布、工程特性,分析和评价地基的稳定性、均匀性和承载力;

④对需进行沉降计算的建筑物,提出地基变形计算参数,预测建筑物的变形特征;

⑤查明河道、沟浜、墓穴、防空洞、孤石等对工程不利的埋藏物;

⑥查明地下水的埋藏条件,提供地下水位及其变化幅度;

⑦在季节性冻土地区,提供场地土的标准冻结深度;

⑧判定水和土对建筑材料的腐蚀性。

(2)详细勘察的主要方法

详细勘察的主要勘察方法为工程地质测绘、工程地质钻探与取样、室内土工试验、现场原位测试等。详细勘察的勘探工作量,应按场地类别、建筑物特点及建筑物的安全等级和重要性来确定。

采取土试样和进行原位测试的勘探点数量,应根据地层结构、地基土的均匀性和设计要求确定,对地基基础设计等级为甲级的建筑物每栋不应少于 3 个。每个场地每一主要土层的原状土试样或原位测试数据不应少于 6 件(组)。在地基主要受力层内,对厚度大于 0.5 m 的夹层或透镜体,应采取土试样或进行原位测试。当土层性质不均匀时,应增加取土数量或原位测试工作量。

(3)详细勘察的勘探点线布置

①详细勘察的勘探点布置:详细勘察的勘探点宜按建筑物周边线和角度布置,对无特殊要求的其他建筑物可按建筑物和建筑群的范围布置;同一建筑范围内的主要受力层或有影响的下卧层起伏较大时,应加密勘探点,查明其变化;重大设备基础应单独布置勘探点;重大的动力机器基础和高耸构筑物,勘探点不宜少于 3 个;勘探手段宜采用钻探与触探相配合,在复杂地质条件、湿陷性土、膨胀岩土、风化岩和残积土地区,宜布置适量探井。

详细勘察的单栋高层建筑勘探点的布置,应满足对地基均匀性评价的要求,且不应少于 4 个;对密集的高层建筑群,勘探点可适当减少,但每栋建筑物至少应有 1 个控制性勘探点。

②详细勘察的勘探点间距:详细勘察的勘探点间距可根据地基复杂程度按表9.7确定。

表9.7 详细勘察勘探点的间距

地基复杂程度等级	勘探点间距/m
一级(复杂)	10~15
二级(中等复杂)	15~30
三级(简单)	30~50

③详细勘察的勘探深度:详细勘察的勘探深度自基础底面算起,应符合下列规定:勘探孔深度应能控制地基主要受力层。当基础底面宽度不大于5 m时,勘探孔的深度对条形基础不应小于基础底面宽度的3倍,对单独柱基不应小于1.5倍,且不应小于5 m;对高层建筑和需作变形计算的地基,控制性勘探孔的深度应超过地基变形计算深度;高层建筑的一般性勘探孔应达到基底下0.5~1.0倍的基础宽度,并深入稳定分布的地层;对仅有地下室的建筑或高层建筑的裙房,当不能满足抗浮设计要求,需设置抗浮桩或锚杆时,勘探孔深度应满足抗拔承载力评价的要求;当有大面积地面堆载或软弱下卧层时,应适当加深控制性勘探孔的深度;在上述规定深度内当遇基岩或厚层碎石土等稳定地层时,勘探孔深度应根据情况进行调整。

详细勘察的勘探孔深度,除应符合上述要求外,尚应符合下列规定:地基变形计算深度,对中、低压缩性土,可取附加压力等于上覆土层有效自重压力20%的深度;对于高压缩性土层,可取附加压力等于上覆土层有效自重压力10%的深度;建筑总平面内的裙房或仅有地下室的部分(或当基底附加压力≤0时)的控制性勘探孔的深度可适当减少,但应深入稳定分布地层,且根据荷载和土质条件不宜少于基底下0.5~1.0倍基础宽度;当需进行地基整体稳定性验算时,控制性勘探孔深度应根据具体条件满足验算要求;当需确定场地抗震类别而邻近无可靠的覆盖层厚度资料时,应布置波速测试孔,其深度应满足确定覆盖厚度的要求;大型设备基础勘探孔深度不宜小于基础底面宽度的2倍;当需进行地基处理时,勘探孔的深度应满足地基处理设计与施工要求;当采用桩基时,勘探孔的深度应满足桩基工程勘察的有关要求。

9.2 工程地质测绘

工程地质测绘的目的是研究建筑场地内的地层、岩性、构造、地貌、不良地质现象及水文地质条件,对场地的工程地质条件作出初步评价,并为勘察工作的布置提供依据。工程地质测绘与调查宜在可行性研究(选择场址)或初步勘察阶段进行,对于详细勘察阶段,可对复杂地段作大比例尺的测绘。工程地质测绘应查明场地及其邻近地段的地貌、地质构造、地层、不良地质作用等地理地质条件。

▶ 9.2.1 测绘的内容与要求

工程地质测绘主要研究工程地质条件。实际工作中,应根据勘察阶段的要求和测绘比例尺大小,分别对工程地质条件的各个要素进行调查研究。根据《岩土工程勘察规范》(GB 50021—2001)规定,工程地质测绘和调查主要包括下列内容与要求:

①查明地形、地貌特征,及其与地层、构造、不良地质现象的关系,划分地貌单元。

②了解岩土的性质、成因、年代、厚度和分布;对岩层应鉴定其风化程度,对土层应区分新近沉积土、各类特殊性土。

③查明岩层产状及构造类型,软弱结构面的产状及性质,包括断层的位置、类型、产状、断距、破碎带的宽度及充填胶结情况,岩土层的接触面及软弱夹层的特性等,第四纪构造活动的行迹、特点及与地震活动的关系。

④查明地下水的类型、补给来源、排泄条件及井、泉的位置、含水层的岩性特征、埋藏深度、水位变化、污染情况及其与地表水的关系等。

⑤收集气象、水文、植被、土的最大冻结深度等资料,调查最高洪水位及其发生时间、淹没范围。

⑥查明岩溶、土洞、滑坡、泥石流、崩塌、冲沟、地面沉降、断裂、地震震害、地裂缝和岸边冲刷等不良地质现象的形成、分布、形态、规模、发育程度及其对工程建设的影响。

⑦调查人类活动对场地稳定性的影响,包括人工洞穴、地下采空、大挖大填、抽水排水及水库诱发地震等。

⑧建筑物的变形和工程经验。

▶ 9.2.2　工程地质测绘的比例尺

《岩土工程勘察规范》(GB 50021—2001)规定,工程地质测绘和调查的范围,应包括场地及其附近地段,测绘的比例尺如下:

可行性研究勘察可选用1:5 000~1:50 000;

初步勘察可选用1:2 000~1:10 000;

详细勘察可选用1:500~1:2 000;

条件复杂时,比例尺可适当放大。对工程有重要影响的地质单元体(滑坡、断层、软弱夹层、洞穴),可采用扩大比例尺表示。

另外,地质界限和地质观测点的测绘精度,在图上不应低于3 mm。

▶ 9.2.3　测绘方法及要点

1)经纬仪与全站仪测量的实地测绘法

实地测绘法是工程地质测绘的野外工作方法,它又细分为如下三种方法。

(1)路线法

沿着一定的路线,穿越测绘场地,把走过的路线正确地填绘在地形图上,并沿途详细观察地质情况,把各种地质界线、地貌界线、构造线、岩层产状及各种不良地质作用和地质灾害等标示在地形图上。路线形式有"S"形或"直线"形。路线法一般用于中、小比例尺。

(2)布点法

布点法是工程地质测绘的基本方法,也就是根据不同比例尺预先在地形图上布置一定数量的观测路线和观测点。观测点一般布置在观测路线上,但观测点的布置必须有具体的目的,如为了研究地质构造线、不良地质现象、地下水露头等。观测线的长度必须能满足具体观测目的的需要。布点法适合于大、中比例尺的测绘工作。

（3）追索法

它是沿着地层走向、地质构造线的延伸方向或不良地质现象的边界线进行布点追索，其主要目的是查明某一局部的工程地质问题。追索法是在路线法和布点法的基础上进行的，它属于一种辅助测绘方法。

2）航空相片成图法

利用地面摄影或航空（卫星）摄影的相片，先在室内根据判识标志，并结合所掌握的区域地质资料，把判明的地层岩性、构造地貌、水系及不良地质现象等，描述在单张相片上。然后在相片上选择需要调查的若干点和路线，据此去实地进行调查、校对修正并绘成底图。最后，将结果转绘成工程地质图。

3）遥感技术

遥感技术是通过高灵敏度的仪器设备，测量并记录远距离目标物的性质和特征。它所依据的基本理论是电磁波理论，具体是通过观测近地表的地形、地物所发射（或反射）的电磁波谱来获取必要的地质地貌信息，从而为解决相关问题提供依据。

遥感资料的记录方法有两种，一是非成像方式，即把数值、曲线资料记录于磁带上；二是成像方式，即通过摄影成像、扫描成像、全息成像方式，将测绘资料转换成图像。目前后一种方式即成像方式应用较多，其中，航空摄影和卫星照片是最主要的遥感技术资料。

9.3 工程地质勘探与取样

工程地质勘探方法主要有钻探、井探、槽探、洞探和地球物理勘探等。当需查明岩土的性质和分布，采取岩土试样或进行原位测试时，可采用上述勘探方法。勘探方法的选取应符合勘察目的和岩土的特性。

▶ 9.3.1 工程地质钻探

在工程地质勘察中，钻探是最广泛采用的一种勘探手段。它具有现场钻进、现场取样的优点，可用于划分详细的地层剖面。

现在最常用的工程地质钻探方法是采用回转钻探方法。一般常用的地质钻机机型为 XY-100 型小钻机。钻杆直径为 42~50 mm，钻孔的直径一般为 75~150 mm，当大型建筑物需要打超过 100 m 的勘探孔时，可采用 XY-300、XY-500 或 XY-1000 等钻机来钻探。

回旋钻探的钻头一般采用底部焊有硬质合金或金刚石的圆环状钻头，钻进时一般要施加一定的压力，使钻头在旋转中切入岩土层以达到钻进的目的，一般要采用泥浆护壁。根据钻探取芯情况可分为无岩芯钻探、局部取芯钻探和全孔取芯钻探 3 种，其中全孔取芯钻探最好，但耗时长。勘探时最好能全孔取芯钻探，对控制性钻孔必须要全孔取芯。对高层建筑和需作变形计算的地基，控制性勘探孔的深度应超过地基变形计算深度，一般性勘探孔应达预计桩长以下 3~5d（d 为桩径）。

▶ 9.3.2 试验土样的选取

工程地质钻探的主要任务之一是在岩土层中采取岩芯或原状土试样。原状土样是指在采取试样过程中相对保持试样的天然结构状态和含水量的土样。扰动土样是指在采样过程中试样的天然结构受到破坏或含水量等指标改变了的土样。重塑土样是指天然结构完全破坏后在实验室重新制备的土样。

在工程地质勘察中，土试样严重扰动是不容许的，除非有明确说明另有所用，否则此扰动样作废。由于土工试验所得出的土性指标要保证可靠，因此工程地质勘察中所取的试样必须是保留天然结构的原状试样。原状试样有岩芯试样和土试样。岩芯试样由于其坚硬性，其天然结构难于破坏;而土试样则不同，它很容易被扰动。因此，采取原状土试样是工程地质勘察中的一项重要技术。但是在实际工程地质勘察的钻探过程中，要取得完全不扰动的原状土试样是不可能的。

按照取样的方法和试验目的，土样的扰动程度分成四个等级，各等级土样可允许做室内试验的试验内容是不一样的，见表9.8。

表9.8　土试样质量等级划分

级　别	扰动程度	试验内容
Ⅰ	不　扰　动	土类定名、含水量、密度、强度试验、固结试验
Ⅱ	轻微扰动	土类定名、含水量、密度
Ⅲ	显著扰动	土类定名、含水量
Ⅳ	完全扰动	土类定名

注:①不扰动是指原位应力状态虽已改变，但土的结构、密度、含水量变化很小，能满足室内试验各项要求;
　　②如确无条件采到Ⅰ级土试样，在工程技术要求允许的情况下可以Ⅱ级土试样代用，但宜先对土试样受扰动程度作抽样鉴定，判定用于试验的适宜性，并结合地区经验使用试验成果。

为满足不同等级土试样的要求，需要按规定的取样方法和取土器进行。取土器指在钻孔中采取原状土样的专用器具。岩芯采取率是指钻进采得的岩芯长度与实际钻探进尺的比值。不同取样器的适用范围及取样质量，见表9.9。

表9.9　不同等级土试样要求的取样工具或方法

土试样质量等级	取样工具或方法		适用土类										
			黏性土					粉土	砂土				砾砂碎石软岩
			流塑	软塑	可塑	硬塑	坚硬		粉砂	细砂	中砂	粗砂	
1	薄壁取土器	固定活塞	++	++	+	−	−	+	+	−	−	−	−
		水压固定活塞	++	++	+	−	−	+	+	−	−	−	−
		自由活塞	−	+	++	−	−	+	+	−	−	−	−
		敞　　口	+	+	+	−	−	+	+	−	−	−	−
	回转取土器	单动三重管	−	+	++	++	+	++	++	++	−	−	−
		双动三重管	−	−	−	+	++	−	−	−	++	++	+
	探井(槽)中刻取块状土样		++	++	++	++	++	++	++	++	++	++	++

续表

土试样质量等级	取样工具或方法		适用土类										
			黏性土					粉土	砂土				砾砂碎石软岩
			流塑	软塑	可塑	硬塑	坚硬		粉砂	细砂	中砂	粗砂	
II	薄壁取土器	水压固定活塞	++	++	+	−	−	+	+	−	−	−	−
		自由活塞	+	++	++	−	−	+	+	−	−	−	−
		敞口	++	++	++	−	−	+	+	−	−	−	−
	回转取土器	单动三重管	−	+	++	++	+	++	++	++	−	−	−
		双动三重管	−	−	−	+	++	−	−	−	++	++	++
	厚壁敞口取土器		+	++	++	++	++	+	+	+	+	+	−
III	厚壁敞口取土器		++	++	++	++	++	++	++	++	++	++	−
	标准贯入器		++	++	++	++	++	++	++	++	++	++	−
	螺纹钻头		++	++	++	++	++	+	−	−	−	−	−
	岩芯钻头		++	++	++	++	++	+	+	+	+	+	+
IV	标准贯入器		++	++	++	++	++	++	++	++	++	++	−
	螺纹钻头		++	++	++	++	++	+	−	−	−	−	−
	岩芯钻头		++	++	++	++	++	++	++	++	++	++	++

注:①++表示适用,+表示部分适用,−表示不适用;②采取砂土试样应有防止试样失落的补充措施;③有经验时,可用束节式取土器代替薄壁取土器。

在钻孔中采取 I、II 级土试样时,应满足下列要求:

①软土、砂土中宜采用泥浆护壁。如使用套管,应保持管内水位等于或高于地下水位,取样位置应低于套管底二倍孔径的距离。

②采用冲洗、冲击、振动等方式钻进时,应在预计取样位置 1 m 以上改用回转钻进。

③下放取土器前应仔细清孔,清除扰动土,孔底残留浮土厚度不应大于取土器废土段长度。

④采取土试样宜用快速静力连续压入法。

I、II、III 级土试样应妥善密封,防止湿度变化,严防日晒和冰冻。在运输中应避免振动,保存时间不宜超过 3 周。对易于振动液化和水分离析的土试样宜就近进行试验。岩石试样可利用钻探岩芯制作和在探井、探槽、竖井和平洞中刻取。采取的土样的尺寸应满足试块加工的要求。从地下取出的岩土试样,最后要运到实验室内进行岩土的物理力学性质试验。

9.3.3 钻孔记录的编录

钻探工作中,工程地质人员主要有 3 方面工作:一是编制作为钻探依据的设计书;二是在钻探过程中进行岩芯观测、编录;三是钻探结束后进行资料内业整理。具体内容见表 9.10。

表 9.10　钻探工作的步骤和内容

步　骤	具体内容
钻孔设计书编制	(1)钻孔附近地形、地质概况。 (2)钻孔目的及钻进中应注意的问题。 (3)钻孔类型、孔深、孔身结构、钻进方法、钻进速度及固壁方式等。 (4)工程地质要求,包括岩芯采取率、取样、孔内试验、观测及止水要求等。 (5)钻探结束后,钻孔留作长期观测或封孔等处理意见。工程地质人员应在任务书中编制一份钻孔地质剖面图,以便钻探人员掌握一些重要层位的位置,加强钻探管理,并据此确定钻孔类型、孔深及孔身结构
钻孔的观测和编录	(1)岩芯观察、描述和编录工作:钻探过程中,每回次进尺一般 0.5～0.8 m(最多不超过 2 m),需要取岩芯。全孔取岩芯率不低于80%,最低不小于60%。应对岩芯进行细致的观察、鉴定,确定岩土体名称,进行岩土有关物理性状的描述。按次序将岩芯排列编号,并做好岩芯采取情况的统计工作。包括岩芯采取率、岩芯获得率和岩石质量指标的统计。 (2)水文地质观测:对钻孔中的地下水位及动态,含水层的水位标高、厚度、地下水水温、水质、钻进中冲洗液消耗量等,要作好观测记录。 (3)钻进情况记录、描述:钻进过程中,如发现钻具陷落、强烈振动、孔壁坍塌、涌水等现象,均应做好记录和描述
钻孔资料整理	(1)编制钻孔柱状图。 (2)填写操作及水文地质日志。 (3)进行岩芯素描。 　　这三份资料实质上是前述工作的图表化直观反映,它们是最终的钻探成果,一定要认真整理、编制,以备存档查用

钻孔的记录和编录应符合下列要求:

①野外记录工作应由经过专业训练的技术人员承担;记录应真实及时,按钻进回次逐段填写,严禁事后追记。

②钻探现场可采用肉眼鉴别和手触方法,有条件或勘察工作有明确要求时,可采用微型贯入仪等定量化、标准化的方法。

③钻探成果可用钻孔野外柱状图或分层记录表示;岩土芯样可根据工程要求保存一定期限或长期保存,并拍摄岩芯、土芯彩照纳入勘察成果资料。

钻孔编录时必须实事求是,且仔细对每层土描述清楚。

▶ **9.3.4　工程地质槽探、井探和洞探**

对于浅部地层的工程地质勘察可以采用现场槽探、井探和洞探进行。槽探指的是采用探槽查明浅部地质情况的一种勘探手段,井探是采用竖井查明地质情况的一种勘探手段,洞探是利用平洞查明地质情况的一种勘探手段。与钻探相比,现场槽探、井探和洞探的优点是,地质人员能直接进入到挖开的探井、探槽及探洞中观察地层的层理、结构、构造、破碎带、地下水渗流等细节,直观可靠,并可不受限制地从中采取原状结构试样,或进入探槽现场试验。但是探井、探槽探察的缺点是往往受自然条件的限制,深度较浅,对于地下水位以下深度的勘探也比较困难。

工程地质勘探中常用的坑、槽探工程有:探槽、试坑、浅井、竖井和平洞。其中前三种为轻型坑、槽探工程,后两种为重型坑、槽探工程。各种坑、槽探工程的特点和适用条件列于表8.11中。

表 9.11　工程地质勘探中坑、槽探工程的类型

类　型	特　点	适用条件
探槽	在地表垂直岩层或构造线,深度小于3~5 m的长条形槽子	剥除地表覆土,揭露基岩,划分地层岩性;探查残坡积层;研究断层破碎带;了解坝接头处的地质情况
试坑	从地表向下,铅直的、深度小于3~5 m的圆形或方形小坑	局部剥除地表覆土,揭露基岩,确定地层岩性;作载荷试验、渗水试验,取原状土样
浅井	从地表向下、铅直的、深度5~15 m的圆形或方形井	确定覆盖层及风化层的岩性及厚度;作载荷试验,取原状土样
竖井(斜井)	形状与浅井同,但深度大于15 m,有时需支护	在平缓山坡、河漫滩、阶地等岩层较平缓的地方布置,用以了解覆盖层的厚度及性质、风化壳的厚度及岩性、软弱夹层的分布、断层破碎带及岩溶发行情况、滑坡体结构及滑动面等
平洞	在地面有出口的水平坑道,深度较大	布置在地形较陡的基岩坡,用以调查斜坡地质结构,对查明河谷地段的地层岩性、软弱夹层、破碎带、风化岩层等效果较好,还可取样和作原位岩体力学试验及地应力量测

对探井、探槽、探洞进行观测记录时,除应进行文字记录外,还要绘制剖面图、展开图、拍照等,以反映井、槽、洞壁及其底部的岩性、地层分界、构造特征。如进行取样或原位试验时,还要在图上标明取样和原位试验的位置并拍摄彩色照片。

竖井、平洞一般用于堤坝、地下工程、大型边坡工程等的勘察中,其深度、长度及断面的位置等可按工程需要确定。

9.4　地下水的勘察要求与水文地质参数测定

▶　9.4.1　地下水的勘察要求

岩土工程勘察应根据工程要求,通过搜集资料和勘察工作,掌握下列水文地质条件:

①地下水的类型和赋存状态;
②主要含水层的分布规律;
③区域性气候资料,如年降水量、蒸发量及其变化,和对地下水位的影响;
④地下水的补给排泄条件、地表水与地下水的补排关系及其对地下水位的影响;
⑤勘察时的地下水位、历史最高地下水位、近3~5年最高地下水位、水位变化趋势和主要

影响因素；

⑥是否存在对地下水和地表水的污染源及其可能的污染程度。

对缺乏常年地下水位监测资料的地区，在高层建筑或重大工程的初步勘察时，宜设置长期观测孔，对有关层位的地下水进行长期观测。

对高层建筑或重大工程，当水文地质条件对地基评价、基础抗浮和工程降水有重大影响时，宜进行专门的水文地质勘察。

专门的水文地质勘察应符合下列要求：查明含水层和隔水层的埋藏条件，地下水类型、流向、水位及其变化幅度，当场地有多层对工程有影响的地下水时，应分层量测地下水位，并查明互相之间的补给关系；查明场地地质条件对地下水赋存和渗流状态的影响；必要时应设置观测孔，或在不同深度处埋设孔隙水压力计，量测压力水头随深度的变化；通过现场试验，测定地层渗透系数等水文地质参数。

水试样的采取和试验应符合下列规定：水试样应能代表天然条件下的水质情况；水试样应及时试验，清洁水放置时间不宜超过 72 h，稍受污染的水不宜超高 48 h，受污染的水不宜超过 12 h。

▶ 9.4.2 抽水、压水试验及水文地质参数的测试

1)地下水位的测定

地下水位的量测应符合下列规定：

①遇地下水时应量测其水位；

②稳定水位应在初见水位后经一定的稳定时间后量测；

③对多层含水层的水位量测，应采取止水措施，将被测含水层与其他含水层隔开；

④地下水位有四季变化水位、常年平均水位和抗浮水位之分，应根据具体工程要求确定。

2)地下水流向流速的测定

（1）地下水流向的测定

地下水的流向可用三点法测定。沿等边三角形（或近似的等边三角形）的顶点布置钻孔，以其水位高程编绘等水位线图，则垂直等水位线并向水位降低的方向为地下水流向。

（2）地下水流速的测定

①利用水力坡度，求地下水的流速：在等水位线图的地下水流向上，求出相邻两等水位间的水力坡度，然后利用式（8.1）计算地下水流速。

$$v = ki \tag{9.1}$$

式中　v——地下水的渗透速度，m/d；

　　　k——渗透系数，m/d；

　　　i——水力坡度。

②利用指示剂或示踪剂，测定地下水的流速：利用指示剂或示踪剂现场测定流速，要求被测量的钻孔能够代表所要查明的含水层，钻孔附近的地下水流为稳定流，呈层流运动。

根据试验观测资料绘制观测孔内指示剂随时间的变化曲线，并选指示剂浓度高峰值出现时间（或选用指示剂浓度中间值对应时间）来计算地下水流速：

$$u = \frac{l}{t} \tag{9.2}$$

式中　u——地下水实际流速（平均），m/h；

l——投剂孔与观测孔距离，m；

t——观测孔内浓度峰值出现所需时间，h。

渗透速度 v 可按 $v=nu$ 公式换算得到，其中 n 为孔隙度。

此外，地下水流速的测定，尚可用人工放射性同位素单井稀释法于现场测定。

3) 抽水试验

（1）抽水试验原理

抽水试验是在试验现场打一个钻孔（井），用水泵从井孔中抽取地下水，测量出水量和地下水位下降的变化关系，以求取含水层参数的试验方法。抽水使井中水位降低，与周围含水层产生水位差，水即向井内流动，井周围的水位相应降低，其降低幅度随远离井壁而逐渐减小，水面形成以井为中心的漏斗状，称为降落漏斗，如图 9.1 所示。降落漏斗随井中水位的不断降低而扩大其范围。当井中水位稳定不变后，降落漏斗也渐趋稳定。此时漏斗所达到的范围，即为抽水时的影响范围。在井壁至影响范围边界的距离，称为影响半径，以 R 表示。

根据抽水孔埋入含水层的深浅及过滤器工作部分长度的不同可分为：潜水完整井、潜水非完整井、承压水完整井、承压水非完整井。

抽水试验可以得到稳定流抽水时 $Q\text{-}s$，$Q\text{-}t$，$q\text{-}s$ 及 $s\text{-}t$ 曲线（见图 9.2）。

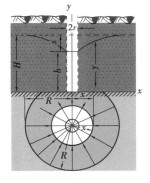

图 9.1 抽水试验

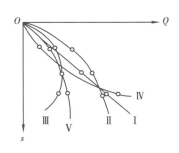

图 9.2 $Q\text{-}s$ 关系曲线图

（2）水文地质参数计算

①渗透系数 k：抽水稳定流理论的计算参数及公式如表 9.12 所示。

②影响半径 R：根据计算公式确定影响半径，目前大多数只能给出近似值。常用公式见表 9.13。

表 9.12 抽水稳定流理论的计算参数及公式

井的类型	图 形	计算公式	适用条件与说明
潜水完整井	抽水孔（井） 观$_1$ 观$_2$	$k=\dfrac{0.732Q}{(2H-s)s}\lg\dfrac{R}{r}$	单孔（井）抽水

续表

井的类型	图　形	计算公式	适用条件与说明
承压水完整井		$k = \dfrac{0.366Q}{Ms}\lg\dfrac{R}{r}$	裘布依公式单孔(井)抽水

注:摘自《工程地质手册》(第三版)。

表 9.13　影响半径计算公式表

计算公式	适用条件	备　注
$\lg R = \dfrac{s_1 \lg r_2 - s_2 \lg r_1}{s_1 - s_2}$	①承压水 ②两个观测孔	计算精度可靠(裘布依公式)
$\lg R = \dfrac{s_1(2H-s_1)\lg r_2 - s_2(2H-s_1)\lg r_1}{(s_1-s_2)(2H-s_1-s_2)}$	①潜水 ②两个观测孔	计算精度可靠(裘布依公式)

表中符号:s_1,s_2—观测孔水位降深,m;r_1,r_2—观测孔至抽水孔的距离,m;r—抽水孔(井)半径,m;H—潜水(承压水)含水层厚度,m。

4)注水试验

(1)注水试验原理

注水试验是指向钻孔中连续注水,根据注水量、注水水位与时间的变化关系来测定含水层参数的试验方法。

钻孔注水试验适用于地下水位埋藏较深,不便于进行抽水试验的场地,或在干的透水岩土层中进行。其原理与抽水试验相似,注水可以看作抽水的逆过程。注水试验装置见图 9.3。

试验开始时,连续往注水孔内注水,形成稳定的水位和恒定的注水量。注水稳定时间因注水试验的目的和要求不同而异,一般为 4~8 h,以此数据计算岩土层的渗透系数 k 值。

(2)水文地质参数计算

根据水工建筑部门的经验,在巨厚层且水平分布较广的岩土中作常量注水试验时,可按式(8.3)和式(8.4)计算渗透系数 k。

当 $1/r \leqslant 4$ 时:

$$k = \frac{0.08Q}{rs\sqrt{\dfrac{l}{2r} + \dfrac{1}{4}}} \tag{9.3}$$

当 $1/r > 4$ 时:

$$k = \frac{0.336Q}{ls}\lg\frac{2l}{r} \tag{9.4}$$

式中 l——试验段过滤器长度,m;

$\qquad Q$——常量注水量,m³/d;

$\qquad s$——孔中水柱高度,m;

$\qquad r$——钻孔或过滤器半径,m。

以上方法求得的 k 值一般比抽水试验求得的 k 值小 15%~20%。

当地下水位埋深很大且含水层介质为均质岩土时,可由下式计算渗透系数:

$$k = 0.423 \frac{Q}{s^2} \lg \frac{2s}{r} \tag{9.5}$$

式中各项意义同前式。

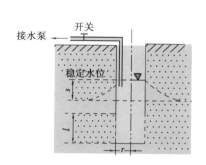

图 9.3　注水试验装置示意图

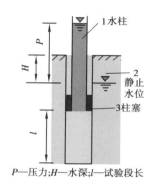

P—压力;H—水深;l—试验段长

图 9.4　压水试验装置示意图

5)压水试验

(1)压水试验原理

压水试验是指向钻孔中预定试验段压水,测量其所吸收的水量,以测定岩层透水性和裂隙发育程度的试验方法。

工程地质勘察中的压水试验,主要是为了探查天然岩(土)层的裂隙性和渗透性,获得单位吸水量 ω 等参数,为有关土建设计提供基础资料。

压水试验按试验段划分为分段压水试验、综合压水试验和全孔压水试验。

压水试验原理是现场压水试验时记录压入水量 Q 与压力 P 的关系并绘制 Q-P 曲线,试验装置如图 9.4 所示。当控制某设计压力值呈稳定后,每隔 10 min 测读压入水量,连续 4 次读数中,最大值与最小值之差小于最终值5%时的压入水量,即为本级压力的最终压入水量。若进行简易压水试验,其稳定标准可放宽至最大值与最小值之差小于最终值 10%。

试验段按规程规定一般为 5 m。若岩芯完好,可适当加长试段,但不宜大于 10 m。对于透水性较强的构造破碎带、岩溶段、砂卵石层等,可根据具体情况确定试验段长度。孔底岩芯若不超过 20 cm 者,可计入试验段长度。倾斜钻孔的试段,按实际倾斜长度计算。

(2)水文地质参数计算

①单位吸水量 ω

压水试验成果主要由单位吸水量 ω 表示。

单位吸水量 ω 是指该试验每分钟的漏水量与段长和压力乘积之比,其计算公式如下:

$$\omega = \frac{Q}{LP} \tag{9.6}$$

式中 ω——单位吸水量,$L/(min \cdot m^2)$;

    Q——钻孔压水的稳定流量,L/min;

    L——试段长度,m;

    P——该试段压水时所加的总压力,MPa。

一个压力点试验求出的 ω 值,往往低于实际的 ω 值,对工程设计而言是偏于不安全的。

②根据单位吸水量 ω 近似求出渗透系数 k

当试验段底部距离隔水层的厚度大于试验段长度时,按式(8.7)计算岩(土)层渗透系数 k。

$$k = 0.527\omega \lg \frac{0.66L}{r} \tag{9.7}$$

式中 k——渗透系数,m/d;

    L——试验段长度,m;

    r——钻孔半径或滤水管半径,m。

当试验段底部距下伏隔水层顶板之距离小于试验段长度时,按式(8.8)计算 k 值。

$$k = 0.527\omega \lg \frac{1.32L}{r} \tag{9.8}$$

9.5 室内土工试验

现场钻探、槽探、洞探等取到的土试样,必须拿回到室内进行室内土工试验。

室内土工试验包括土的物理性质试验、土压缩、固结试验、土的抗剪强度试验、土的动力性质试验及岩石试验等。

(1)土的物理性质试验

砂土:颗粒级配、相对密度(比重)、天然含水量、天然密度、最大和最小干密度。

粉土:颗粒级配、液限、塑限、相对密度、天然含水量、天然密度和有机质含量。

黏性土:液限、塑限、相对密度、天然含水量、天然密度和有机质含量。

(2)土压缩、固结试验

通过试验得到孔隙比、压缩系数、压缩模量等。

(3)土的抗剪强度试验

土的抗剪强度试验有直剪试验、常规三轴试验、无侧限抗压强度试验等,通过试验可以得到不同条件下的强度指标 c,φ 值。

(4)土的动力性质试验

包括动三轴试验、共振柱试验、动单剪试验、室内波速试验等。通过试验可以得到动剪切模量、动应变和各种波速值等。

(5)岩石试验

包括岩矿鉴定、块体密度试验、吸水率和饱和吸水率试验、耐崩解试验、膨胀试验等。通过试验可以得到岩石名称、密度、吸水性和软化性及膨胀性指标等。

9.6 静力载荷试验

岩土工程地质原位测试包括静力载荷试验、静力触探、动力触探与标贯、十字板剪切试验、扁铲侧胀试验、旁压试验、波速测试,以及深层土体水平位移监测、地下水位监测、建(构)筑物沉降监测等。

静力载荷试验常用平板载荷试验。平板载荷试验原理是将一定尺寸的荷载板放在地基土的原位(往往要填上 10 cm 左右的砂),然后将千斤顶放在荷载板中心,在千斤顶上面放置一个长约 6 m 的主梁,垂直主梁方向放置若干根长 9 m 左右的副梁(副梁两端设置沙包支墩)组成堆载平台,平台上堆积沙袋做荷重。试验时采用自动记录仪通过千斤顶对荷载板分级施加竖向荷载 P,同时用自动记录仪的位移传感器观测荷载承压板的板顶沉降,这样就可以得到地基土的荷载-沉降曲线。通过对荷载-沉降曲线的分析,可以得到地基土的竖向抗压承载力极限值 P_u,承载力特征值及变形模量等参数。静力载荷试验包括浅层平板载荷试验和深层平板载荷试验。浅层平板载荷试验适用于浅层土,深层平板载荷试验适用于埋深等于或大于 3 m 和地下水位以上的地基土。

► 9.6.1 平板静力载荷试验装置

试验设备主要由反力系统、压力系统和沉降量测系统三部分组成(见图 9.5),另外还包括一定形状和规格的承压板。

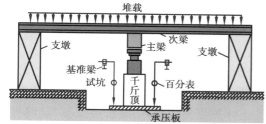

图 9.5 平板载荷试验装置示意图

(1)反力系统

反力系统的功能是提供加载所需的反力。反力系统一般由主梁、拉锚或主梁、工字钢、堆重物等组成。

(2)压力系统

目前普遍采用油压千斤顶加荷,通过锚式、反力梁式或斜撑式反力装置,将力传给承压板。压力系统一般由千斤顶与油泵系统、压力传感器与自动记录仪等组成。压力表和压力传感器必须按计量部门的要求定期率定,方可使用。千斤顶平放于荷载板中心。

(3)沉降量测系统

沉降量测系统主要包括量测沉降的百分表或数显位移计,及自动记录系统组成。沉降的量测仪表必须按计量部门的要求,定期率定,方可使用。在承压板 2 个正交方向对称安置 4 个位移量测仪表。百分表由磁性架固定在基准梁上,基准梁要独立且要离开试坑与副梁支墩至少 2 m 以上。

(4)承压板

承压板宜采用圆形刚性压板,根据土的软硬或岩体裂隙密度选用合适的尺寸。土的浅层平板载荷试验承压板面积不应小于 0.25 m²,对软土和粒径较大的填土不应小于 0.5 m²;土的深层平板载荷试验承压板面积宜选用 0.5 m²;岩石载荷试验承压板的面积不宜小于 0.07 m²。要注意不同面积的荷载板测得的结果可能会不一致。

▶ 9.6.2 荷载试验方法技术

（1）加载和卸载方法

加载等级可分为 10～12 级（即预估极限荷载的 1/12～1/10）。每级加载等值，第一级可取分级的 2 倍值加载。每级加载后观测沉降量。

卸载分级也应分级等量进行，每级卸载值一般取加载值的 2 倍。

（2）沉降观测方法

当试验对象为土体时，每级荷载施加后，间隔 5,5,10,10,15,15 min 测读一次沉降，以后每隔 30 min 测读一次沉降值。当连续 2 h 的两次沉降增量均小于 0.1 mm/h，则认为该级荷载沉降已达到相对稳定标准，可施加下一级荷载。

当试验对象为岩体时，每级荷载施加后，间隔 1,2,2,5 min 测读一次沉降，以后每隔 10 min 测读一次沉降值。当连续三次读数差小于或等于 0.01 mm 时，可认为沉降已达相对稳定标准，可施加下一级荷载。

（3）终止加载条件

当出现下列现象之一时可终止加载：

①承压板周围的土出现明显侧向挤出，周边岩土出现明显隆起或径向裂缝持续发展；

②本级荷载的沉降量大于前级荷载沉降量的 5 倍，且累计沉降量达到 50 mm，荷载与沉降曲线出现明显陡降；

③在某一级荷载下，24 h 内沉降速率达不到相对稳定标准，且累计沉降量达到 50 mm；

④总沉降量 S 与承压板直径 d（或宽度）之比超过 0.06。

（4）试验成果曲线的绘制

根据现场试验记录，绘制荷载-沉降曲线（$P\text{-}S$ 曲线）及沉降-时间对数曲线（$S\text{-}\lg t$ 曲线）。

典型的 $P\text{-}S$ 曲线分为三段（见图 9.6），第 Ⅰ 段为直线变形阶段，土体以压缩变形为主，应力应变关系基本符合虎克定律；第 Ⅱ 阶段为局部剪切阶段，压缩变形所占分量逐渐减少，剪切变形所占分量逐渐增加；第 Ⅲ 阶段为破坏阶段，曲线陡降，土体发生整体破坏，这种类型称"陡降型"曲线。在许多情况下，直线变形段不明显，称"缓变型"曲线。

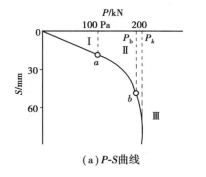
（a）$P\text{-}S$曲线

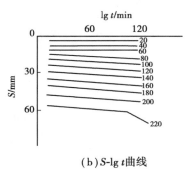
（b）$S\text{-}\lg t$曲线

图 9.6　荷载试验曲线

▶ **9.6.3 地基土抗压承载力、变形模量及基床系数的确定**

利用上述曲线可以确定地基土承载力、变形模量、基床系数等。

（1）地基土抗压极限承载力的确定

①对于陡降型的 P-S 曲线，取 P-S 曲线的第二拐点对应的荷载，或 S-lg t 曲线明显转折段的前一级荷载定为该点地基土的极限荷载。

②对于缓变型的 P-S 曲线，取 P-S 曲线上累计沉降量 40 mm 对应的荷载作为极限荷载，如累计沉降量未达到 40 mm，则取最大试验荷载为该点极限荷载 P_u，并用"至少可取 P_u"。

（2）地基土抗压承载力特征值的确定

①当 P-S 曲线上有明显的比例界限（即第一拐点）时，取该比例界限所对应的荷载值作为该点地基土承载力基本值。

②当 P-S 曲线第一拐点不明显时，如承压板面积为 0.50 m²（直径 80 cm），则取某一相对沉降值（即 S/d，d 为承压板直径或宽度）所对应的荷载为地基土承载力基本值 f_k。对低压缩性土和砂土，可取 $S/d = 0.01 \sim 0.015$（$8 \sim 12$ mm）所对应的荷载值作为 f_k；对于中、高压缩性土，取 $S/d = 0.02$（16 mm）所对应的荷载值，但上述荷载值不应大于最大加载力的一半。

③三个以上荷载点试验得到的地基土承载力基本值的极差不超过平均值的 30% 时，取其平均值作为该幢楼地基土承载力特征值。

（3）地基土变形模量的确定

土的变形模量应根据 P-S 曲线的初始直线段，按均质各向同性半无限弹性介质的弹性理论计算。

浅层平板载荷试验的变形模量 E_0，MPa，可按式（9.9）计算：

$$E_0 = I_0(1 - \mu^2)\frac{Pd}{S} \tag{9.9}$$

式中　I_0——刚性承压板的形状系数，圆形承压板取 0.785，方形承压板取 0.886；

μ——土的泊松比（碎石土取 0.27，砂土取 0.30，粉土取 0.35，粉质黏土取 0.38，黏土取 0.42）；

d——承压板直径，一般为 0.8 m（对应 0.5 m² 荷载板）；

P——P-S 曲线初始直线段终点对应的压力，kPa；

S——为与该点 P 对应的沉降，mm。

（4）地基土基床系数的确定

基床系数定义式为 $K_v = \dfrac{P}{S}$，K_v 可根据承压板边长为 30 cm 的平板载荷试验计算。

在应用载荷试验的成果时，由于加荷后影响深度不会超过 5 倍承压板边长或直径，因此对于分层土要充分估计到该影响范围的局限性。特别是当表面有一层"硬壳层"、其下为软弱土层时，软弱土层对建筑物沉降起主要作用，它却不受到承压板的影响，因此试验结果和实际情况有很大差异。所以对于地基压缩范围内土层分层时，应该用不同尺寸的承压板进行系列静力载荷试验或用钻探取芯试验相配合。

9.7 静力触探

► 9.7.1 静力触探试验原理及适用范围

静力触探是用机器静力将触探探头以一定的速率压入土中,用传感器直接量测贯入土层的探头的贯入阻力,从而得到贯入阻力随深度的变化曲线,以此来对地基土进行分层和阻力大小判断的一种原位测试方法。静力触探按测试参数分为单桥探头和双桥探头两种。单桥探头测试的是随深度变化的比贯入阻力(包含锥尖阻力和锥侧阻力的综合指标),而双桥探头测试的是相互独立的随深度变化的锥尖阻力和锥侧阻力指标。

该方法的依据是探头的贯入阻力的大小与各土层的性质有关,通过长期的工程经验,已经建立了每个地区土层贯入阻力与土的物理力学性质的关系。因此可以根据贯入阻力的大小对地基土分层,和提供桩基单位面积端承力和侧阻力等数据。静力触探试验的目的主要有:划分土层;估算地基土的物理力学参数;评定地基土的承载力;选择桩基持力层,估算单桩极限承载力,判断沉桩可能性;判定场地地震液化势。

静力触探试验适用于黏性土、粉土、疏松到中密的砂土;对于碎石土、杂填土和密实的砂土不适用。

► 9.7.2 静力触探试验设备

静力触探仪一般由三部分组成:贯入系统,包括加压装置和反力装置,其作用是将探头匀速、垂直地压入土层中;量测系统,用来测量和记录探头所受的阻力;静力触探头,内有阻力传感器,传感器将贯入阻力通过电讯号和机械系统,传至自动记录仪并绘出随深度变化的阻力变化曲线。常用的探头分为单桥探头[图9.7(a)]、双桥探头[图9.7(b)]和孔压探头。其主要规格见表9.14。可以根据实际工程所需测定的参数选用单桥探头、双桥探头或孔压探头,探头圆锥截面积一般为10 cm² 或15 cm²。

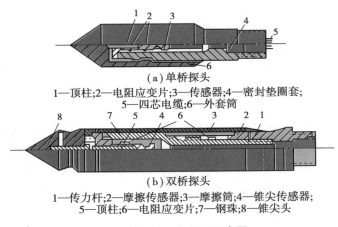

(a) 单桥探头

1—顶柱;2—电阻应变片;3—传感器;4—密封垫圈套;
5—四芯电缆;6—外套筒

(b) 双桥探头

1—传力杆;2—摩擦传感器;3—摩擦筒;4—锥尖传感器;
5—顶柱;6—电阻应变片;7—钢珠;8—锥尖头

图9.7 触探头工作原理示意图

表 9.14　静力触探探头规格

锥头截面面积/cm²	探头直径/mm	锥角/(°)	单桥探头	双桥探头	
			有效侧壁长度/mm	摩擦筒侧壁面积/cm²	摩擦筒长度/mm
10	35.7		57	200	179
15	43.7	60	70	300	219
20	50.4		81	300	189

单桥探头所测到的是包括锥尖阻力和侧壁摩阻力在内的总贯入阻力。双桥探头可分别测出锥尖阻力和侧壁摩阻力。孔压探头在双桥探头的基础上再安装一种可测孔隙水压力的装置。静力触探的基本原理是通过一定的机械装置,用准静力将标准规格的金属探头垂直均匀地压入土层中,同时利用传感器或机械量测仪表测试土层对触探头的贯入阻力,并根据测得的阻力情况来分析判断土层的物理力学性质。目前工程中主要采用经验公式将贯入阻力与土的物理力学参数联系起来,或根据贯入阻力的相对大小作定性分析。

▶ 9.7.3　静力触探试验的基本要求

①探头圆锥锥底截面积应采用 10 cm² 或 15 cm²,锥尖锥角宜为 60°;侧壁面积双桥探头宜为 150~300 cm²,对于单桥探头其侧壁高应为 57 mm 或 70 mm。

②探头应匀速、垂直地压入土中,贯入速率为(1.2±0.3)m/min。

③探头测力传感器应连同仪器、电缆进行定期标定,室内率定重复性误差、线性误差、滞后误差、温度飘移、归零误差均应小于 1%FS(测量仪表的满度量程),现场归零误差应小于 3%,绝缘电阻不小于 500 MΩ。

④深度记录误差范围应为±1%。

⑤当贯入深度超过 30 m 或穿透厚层软土后再贯入硬土层,应采取措施防止孔斜或断杆,也可配置测斜探头,量测触探孔的偏斜度,校正土的分层界线。

⑥孔压探头在贯入前,应在室内保证探头应变腔为已排除气泡的液体所饱和,并在现场采取措施保持探头的饱和状态,直至探头进入地下水位以下土层为止。在孔压试验过程中不得提升探头。

⑦当在预定深度进行孔压消散试验时,应量测停止贯入后不同时间的孔压值,其计时间隔由密而疏合理控制,试验过程不得松动探杆。

▶ 9.7.4　静力触探测试的参数

(1)单桥探头

单桥探头将锥头和摩擦筒连接在一起,因而只能测出一个参数,即比贯入阻力 P_s。该参数的定义为:

$$P_s = \frac{P}{A} \tag{9.10}$$

式中　P——总贯入阻力;

　　　A——探头锥尖底面积。

由于总贯入阻力包括锥尖阻力和摩擦筒侧壁摩擦力两部分的综合作用,比贯入阻力 P_s 是锥尖阻力和侧壁摩擦阻力的综合反映。

（2）双桥探头

双桥探头将锥头和摩擦筒分开,可以同时测锥尖阻力和侧壁摩擦阻力两个参数。锥尖阻力 q_c 和侧壁摩阻力 f_s 分别定义如下:

$$q_c = \frac{Q_c}{A} \tag{9.11}$$

$$f_s = \frac{P_f}{A_f} \tag{9.12}$$

式中 Q_c, P_f——锥尖总阻力和侧壁总摩阻力;

　　　　A, A_f——锥尖底面积和摩擦筒表面积。

由测得的锥尖阻力 q_c 和侧壁摩阻力 f_s,可以计算摩阻力比 R_f:

$$R_f = \frac{f_s}{q_c} \times 100\% \tag{9.13}$$

（3）孔压探头

孔压探头在双桥探头的基础上再安装一种可测触探时产生的超孔隙水压力的装置,因此可以测定3个参数,即锥尖阻力 q_c、侧壁摩阻力 f_s 和水压力 u。

▶ 9.7.5　静力触探成果的应用

根据静力触探试验的测量结果,可以得到下列成果:比贯入阻力-深度（P_s-h）关系曲线（见图9.8）、锥尖阻力-深度（q_c-h）关系曲线（见图9.9）、侧壁摩阻力-深度（f_s-h）关系曲线（见图9.9）和摩阻力比-深度（R_f-h）关系曲线。对于孔压探头,还可以得到孔压-深度（u-h）关系曲线。它们的应用主要有以下几个方面:

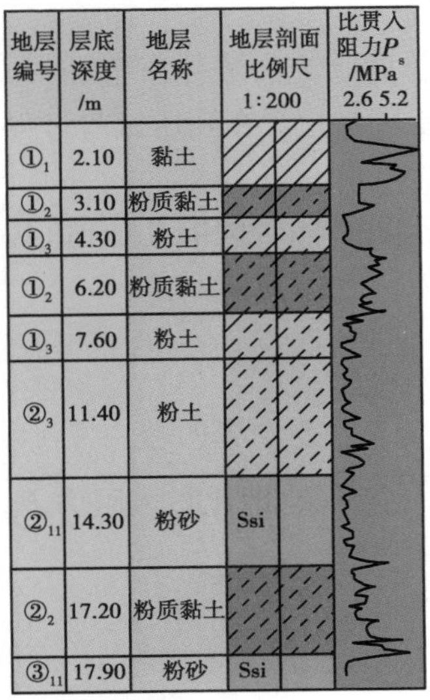

图9.8　单桥静力触探的 P_s-h 曲线

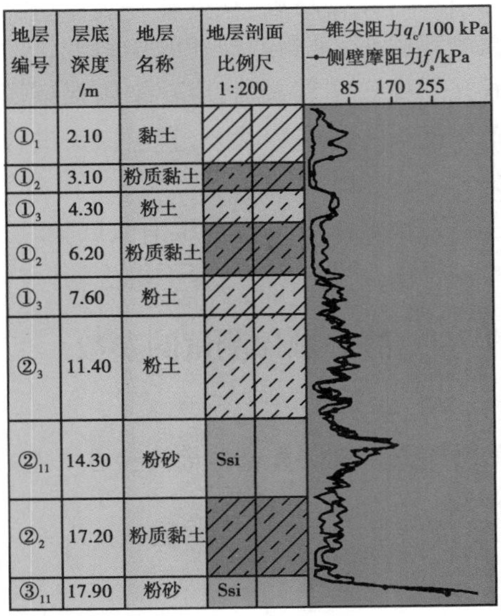

图9.9　双桥静力触探 q_c-h, f_s-h 曲线

（1）划分土层

利用静力触探试验得到的各种曲线,根据相近的 q_c,R_f 来划分土层,对于孔压探头,还可以利用孔隙水压力来划分土层。

（2）估算土的物理力学性质指标

根据大量试验数据分析,可以得到黏性土的不排水抗剪强度 c_u 和 q_c 之间的关系,比贯入阻力 p_s 与土的压缩模量 E_s 和变形模量 E_0 之间的关系,估算饱和黏土的固结系数,测定砂土的密实度等。国内外很多部门已提出许多实用关系式,应用时可查阅有关手册和规范。

（3）确定地基土承载力特征值 f_0

利用静力触探资料确定地基土承载力,国内外均采用在实践基础上提出的经验公式。这些经验公式是建立在静力触探测得的 q_c,p_s 与载荷试验的比例荷载值相关分析基础上的,故不同地区或部门对不同土层选用不同的经验公式,应以地方规范为准。

在我国,针对不同的土类,下列经验公式使用较广泛:

对于砂土:

粉细砂,当 $50 \leqslant p_s \leqslant 160$ 时,$f_0 = 0.019\ 7p_s + 0.655\ 9$ 　　　　　　　　(9.14)

中粗砂,当 $p_s \leqslant 120$ 时,$f_0 = 0.038\ 9p_s + 0.755\ 5$ 　　　　　　　　(9.15)

$$或 f_0 = 0.22q_c + 0.728$$

对于一般黏性土:

$$当 3 \leqslant p_s \leqslant 60 时,f_0 = 0.104p_s + 0.269 \qquad (9.16)$$

（4）预估单桩竖向抗压极限承载力

①根据单桥探头静力触探资料:可按式（9.17）确定混凝土预制桩单桩竖向极限承载力标准值:

$$Q_{uk} = U \sum q_{sik} l_i + \alpha p_{sk} A_p \qquad (9.17)$$

式中　　α——桩端阻力修正系数;

　　　　q_{sik}——用静力触探比贯入阻力值,结合土试验资料,依据土的类别、埋深、排列次序,所取得的桩周第 i 层土的极限侧阻力标准值,kPa;

　　　　A_p——桩端截面积,m²;

　　　　U——桩身周长,m;

　　　　l_i——桩身进入第 i 层土厚度,m;

　　　　p_{sk}——桩端附近的静力触探比贯入阻力平均值,kPa。

q_{sik} 值应结合土工试验资料,依据土的类别、埋藏深度、排列次序等确定。

桩端阻力修正系数 α 按表 9.15 取值。

表 9.15　桩端阻力修正系数 α 值

桩入土深度 h/m	$h \leqslant 15$	$15 \leqslant h \leqslant 30$	$30 < h \leqslant 60$
α	0.75	0.75~0.90	0.90

注:桩入土深度 $15 \leqslant h \leqslant 30$ 时,α 值按 h 值直线内插,h 为基底至桩端全断面的距离(不包桩尖高度)。

②根据双桥探头静力触探资料:对于黏性土、粉土和砂土,如无当地经验时可按式（9.18）确定混凝土预制桩单桩竖向极限承载力标准值:

$$Q_{uk} = U \sum l_i \beta_i f_{si} + \alpha q_c A_P \tag{9.18}$$

式中　f_{si}——第 i 层土的探头平均侧阻力；

　　　q_c——桩端平面上、下探头阻力，取桩端平面以上 $4d$（d 为桩的直径或边长）范围内按土层厚度的探头阻力加权平均值，然后再和桩端平面以下 $1d$ 范围内的探头阻力进行平均；

　　　α——桩端阻力修正系数，对黏性土、粉土取 2/3，饱和砂土取 1/2；

　　　β_i——第 i 层土桩侧阻力综合修正系数，按下式计算：

黏性土、粉土：　　　　　　　　　$\beta_i = 10.04 f_{si}^{-0.55}$ 　　　　　　　　(9.19)

砂土：　　　　　　　　　　　　　$\beta_i = 5.05 f_{si}^{-0.45}$ 　　　　　　　　(9.20)

（5）判定饱和砂土和粉土的液化势

饱和砂土和粉土在地震作用下可能发生液化现象。可利用静力触探试验进行液化判断。静力触探具有测试连续、快速、效率高、功能多，兼有勘探与测试双重作用的优点，且测试数据精度高。静力触探试验适于黏性土、粉土，疏松到中密的砂土，但它的缺点是，对碎石类土和密实砂土难以贯入，也不能直接观测土层。

9.8　圆锥动力触探与标贯

▶　9.8.1　圆锥动力触探

1）圆锥动力触探的原理

圆锥动力触探试验是利用一定质量的重锤，将与探杆相连接的标准规格的探头打入土中，根据探头贯入土中一定距离所需的锤击数，来判定土的力学特性的一种原位测试方法，具有勘探与测试双重功能。圆锥动力触探试验中，一般以打入土中一定距离（贯入度）所需落锤次数（锤击数）来表示探头在土层中贯入的难易程度。同样贯入度条件下，锤击数越多，表明土层阻力越大，土的力学性质越好；反之，锤击数越少，表明土层阻力越小，土的力学性质越差。通过锤击数的大小就很容易定性地了解土的力学性质，再结合大量的对比试验，进行统计分析就可以对土体的物理力学性质作出定量化的评估。

圆锥动力触探适用于强风化、全风化的硬质岩石，各种软质岩石和各类土。圆锥动力触探试验的目的主要有两个：第一，定性划分不同性质的土层，查明土洞、滑动面和软硬土层分界面，检验评估地基土加固改良效果；第二，定量估算地基土层的物理力学参数，如确定砂土孔隙比、相对密度等，以及土的变形和强度的有关参数，评定天然地基土的承载力和单桩承载力。

圆锥动力触探试验主要由导向杆、穿心锤、锤座、触探杆以及圆锥形探头五部分组成。此外，圆锥动力触探的试验设备还包括动力机、承重架、提升设备、起拔设备等。在设备安装时，锤座、导向杆与触探杆的轴心必须成一直线，并且锤座和导杆的总质量不应超过 30 kg。

根据锤击能量，动力触探常常分为轻型、重型和超重型 3 种。其主要规格参数见表 9.16。

表 9.16 轻型、重型和超重型动探规格和适用土层

类 型		轻 型	重 型	超重型
落锤	锤的质量/kg	10	63.5	120
	落距/cm	50	76	100
探头	直径/mm	40	74	74
	锥角/(°)	60	60	60
探杆直径/mm		25	42	50~60
触探指标/击		贯入 30 cm 锤击数 N_{10}	贯入 10 cm 的锤击数 $N_{63.5}$	贯入 10 cm 的锤击数 N_{120}
主要适用岩土层		浅部的填土、砂土、粉土、黏性土	砂土、中密以下的碎石土、极软岩	密实和很密的碎石土、软岩、极软岩

从上表可以看出，锤重 10 kg 的轻型触探（落距 50 cm）的触探指标是贯入土层 30 cm 的锤击数，记为 N_{10}；锤重 63.5 kg 的重型触探（落距 76 cm）和锤重 120 kg 的超重型触探（落距 100 cm）的触探指标是贯入土层 10 cm 的锤击数，记为 $N_{63.5}$ 和 N_{120}。这是它们的不同。也就是说土质越好越要采用重型的触探，反之土质差可采用轻型的触探。动探探头是圆锥形的，与标贯开口形探头不同。

2)圆锥动力触探试验的技术要求

①动力触探应采用自动落锤装置。

②触探杆的最大偏斜不应超过 2%，为了使杆直立，可预钻直立孔导向，锤击时防止偏心及探杆摇晃。

③在贯入过程中应不间断连续击入，锤击速率为 15~30 击/min，在砂土、碎石土中，锤击速率影响不大，速率可提高到 60 击/min。

3)圆锥动力触探试验的成果应用

动力触探的成果主要是锤击数和锤击数随深度变化的变化曲线。

（1）划分土层

根据动力触探锤击数 N 随深度 h 的变化曲线形状，可以粗略地划分土层。将触探锤击数相近的段划分为一层，并求出每一层触探锤击数的平均值，结合地质资料，定出土的名称。

（2）确定砂土和碎石土的相对密度

用动力触探的锤击数可以确定卵石的密实度以及砂土的密实度、孔隙比。其经验关系见表 9.17。

（3）估算碎石土的变形模量

圆砾、卵石土的变形模量可用式（9.21）确定：

$$E_0 = 4.48N_{63.5}^{0.7654}$$

（9.21）

表 9.17 $N_{63.5}$ 与砂土密实度的关系

土 类	$N_{63.5}$	密实度	孔隙比
砾砂	<5	松散	>0.65
	5~8	稍密	0.65~0.50
	8~10	中密	0.50~0.45
	>10	密实	<0.45
粗砂	<5	松散	>0.80
	5~6.5	稍密	0.80~0.70
	6.5~9.5	中密	0.70~0.60
	>9.5	密实	<0.60
中砂	<5	松散	>0.90
	5~6	稍密	0.90~0.80
	6~9	中密	0.80~0.70
	>9	密实	<0.70

（4）估算碎石土单桩竖向抗压承载力

根据动力触探与桩静载荷试验得到单桩承载力之间结果的对比，可以得到单桩承载力标准值与锤击数之间的经验关系。这些经验关系带有一定的地区性。沈阳市桩基小组得到的单桩承载力标准值 R_k 经验公式为：

$$R_k = 24.3\, \overline{N}_{63.5} + 365.4 \tag{9.22}$$

式中　$\overline{N}_{63.5}$——从地面至桩尖修正后的 $N_{63.5}$ 平均值。

▶ 9.8.2　标准贯入试验

1）标准贯入试验的原理

标准贯入试验是利用一定的锤击动能（质量为 63.5 kg 的穿心锤，以 76 cm 落距），记录一定规格的贯入器打入钻孔孔底的土层 30 cm 所需的锤击数，作为标准贯入击数 N，从而来划分土层和估算土的物理力学性质的一种原位试验方法。试验装置如图 9.10 所示，试验设备规格见表 9.18。现场试验时先将标准规格的贯入器自钻孔底部预打入15 cm，不记录锤击数，然后再打入 30 cm，记录锤击数作为标贯击数。其优点是设备简单，钻杆操作方便，且贯入器能取出扰动土样，从而可以直接对土进行鉴别。标贯试验的目的主要是评价砂土的密实度，粉土、黏土的状态，评价土的强度参数、变形参数、地基承载力、单桩极限承载力、沉桩的可能性以及砂土和粉土的液化势。

标贯试验适用于砂土、粉土和一般黏性土，不适用于软塑~流塑状态软土。

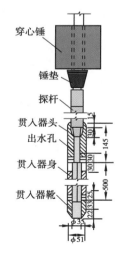

图 9.10　标准贯入器

表 9.18 标准贯入试验设备规格表

落 锤		锤的质量/kg	63.5
		落距/cm	76
贯入器	对开管	长度/mm	>500
		外径/mm	51
		内径/mm	35
	管 靴	长度/mm	50~76
		刃口角度/(°)	18~20
		刃口单刃厚度/mm	2.5
钻 杆		直径/mm	42
		相对弯曲	<1/1 000

2)标准贯入试验的技术要求

①标准贯入试验采用回转钻进,并保持孔内水位略高于地下水位。当孔壁不稳定时,可用泥浆护壁钻至试验标高以上 15 cm 处,清除孔底残土后再进行试验。

②采用自动脱钩的自由落锤法进行锤击,并减小导向杆与锤间的摩擦力,避免锤击时偏心和侧向晃动,保持贯入器、探杆导向连接后的垂直度,锤击速率应小于 30 击/min。

③贯入器打入土中 15 cm 后,开始记录每 10 cm 击数,累计打入 30 cm 的锤击数为标准贯入试验锤击数 N。当锤击数已达 50 击,而贯入深度未达 30 cm 时,可记录 50 击的实际贯入深度,按下式换算成相当于 30 cm 的标准贯入试验锤击数 N,并终止试验。

$$N = 30 \times \frac{50}{\Delta s} \tag{9.23}$$

式中 Δs—— 50 击时的贯入深度,cm。

④旋转探杆,提出贯入器,并取出贯入器中的土样进行鉴别、描述、记录,必要时送实验室进行室内扰动样分析。

⑤在不能保持孔壁稳定的钻孔中进行试验时,可用泥浆或套管护壁。

3)标准贯入试验的成果应用

标准贯入试验的主要成果是标贯击数 N 与深度的关系曲线。在应用标贯击数 N 的经验关系评定土的有关工程性质时,要注意 N 值是否作过有关的修正。

(1)划分土层

根据标准贯入击数随深度变化的变化曲线形状,可以粗略地划分土层。将标贯击数相近的段划分为一层,并求出每一层标贯击数的平均值,结合地质资料,定出土的名称。

(2)判断砂土的密实度和相对密度 D_r

显然,砂土的密实度越高,标贯击数 N 就越大;反之,砂土密实度越低,标贯击数 N 越小。因此,可以利用标贯击数对砂土的密实程度进行判别,具体可按表9.19进行。

表 9.19　标贯击数 N 与砂土密实度的关系对照表

密实程度		相对密实度 D_r	标贯击数 N					
国外	国内		国外	南京水科所江苏水利厅	原水利电力部标准《土工试验规程》（SD 128—86）			原冶金部标准《冶金工业建设岩土工程勘察规范》（YBJ1—1988）
					粉砂	细砂	中砂	
极松	松散	0~0.2	0~4	<10	<4	<13	<10	<10
松			4~10					
	稍密	0.2~0.33	10~15	10~30	>4	13~23	10~26	10~5
	中密	0.33~0.67	15~30					15~30
密实	密实	0.67~1	30~50	30~50		>23	>26	>30
极密			>50	>50				

需要补充说明的是,表 9.19 中的标贯击数 N 是人力松绳落锤所得,人力松绳落锤得到的标贯击数 N_1 和自由落锤得到的标贯击数 N_2 可按表 9.20 换算。

表 9.20　N_1 和 N_2 关系对照表

实测对比关系	资料来源
$N_2 = 0.738 + 1.12N_1$	武汉冶金勘察公司
$N_2 = (1.5 ~ 2.5)N_1$	华东电力设计院

（3）评定土的强度指标

根据标贯击数 N,可评定砂土的内摩擦角 φ 和黏性土的不排水强度 C_u。Terzaghi 和 Peck 提出的 C_u 与 N 之间的关系为:

$$C_u = (6 ~ 6.5)N \tag{9.24}$$

（4）评价地基土的承载力

我国《建筑地基基础设计规范》（GB 50007—2011）中,用标贯击数 N 值确定的砂土和黏性土的承载力标准值 f_k,详见表 9.21、表 9.22。

表 9.21　黏性土承载力标准值

N	3	5	7	9	11	13	15	17	19	21	23
f_k/kPa	105	145	190	235	280	325	370	430	515	600	680

表 9.22　砂土承载力标准值

N		10	15	30	50
f_k/kPa	中、粗砂	180	250	340	500
	粉、细砂	140	180	250	340

（5）估算单桩承载力

北京市勘察院提出的预估钻孔灌注桩单桩竖向极限承载力的计算公式为：

$$P_u = 2.78N_p A_p + 3.3N_s A_s + 3.1N_c A_c - Ch + 17.33 \tag{9.25}$$

式中　P_u——单桩竖向极限承载力，kN；

　　　　A_p——桩端的截面积，m^2；

　　　　A_s,A_c——桩在砂土和黏土层中的侧面积，m^2；

　　　　N_p——桩端附近土层中的标贯击数；

　　　　N_s——桩周砂土层标贯击数；

　　　　N_c——桩周黏土层标贯击数；

　　　　h——孔底虚土的厚度，m；

　　　　C——孔底虚土折减系数，kN/m，取 18.1。

（6）进行饱和砂土和粉土的地震液化势判别

饱和粉土、砂土当经过初步判别为可能液化或需考虑液化影响时，应进一步进行液化判别。用标准贯入试验的锤击数进行判别是常用方法之一。

标准贯入试验成果除以上主要应用外，还可通过建立的地区性经验，用 N 值确定黏性土的稠度状态和抗剪强度参数等。

9.9　其他现场测试方法

▶　9.9.1　十字板剪切试验

1）十字板剪切试验原理

十字板剪切试验是野外剪切试验的一种，其原理是将具有一定高径比的十字板插入待测试土层中，通过钻杆对十字板头施加扭矩使其匀速旋转，根据施加的扭矩即可以得到土层的抵抗扭矩，进一步可换算成土的抗剪强度。如图 9.11 所示。十字板剪切试验适用于测定饱和软黏性土（$\varphi = 0$）的不排水抗剪强度和灵敏度。

扭转十字板时，十字板周围的土体将出现一个圆柱状的剪切破坏面，土体产生的抵抗扭矩 M 由两部分构成，一是圆柱侧面的抵抗扭矩 M_1，二是圆柱的圆形底面和顶面产生的抵抗扭矩 M_2。即：

$$M = M_1 + M_2 \tag{9.26}$$

其中

$$M_1 = C_u \pi D H \frac{D}{2} \tag{9.27}$$

$$M_2 = 2C_u \frac{\pi D^2}{4} \cdot \frac{D}{2}\alpha \tag{9.28}$$

式中 C_u——饱和黏性土不排水抗剪强
度,kPa;

H——十字板的高度,m;

D——十字板的直径,m;

α——与圆柱顶、底面土体剪应力分布
有关的系数,取值见表9.23。

十字板头匀速旋转时,施加扭矩和土层
抵抗扭矩相等,即土体抵抗扭矩 M 是已知
的,将式(9.27)和式(9.28)代入式(9.26)并
整理,即可得到土的不排水抗剪强度表
达式:

$$C_u = \frac{2M}{\pi D^3 \left(\dfrac{H}{D} + \dfrac{\alpha}{2} \right)} \qquad (9.29)$$

需要说明的是,上述推导是在假设圆柱
形剪切破坏面的侧面,和顶、底面具有相同
的抗剪强度的前提下进行的,实际上,由于
土体存在各向异性,圆柱侧面和顶、底面的
强度可能是不同的,按上述公式得到的抗剪
强度只是某种意义上的平均值。

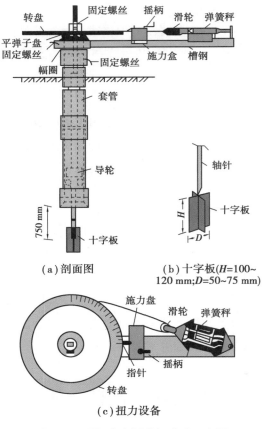

(a)剖面图

(b)十字板(H=100~
120 mm;D=50~75 mm)

(c)扭力设备

图 9.11　现场十字板剪切试验示意图

表 9.23　α 取值

圆柱顶、底面剪应力分布	均　匀	抛物线	三角形
α	2/3	3/5	1/2

2)十字板剪切试验技术要求

①十字板形状宜采用矩形,板的高径比为2,板厚2~3 mm。

②十字板头插入钻孔的深度不应小于钻孔或套管直径的3~5倍。

③板头插入试验深度后,应静止2~3 min 方可进行试验。

④剪切试验时,扭转剪切速率宜采用(1°~2°)/10 s,并应测得峰值强度后继续测记1 min。

⑤在峰值或稳定强度测试完后,顺扭转方向连续转动6圈,测定重塑土的不排水抗剪强度。

⑥对开口钢环十字板剪切仪,应修正轴杆与土间的摩擦力的影响。

3)十字板剪切试验的成果应用

十字板剪切试验的成果主要有:各试验点软黏土的不排水抗剪峰值强度、残余强度、重塑土
强度和灵敏度,及其随深度的变化曲线,抗剪强度与扭转角的关系曲线等。成果应用如下:

(1)计算软土地基($\varphi \approx 0$)承载力特征值

依据中国建筑科学研究院、华东电力设计院经验:

$$f_{ak} = 2(C_u)_f + \gamma h \tag{9.30}$$

式中　f_{ak}——地基承载力特征值,kPa;

　　　γ——土的重度,kN/m³;

　　　h——基础埋置深度,m。

需要说明的是:一般认为十字板测得的不排水抗剪强度是峰值强度,其值偏高,长期强度只有峰值强度的 60%~70%。

(2)估算单桩极限承载力 Q_u

$$Q_u = q_p A + U \sum q_s L \tag{9.31}$$

式中　q_p——桩端阻力,$q_p = N_c C_u$;

　　　N_c——承载力系数,均质土体取 9;

　　　q_s——桩侧阻力,$q_s = \alpha C_u$,与桩类型、土类、土层顺序等有关;

　　　A——桩身截面积,m²;

　　　U——桩身周长,m;

　　　L——桩身入土深度,m。

(3)估算地基土的灵敏度

软黏土地基的灵敏度按下式计算:

$$S_t = \frac{(C_u)_f}{C_{u0}} \tag{9.32}$$

式中　C_{u0}——重塑土的十字板强度,kPa;

　　　S_t——软黏土的灵敏度,当 $S_t \leqslant 2$ 时,为低灵敏度土;当 $2 < S_t < 4$ 时,为中等灵敏度土;当 $S_t \geqslant 4$时,为高灵敏度土。

(4)判定软土的固结历史

根据十字板剪切试验得到的抗剪强度与深度的关系曲线,可以判定被测场地地基土的固结历史。正常固结土,抗剪强度与深度成正比,并可依据实测的抗剪强度值绘制一直线且通过原点。超固结土,抗剪强度与深度成正比,实测的抗剪强度近似成一直线,但不通过原点。

▶ 9.9.2　扁铲侧胀试验

1)扁铲侧胀试验原理

扁铲侧胀试验是用静力(有时也用锤击动力)把一扁铲形探头贯入土中某一预定深度,利用气压使扁铲侧面的圆形钢膜向外扩张进行试验,量测不同侧胀位移时的侧向压力,可用于土层划分与定名、不排水剪切强度、应力历史、静止土压力系数、压缩模量、固结系数等的原位测定。其优点是操作简便、快速、重复性好和便宜。扁铲侧胀试验适用于软土、一般黏性土、粉土、中密以下砂土、黄土等,不适用于含碎石的土、风化岩等。

扁铲侧胀试验的设备主要为扁铲探头,其他的探杆和加压贯入装置可借用静力触探的设备进行。扁铲探头如图 9.12 所示,探头的尺寸为长 230~240 mm,宽 94~96 mm,厚 14~16 mm,探头前缘刃角为

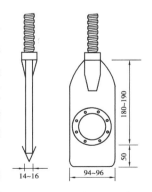

图 9.12　扁铲侧胀仪探头及其尺寸

$12° \sim 16°$,探头侧面钢膜片直径为 60 mm。

扁铲侧胀试验时,扁铲两侧的膜片对称向外扩张,土体的受力状况与半无限介质表面圆形面积上受均布柔性荷载的问题近似。根据弹性力学公式,膜边缘的侧向位移 s 可用下式表示:

$$s = \frac{4r\Delta p}{\pi} \cdot \frac{1 - \upsilon^2}{E_0} \tag{9.33}$$

式中　E_0——土的变形模量;

　　　υ——土的泊松比;

　　　r——膜片的半径(30 mm)。

取 s 为 1.10 mm,再定义扁胀模量 $E_D = E_0 / (1 - \upsilon^2)$,则有:

$$E_D = 34.7\Delta p = 34.7(p_1 - p_0) \tag{9.34}$$

式中　p_0——膜片向土中膨胀之前的接触应力,即相当于土中的原位水平应力,kPa;

　　　p_1——膜片向土中膨胀当其边缘位移达 1.10 mm 时的压力,kPa。

再分别定义侧胀水平应力指数 K_D,侧胀土性指数 I_D,侧胀孔压指数 U_D 如下:

$$K_D = \frac{p_0 - u_0}{\sigma_{V_0}} \tag{9.35}$$

$$I_D = \frac{p_1 - p_0}{p_0 - u_0} \tag{9.36}$$

$$U_D = \frac{p_2 - u_0}{p_0 - u_0} \tag{9.37}$$

式中　p_2——卸载时膜片边缘位移回到 0.05 mm 时的压力,kPa;

　　　u_0——试验深度处的静水压力,kPa;

　　　σ_{V_0}——试验深度处的有效上覆土压力,kPa。

根据 E_D,K_D,I_D,U_D 就可以分析确定岩土的相关技术参数。

2)扁铲侧胀试验技术要求

①每孔试验前后均应进行探头率定,取试验前后的平均值作为修正值。膜片的合格标准为:率定时膨胀至 0.05 mm 时的气压实测值 $\Delta A = 5 \sim 25$ kPa,率定时膨胀至 1.10 mm 时的气压实测值 $\Delta B = 10 \sim 110$ kPa。

②试验时,应以静力匀速将探头贯入土中,贯入速率宜为 2 cm/s。试验点间距可取 20 ~ 50 cm。

③探头达到预定深度后,应匀速加压和减压并测定膜片边缘膨胀至 0.05 mm,1.10 mm 和回到 0.05 mm 时的压力 A,B,C 值。

④扁铲侧胀消散试验应在需测试的深度进行,测读时间间隔可取 1,2,4,8,15,30,90 min,以后每 90 min 测读一次,直至消散结束。

⑤扁铲侧胀试验结果应进行膜片刚度修正,其计算公式如下:

$$p_0 = 1.05(A - z_m + \Delta A) - 0.05(B - z_m - \Delta B) \tag{9.38}$$

$$p_1 = B - z_m - \Delta B \tag{9.39}$$

$$p_2 = C - z_m + \Delta A \tag{9.40}$$

式中　z_m——调零前压力表初读数,kPa;

其他参数含义同前。

3）扁铲侧胀试验的成果应用

扁铲侧胀试验的成果有两部分：一是根据各测点的压力读数 A,B,C 及率定读数 $\Delta A,\Delta B$ 计算相应的 P_0,P_1,P_2 及其随深度变化的变化曲线；二是各测点的 E_D,K_D,I_D 和 U_D 及其随深度变化的曲线。试验成果主要应用在以下几个方面。

（1）划分土类

Marchetti（1980）提出根据扁胀指数 I_D 可划分土类，具体见表9.24。

表9.24　按扁胀指数 I_D 划分土类

I_D	0.1	0.35	0.6	0.9	1.2	1.8	3.3
泥炭及灵敏性土	黏土	粉质黏土	黏质粉土	粉土	砂质粉土	粉质砂土	砂土

（2）确定静止侧压力系数 K_0

Marchetti（1980）根据意大利黏土的测试结果提出经验公式：

$$K_0 = \left(\frac{K_D}{1.5}\right)^{0.47} - 0.6 \quad (I_D \leqslant 1.2) \tag{9.41}$$

（3）应力历史的确定

Marchetti（1980）建议，对无胶结的黏性土（$I_D \leqslant 1.2$），可用 K_D 评定土的超固结比 OCR。

$$OCR = 0.5K_D^{1.56} \tag{9.42}$$

（4）估算不排水抗剪强度 C_u

Marchetti（1980）提出估算不排水抗剪强度 C_u 的经验公式：

$$\frac{C_u}{\sigma'_{V_0}} = 0.22(0.5K_D)^{1.25} \tag{9.43}$$

（5）计算土的变形参数

Marchetti（1980）提出计算压缩模量 E_s 的经验公式：

$$E_s = R_M E_D \tag{9.44}$$

式中　R_M——与水平应力指数有关的函数。

▶ 9.9.3　旁压试验

1）旁压试验原理

旁压试验是将可侧向膨胀的旁压探头下放到钻孔中，由旁压仪对探头周围孔壁土体施加侧向压力，从而使其产生横向变形，这样就可以通过旁压仪器记录孔壁土体的侧向压力与侧向膨胀关系曲线（即旁压曲线），来间接得到土体的横向承载力和旁压模量的一种原位测试方法。旁压试验适用于黏性土、粉土、砂土、碎石土、残积土、极软岩、软岩等测试。

旁压试验实质是在钻孔中进行横向荷载试验。旁压试验设备主要由旁压器、加压稳压装置、变形测量装置几部分构成，详见图9.13。旁压试验有预钻式、

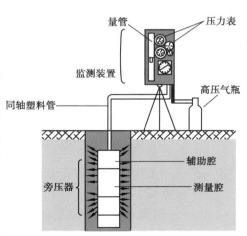

图9.13　旁压仪示意图

自钻式和压入式 3 种,旁压仪分单腔式和三腔式。除提供承载力与旁压模量外,利用自钻式旁压试验可测求土的原位水平应力、静止侧压力系数、孔隙水压力及其消散时间、固结特性,以及估算土的不排水抗剪强度等。

2)旁压试验技术要求

①旁压试验点要求布置在有代表性的位置和深度,旁压仪的量测腔要求位于同一土层内。试验点的垂直间距应根据地层条件和工程要求确定,但不宜小于 1 m,试验孔与已有钻孔的水平距离不宜小于 1 m。

②预钻式旁压试验应保证成孔质量,孔壁要垂直,光滑,呈规则圆形,钻孔直径与旁压器直径应良好配合,以防止孔壁坍塌。

③加荷等级可采用预期临塑压力的 $1/7 \sim 1/5$,初始阶段加荷等级可取小值,必要时,可做卸荷再加载试验,测定再加荷的旁压模量。

④每级压力应维持 1 min 或 2 min 后再施加下一级荷载,维持 1 min 时,加荷后 15,30,60 s测读变形量,维持2 min时,加荷后 15,30,60,120 s 测读变形量。

⑤当量测腔的扩张体积相当于量测腔的固有体积时,或压力达到仪器容许的最大压力时应终止试验。

3)旁压试验的成果应用

旁压试验的成果主要是压力和扩张体积(p-V)曲线、压力和半径增量(p-r)曲线。典型的 p-V 曲线见图 8.14,它可以分为 3 段:Ⅰ 段,初步阶段;Ⅱ 段,似弹性阶段,压力与体积变化量大致成线性关系;Ⅲ 段,塑性阶段。

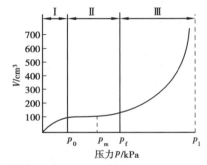

图 9.14 典型的旁压试验 p-V 曲线

Ⅰ—Ⅱ 段的界限压力相当于初始水平应力 p_0;Ⅱ—Ⅲ 段的界限压力相当于临塑压力 p_f;Ⅲ 段末尾渐近线的压力为极限压力 p_l。

根据旁压曲线直线段(Ⅱ阶段)的斜率,可确定土体的弹性变形指标——旁压模量,根据初始压力、临塑压力、极限压力和旁压模量结合地区经验,可评定地基承载力和有关变形参数。

(1)利用旁压曲线的特征值评定地基承载力

①根据当地经验,直接取用 p_f 或(p_f-p_0)作为地基承载力;

②根据当地经验,取(p_f-p_0)除以安全系数作为地基承载力。

(2)旁压模量

根据弹性理论,旁压模量 E_m,kPa,表示为:

$$E_m = 2(1 + \mu)\left[V_c + \frac{(V_0 + V_f)}{2}\right]\frac{\Delta p}{\Delta V} \quad (9.45)$$

式中　μ——土的泊松比(碎石土取 0.27,砂土取 0.30,粉土取 0.35,粉质黏土取 0.38,黏土取 0.42);

　　　V_c——旁压器量测腔初始体积,cm³;

　　　V_0——与初始压力 p_0 对应的体积,cm³;

　　　V_f——与临塑压力 p_f 对应的扩张体积,cm³;

$\dfrac{\Delta p}{\Delta V}$——旁压曲线直线段的斜率,kPa/cm³。

（3）原位水平应力

旁压器弹性膜开始膨胀,孔壁刚刚开始产生径向应变时膜套外所承受的压力,即为所测求的原位水平应力 σ_h。

（4）测求静止侧压力系数及孔隙水压力

静止侧压力系数为原位水平有效应力 σ_h' 与有效覆盖压力 σ_v' 之比:

$$k_0 = \frac{\sigma_h'}{\sigma_v'} \tag{9.46}$$

其中,地下水位以上时:　　　　　　$\sigma_h' = \sigma_h,\ \sigma_v' = \gamma h$ $\tag{9.47}$

地下水位以下时:　　　　$\sigma_h' = \sigma_h - u,\ \sigma_v' = \gamma h_1 + \gamma' h_2$ $\tag{9.48}$

式中　γ——土的重度,kN/m³;

γ'——土的水下重度,kN/m³;

h——试验深度,m;

h_1——地下水位埋深,m;

h_2——试验段到地下水位的距离,m;

u——孔隙水压力,kPa,$u = \sigma_h - \sigma_h'$。

（5）评价软土预压加固效果

自钻式旁压试验可以通过对加固前后的地基承载力、变形模量、不排水抗剪强度等指标的变化情况的评价,来检验软土预压加固效果。

▶ 9.9.4　波速测试

工程地质勘察的波速测试常用跨孔剪切波法、单孔剪切波法。波速测试就是测定土层的波速。依据弹性波在岩土体内的传播速度,间接测定岩土体在小应变条件下（$10^{-6} \sim 10^{-4}$）动弹模量和泊松比。在无钻孔地面测试时也可采用瑞利波法测试。

1)跨孔单孔波速测试原理

（1）跨孔法波速测试原理

跨孔剪切波法是在一个孔中激发剪切波,并在另一个或两个测试孔中布置接收仪(三分量检波器),通常激发孔和测试孔应布置在同一水平标高上,通过跨孔测试仪记录直达剪切波在两孔中的传播时间 Δt(两孔间距 ΔL 已知),就可求得在该标高下两孔间某种土的剪切波速度 $v_s = \dfrac{\Delta l}{\Delta t}$ 和纵波速 v_p 的一种现场测试方法。跨孔法波速测试直观准确,测试示意如图 9.15 所示。

（2）单孔波速法测试原理

单孔剪切波法一般是在一个孔中放置接收仪器,并在地面上放置激发源(激发源一般用底下有钉的大木板并压重),然后用大铁锤横向敲击大木板产生剪切波,再将孔中的接收仪器从下往上按一定间距逐点往上测量,并计算不同深度处的土层剪切波速的一种原位测试方法。单孔法波速测试如图 9.16 所示。

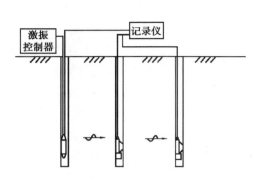

图 9.15　跨孔法波速测试示意图

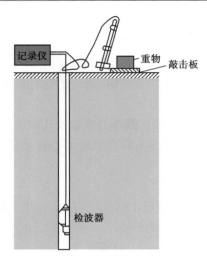

图 9.16　单孔法波速测试示意图

2）波速测试的技术要求

（1）跨孔法

①振源孔和测试孔，应布置在一条直线上；

②测试孔的孔距在土层中宜取 2~5 m，岩层中宜取 8~15 m，测点垂直间距宜取 1~2 m，近地表测点宜布置在 0.4 倍孔距的深度处，震源和检波器应置于同一地层的相同标高处；

③当测试深度大于 15 m 时，应进行激振孔和测试孔倾斜度和倾斜方位的量测，测点间距宜取 1 m。

（2）单孔波速法

①测试孔应垂直；

②将三分量检波器固定在孔内预定深度处，并紧贴孔壁；

③可采用地面激振或孔内激振；

④应结合土层布置测点，测点垂直间距宜取 1~3 m，地层变化处加密，并宜自下而上逐点测试。

3）波速测试试验的成果应用

①跨孔法和单孔法波速测试均可得到剪切波速 v_s 随深度 h 的变化曲线，此曲线可用来大致划分土层的分层。

②由剪切波速 v_s 及被测介质质量密度 ρ，可求得动剪切模量 G_d，动弹性模量 E_d，动泊松比 μ_d 值：

$$G_d = v_s^2 \cdot \rho \tag{9.49}$$

$$E_d = \frac{\rho v_s^2 (3v_p^2 - 4v_s^2)}{v_p^2 - v_s^2} \tag{9.50}$$

$$\mu_d = \frac{v_p^2 - 2v_s^2}{2(v_p^2 - v_s^2)} \tag{9.51}$$

式中　v_p——压缩波波速，m/s；

v_s——剪切波波速,m/s。

③波速测试的成果还可用于估算场地土层的固有周期,检测地基的加固效果及判定饱和土是否液化等。

▶ 9.9.5　地球物理勘探

地球物理勘探简称物探,它是基于不同的地层岩性,不同的地质单元外具有不同的物理学性质的特点,以地球物理的方法来探测地层的分界线、面,地质构造线、面以及异常点(区域)的探察方法。物探主要通过岩土介质的电性差异、磁场差异、重力场差异、放射性辐射差异以及弹性波传播速度差异等,来解决地质学问题。物探的具体方法有很多种,主要可分为以下几大类:电法勘探、磁法勘探、重力勘探、地震勘探、放射性勘探、井中地球物理测量、大地电阻力测试以及地球物理遥感测量等。

各种地球物理勘探方法及其适用条件见表9.25。

表 9.25　各主要物探方法的原理和适用范围

方法名称		基本原理	适用范围
电法勘探	自然电场法	以各种岩土层的电学性质差异为前提,来探测地下的地质情况。这些电学性质主要指:导电性(电阻率)、电化学活动性、介电性等	①探测隐伏断层、破碎带;②测定地下水流速、流向
	充电法		①探测地下洞穴;②测定地下水流速、流向;③探测地下或水下隐伏物体;④探测地下管线
	电阻率测深		①测定基岩埋深,划分松散沉积层序和基岩风化带;②探测隐伏断层、破碎带;③探测地下洞穴;④测定潜水面深度和含水层分布;⑤探测地下或水下隐伏物体
	电阻率剖面		①测定基岩埋深;②探测隐伏断层、破碎带;③探测地下洞穴;④探测地下或水下隐伏物体
	高密度电阻率		①测定潜水面深度和含水层分布;②探测地下或水下隐伏物体
	激发极化法		①划分松散沉积层序;②探测隐伏断层、破碎带;③探测地下洞穴;④测定潜水面深度和含水层分布;⑤探测地下或水下隐伏物体
磁法勘探	低频法	利用特殊岩土体的磁场异常或电磁波的传播(包括在不同介质分界面上的反射、折射)异常情况进行勘探	①隐伏断层、破碎带;②探测地下或水下隐伏物体;③探测地下管线
	频率测探		①测定基岩埋深,划分松散沉积层序和基岩风化带;②探测隐伏断层、破碎带;③探测地下洞穴;④测定河床水深和沉积泥砂厚度;⑤探测地下或水下隐伏物体;⑥探测地下管线
	电磁感应法		①测定基岩埋深;②探测隐伏断层、破碎带;③探测地下洞穴;④探测地下或水下隐伏物体;⑤探测地下管线
	地质雷达		①测定基岩埋深,划分松散沉积层序和基岩风化带;②探测隐伏断层、破碎带;③探测地下洞穴;④测定潜水面深度和含水层分布;⑤测定河床水深和沉积泥砂厚度;⑥探测地下或水下隐伏物体;⑦探测地下管线
	地下地磁波法		①探测隐伏断层、破碎带;②探测地下洞穴;③探测地下或水下隐伏物体;④探测地下管线

续表

方法名称		基本原理	适用范围
地震波勘探	折射波法	根据弹性波在不同介质中传播速度的差异,以及弹性波在具有不同声阻抗介质交界面处的反射、折射特征进行勘探	①测定基岩埋深,划分松散沉积层序和基岩风化带;②测定潜水面深度和含水层分布;③测定河床水深和沉积泥砂厚度
	反射波法		①测定基岩埋深,划分松散沉积层序和基岩风化带;②探测隐伏断层、破碎带;③探测地下洞穴;④测定潜水面深度和含水层分布;⑤测定河床水深和沉积泥砂厚度;⑥探测地下或水下隐伏物体;⑦探测地下管线
	直达波法（单或跨孔法）		划分松散沉积层序和基岩风化带
	瑞利波法		①测定基岩埋深,划分松散沉积层序和基岩风化带;②探测隐伏断层、破碎带;③探测含水层;④探测地下洞穴和地下或水下隐伏物体;⑤探测地下管线
	声波法		①测定基岩埋深,划分松散沉积层序和基岩风化带;②探测隐伏断层、破碎带;③探测含水层;④探测地下洞穴和地下或水下隐伏物体;⑤探测地下管线;⑥探测滑坡体的滑动面
	声纳浅层剖面法		①测定河床水深和沉积泥砂厚度;②探测地下或水下隐伏物体
地球物理测井		在探井中直接对被探测层进行各种各样的地球物理测量从而了解其各种物理性质的差异	①探测地下洞穴;②测定潜水面深度和含水层分布;③划分松散沉积层序和基岩风化带;④探测地下或水下隐伏物体
大地电阻率测量		利用岩土体电性差异测量大地电阻率变化	①大工厂建设;②风电场、火电场基础建设;③发射塔等基础建设

物探宜应用于下列场合:

①作为钻探的先行手段,了解隐蔽的地质界线、界面或异常点及地下地质构造情况,探寻地下矿藏、地下水源;

②作为钻探的辅助手段,在钻孔之间增加地球物理勘察点,为钻探成果的内插、外推提供依据;

③作为原位测试手段,测定岩土体的波速、动弹性模量、卓越周期、土对金属的腐蚀等参数。

9.10 现场原位监测

现场监测就是对在施工过程中及完工后,由于工程施工和使用引起岩土性状、周围环境条件(包括工程地质、水文地质条件),及相邻结构、设施等因素发生的变化而进行的各种观测工作,监视其变化规律和发展趋势,从而了解施工对各因素的影响程度,以便及时在设计、施工和维护上采取相应的防治措施。监测资料力求规范化、标准化和量化。现场监测是工程地质勘察中的一项重要工作。

▶ **9.10.1 深层土体水平位移监测**

基坑开挖时,由于支护结构变形及土体渗透作用,导致土体向坑内位移,而土体位移又危及周围建筑物的安全。因此,深层土体水平位移可间接反映支护结构位移、应力变化,以及周围建筑设施安全状况等。由于测斜能综合反映基坑性状而逐渐受到重视,《建筑地基基础设计规范》(GB 50007—2011)、《建筑基坑支护技术规程》(JGJ 120—2012)、《建筑基坑工程监测技术规范》(GB 50497—2009)及许多地方规范都明确规定,重要基坑工程或深基坑施工中,必须进行深层水平位移监测。

1)深层水平位移监测步骤

监测主要包括以下步骤:

(1)测斜管埋设

在预定的测斜管埋设位置处钻孔。钻孔法是最常用的方法,根据基坑开挖总深度,确定测斜管孔深,即假定基底标高以下某一位置处支护结构后的土体侧向位移为零,并以此作为侧向位移的基准。

(2)安装测斜管

将测斜管底部装上底盖,逐节组装,尽快埋入孔中,并向管中灌水,以提高埋设速度及减少测斜管弯曲;随时检查其内部的一对导槽,使其始终分别与坑壁走向垂直或平行;测斜管完全埋入后,立即用沙子或通过灌浆充填管周空隙,以加快其稳定,减少测量误差。

(3)清洗管壁

测斜管固定完毕后,用清水及时将其内壁上的杂物冲洗干净,以免导槽内壁局部粘附的浆液杂物沉积;将探头模型放入管内沿导槽上下滑行一遍,以检查导槽是否畅通无阻。

(4)测量

确定测斜管管口坐标及高程,做出醒目标志,以利于保护管口。

2)滑移式测斜仪测试方法

目前工程中使用最多的是滑移式测斜仪,基本原理是将测斜探头放入测斜管底部,提升电缆使探头沿导槽滑动,自下而上每隔一定距离量测每个测点相对于铅直线的偏斜,同一测点任何两次量测结果之差,即为该时间间隔内基坑壁在该点的角变位,再利用简单的几何关系即可换算成相对于管底基准点的水平位移。测试方法如下:

①连接探头与测读仪,并检查密封装置,电池充电情况及仪器是否能正常读数。

②将探头插入测斜管,使滚轮卡在导槽上缓慢下降至孔底,自下而上沿导槽全长每隔0.5 m或1.0 m测读一次。对测量结果若有怀疑可重测。

③测量完毕后,将探头旋转180°,插入同一对导槽,按以上方法重复测量一次;同一位置处的读数应大小接近,符号相反,绝对值之差应小于10%,否则重测。

3)深层土体的水平位移影响因素

深层土体的水平位移影响因素包括:

（1）钻孔倾斜度

根据测斜仪测试原理，其基本假设之一就是测斜管不发生扭曲变形，即用以约束探头方向的两对导槽沿测斜管延伸方向构成两正交平面。若钻孔倾斜过大，不但易引起测斜管埋设困难，更主要的是测斜管连接时导槽不易对正，引起偏扭，且导槽口不易对正欲测方位。严重的会造成测试数据不可靠，甚至测孔报废。

（2）测斜管埋设深度

根据测斜仪测试原理，假定测斜管底基准点水平位移为零，由此而确定测斜管埋设深度，基坑工程对周围环境的影响范围一般为1~2倍的基坑开挖深度。实际工程中，需根据实际工程地质条件确定测斜管埋深，若地质条件较好测斜管埋深可稍短，尽量埋入硬土层中。此外，有时根据规范或实际工程要求测斜管埋深可能太深，测斜管过长会引起较大扭转，需减小埋深，此时可将测斜仪监测结果，与经纬仪或全站仪观测的测斜管顶端水平位移结合起来，以其顶端为基准点，采用自上而下、逐点累加的方法来推算各点的水平位移。

（3）填料

测斜管周围回填料应尽可能选用弹性模量接近土体的填料，使测斜管和周围土体很好地结合成一整体，真实地反映土体的变形特性。基岩与测斜管之间可用150#~200#水泥砂浆回填，粗粒料中可用粗砂灌水回填，细粒料中可用膨润土球回填。当测斜孔较浅（小于20 m）或观测时间间隔较长时，可采用细砂回填或自然塌孔消除孔壁空隙，细砂回填时需用长钢筋捣动，且间隔一定时间加砂，才能达到真正密实；当测斜孔较深，或埋管与观测时间间隔较短时，应采用孔壁注浆方法。泥球回填时，为了防止泥球架空，采用轻捣密实，泥球最大直径约12 mm，级配要适当。

大多基坑工程属软土地基，一般采用细砂均匀充填测斜管周围，既便于施工，亦能满足技术要求。如果填料不实，或被大的石料堵塞，形成不密实空洞，则会造成读数跳动不稳，无法反映深层土体水平位移。

（4）测斜管周围土层稳定时间及初始值确定

测斜管埋好后经一段时间稳定后，方可确定初始值，该稳定时间规范没有明确规定。一般工程上测斜管要求在正式读数前5 d安装完毕，并在3~5 d内重复测量3次以上，判明测斜管已处于稳定状态后方可开始正式测量工作。实际上稳定时间不仅与回填料有关，且与测斜管周围的土质有很大关系。在测斜管钻孔施工过程中，不可避免地扰动周围土层，降低土体强度，随着时间的增加，土体重新固结，土体强度逐渐恢复提高，该情况在软土地区尤为明显。应根据测斜管周围空隙的填充物质，参考桩基检测休止时间确定，即砂土、粉土分别为7 d，10 d，非饱和、饱和黏性土分别为15 d，25 d。当填料采用水泥砂浆时，稳定时间为28 d。初始值应取基坑降水前的3~5 d内，连续3次测量无明显差异之读数的平均值。

（5）测斜仪探头稳定时间

开始观测时，应把探头放入孔底预热5 min后，待探头温度与孔内温度达到平衡状态才可进行正式观测。观测时要求指示器电压处于最佳状态，当测斜仪电压不足时必须立即充电，以免损伤仪器或影响读数。为提高测量结果的可靠度，每一测量步骤均需延迟一定的时间，以确保读数系统与环境温度及其他条件平衡稳定。

▶ 9.10.2 地下水位监测

1) 应进行地下水位监测的情况

地下水的动态变化包括水位的季节变化和多年变化,人为因素造成的地下水的变化,水中化学成分的运移等。对工程的安全和环境的保护,地下水的监测常常是最重要、最关键的因素。因此,对地下水进行监测有重要的实际意义。下列情况应进行地下水监测:

①当地下水位的升降影响岩土的稳定时。

②当地下水上升对构筑物产生浮托力,或对地下室和地下构筑物的防潮、防水产生较大影响时。

③当施工排水对拟建工程或邻近工程有较大影响时。

④当施工或环境条件改变造成的孔隙水压力、地下水压的变化,对岩土工程有较大影响时。

⑤地下水位的下降造成区域性地面沉降时。

⑥地下水位升降可能使岩土产生软化、湿陷、胀缩时。

⑦需要进行污染物运移对环境影响的评价时。

2) 地下水的监测内容

地下水位的监测一般可设置专门的地下水位观测孔,或利用水井、地下水天然露头进行。地下水的监测应包括下列内容:

①地下水的升降、变化幅度,及其与地表水、大气降水的关系等的动态监测。

②对开挖深基,掘进硐室、隧道,评价斜坡、边岸的稳定和加固软土地基等,进行孔隙水压力,地下水压力的监测。

③工程降水对区域地下水的影响。

④潜蚀作用、管涌现象和基坑突涌对工程的影响。

⑤当工程可能受到腐蚀时,对地下水应进行水质监测。

3) 监测工作的布置要求

监测工作的布置,应根据岩土体的性状和工程类型确定,并应符合下列要求:

①在平原及地质条件简单地区,可按网格布置。观测线应平行和垂直地下水流向,其间距不宜大于 400 m。

②在狭窄地区,当无地表水体时,观测点可按三角形布置;当有地表水体时,观测线应垂直地表水体的岸边线布置。

③水位变化大的地段,上层滞水或裂隙水聚集地带,应布置观测孔。

④应在滑坡、岸边地段的滑动带,坝基、坝肩或坝的上下游布置监测孔;基坑开挖可垂直基坑长边布置观测线。

⑤工程降水监测孔的深度应达到基础施工最大降水深度以下 1 m。

4) 监测方法要求

监测方法应满足下列要求:

①地下水的动态监测可采用水井、地下水天然露头,或钻孔、探井进行。

②孔隙水压力、地下水压力的监测可采用测压计或钻孔测压仪。

③用化学分析法定期监测水质时,其采样次数,全年不宜少于4次,并应进行水质化学全分析。

5)监测时间要求

监测时间应满足下列要求:

①动态监测不应少于一个水文年,并宜每三天监测一次,雨天宜每天监测一次。

②当孔隙水压力在施工期间发生变化影响建筑物的性能时,应在施工结束或孔隙水压力降到安全值后方可停止监测。对受地下水浮托力影响的工程,孔隙水压力的监测应进行至浮托力消除时为止。

地下水监测的监测成果应及时整理,并根据需要提出地下水位和降水量的动态变化曲线图,地下水压动态变化曲线图,不同时期的水位深度图、等水位线图,不同时期的有害化学成分的等值线图等资料,并分析地下水的危害因素,提出防治措施。

▶ **9.10.3 建(构)筑物沉降监测**

1)建筑物应进行沉降观测的情况

建筑物沉降观测能反映地基的实际变形对建筑物的影响程度,是分析地基事故及判别施工质量的重要依据,也是检验勘察资料的可靠性,验证理论计算正确性的重要资料。根据《岩土工程勘察规范》(GB 50021—2001),下列工程应进行沉降观测:

①地基基础设计等级为甲级的建筑物;

②不均匀地基或软弱地基上的乙级建筑物;

③加层、接建、邻近开挖、堆载等,使地基应力发生显著变化的工程;

④因抽水等原因,地下水位发生急剧变化的工程;

⑤其他有关规范规定需要做沉降观测的工程。

2)建筑物沉降观测要点

建筑物沉降观测试验应注意以下几个要点:

①基准点的设置以保证其稳定可靠为原则,故宜布置在基岩上,或设置在压缩性较低的土层上。水准点的位置宜靠近观测对象,但必须在建筑物所产生压力影响范围以外。在一个观测区内,水准点不应少于3个。

②观测点的布置应全面反映建筑的变形并结合地质情况确定,数量不宜少于6个。

③水准测量宜采用精密水平仪和钢尺。对于一个观测对象宜固定测量方法,固定测量人员,观测前仪器必须严格校验。测量精度宜采用Ⅱ级水准测量,视线长度宜为20~30 m,视线高度不宜低于0.3 m。水准测量应采用闭合法。

另外,观测时应随时记录气象资料。观测次数和时间,应根据具体情况确定。一般情况下,民用建筑每施工完一层便观测一次;工业建筑按不同荷载阶段分次观测,但施工阶段的观测次数不应少于4次。建(构)筑物竣工后的观测,第一年不少于3~5次,第二年不少于2次,以后每年一次直到沉降稳定为止。对于突然发生严重裂缝或大量沉降等特殊情况时,应增加观测次数。

3)沉降观测位置

沉降观测点应布设在能全面反映建筑物地基变形特征的点位,具体宜选在下列位置:

①建筑物的四角、大转角及沿外墙每 10~15 m 处,或每隔 2 或 3 根柱基上;

②高低层建筑物、新旧建筑物、纵横墙等交接处的两侧,不同地质条件、不同荷载分布、不同基础类型、不同基础埋深、不同上部结构、建筑裂缝、后浇带、沉降缝和伸缩缝的两侧,人工地基与天然地基接壤处及填挖方分界处;

③宽度大于或等于 15 m,或宽度小于 15 m 但地质条件复杂,以及膨胀土地区的建筑物的承重内隔(纵)墙,以及框架、框剪、框筒、筒中筒结构体系的楼、电梯井和中心筒处;

④筏基、箱基的四角和中部位置处;

⑤多层砌体房屋纵墙间距 6~10 m 横墙对应墙端处;

⑥框架结构建筑的每个或部分柱基上或沿纵横墙轴线上,以及可能产生较大不均匀沉降的相邻柱基处;

⑦高层建筑横向和纵向两个方向对应尽端处;

⑧邻近堆置重物处,受振动有显著影响的部位及基础下的暗滨(沟)处;

⑨重型设备基础和动力设备基础的四角,基础形式或埋深改变处,以及地质条件变化处两侧;

⑩对于电视塔、烟囱、水塔、油罐、炼油塔、高炉等高耸构筑物,应设在沿周边与基础轴线相交的对称位置上,点数不少于 4 个。

沉降观测中,控制点与沉降观测点之间应建立固定的观测路线,并在架设仪器站点与转点处作好标记桩,保证各次观测均沿统一路线进行。

▶ 9.10.4 基坑监测

目前基坑工程的设计计算,还不能十分准确,无论计算模式还是计算参数,常常和实际情况不一致。为了保证工程安全,监测是非常必要的。通过对监测数据的分析,必要时可调整施工程序,调整支护设计。遇有紧急情况时,应及时发出警报,以便采取应急措施。本条规定的 5 款是监测的基本内容,主要是从保证基坑安全的角度提出的。为科研积累数据所需的监测项目,应根据需要另行考虑。监测数据应及时整理,及时报送,发现异常或趋于临界状态时,应立即向有关部门报告。做到设计—施工—监测—反馈修正的信息化施工。

根据《岩土工程勘察规范》(GB 50021—2001),基坑工程监测,应根据场地条件和开挖支护的施工设计确定,并应包括下列内容:

①支护结构的变形与应力,压顶梁的沉降。

②基坑周边的地面沉降与邻近建筑物的沉降。

③基坑开挖过程中每天深层土体向坑内侧的水平变位量。

④基坑开挖过程中地下水位的变化情况。

⑤渗漏、冒水、冲刷、管涌等其他应急情况监测与处理建议。

基坑开挖是一项系统工程,必须设计单位、勘察单位、建设单位、施工单位、监理单位、检测单位密切配合。基坑支护设计时对深层土体位移、地下水位变化、压顶梁沉降与地面沉降,及支撑轴力必须进行监测,同时设计时必须事先考虑表 9.26 的预警值,以便采取应急措施。

表 9.26 基坑支护的预警值

监测项目	实测最大累计预警值	每天相对变化预警值	应急措施
深层土体位移	一般累计达到 40 mm 时	≥5 mm/d 且连续 3 天	达到预警值时必须立即停止开挖,分析原因并采取相应的应急措施
地下水位变化	按允许降水漏斗计算	≥0.5 mm/d	
支撑轴力	达到设计支撑梁截面理论轴力 F_1 的 80%	≥10% F_1/d	
压顶梁及地面沉降	累计达到 30 mm 时	≥0.5 mm/d	

▶ 9.10.5 不良地质作用和地质灾害的监测

不良地质作用和地质灾害的监测,应根据场地及其附近的地质条件和工程实际需要编制监测纲要,并按纲要进行。纲要内容包括:监测目的和要求,监测项目,测点布置,观测时间间隔和期限,观测仪器,方法和精度,应提交的数据、图件等,并及时提出灾害预报和采取措施的建议。

1)应进行不良地质作用和地质灾害的监测的场合

①场地及其附近有不良地质作用或地质灾害,并可能危及工程的安全或正常使用时。

②工程建设和运行,可能加速不良地质作用的发展或引发地质灾害时。

③工程建设和运行,对附近环境可能产生显著不良影响时。

2)岩溶土洞发育区应着重监测的内容

①地面变形和深层土体每天或定期的位移情况。

②地下水位的动态变化。

③场区及其附近的抽水情况。

④地下水位变化对土洞发育和塌陷发生的影响。

3)滑坡监测应包括的内容

①滑坡体的位移进展情况。

②滑面位置及错动。

③滑坡裂缝的发生和发展。

④滑坡体内外地下水位、流向、泉水流量和滑带孔隙水压力。

⑤支挡结构及其他工程设施的位移、变形、裂缝的发生和发展。

4)判定崩塌稳定性

当需判定崩塌剥离体或危岩的稳定性时,应对张裂缝进行监测。对可能造成较大危害的崩塌,应进行系统监测,并根据监测结果,对可能发生崩塌的时间、规模、塌落方向和途径、影响范围等作出预报。

5)现采空区观测

对现采空区,应进行地表移动和建筑物变形的观测,并应符合下列规定:

①测线宜平行和垂直矿层走向布置,其长度应超过移动盆地的范围。

②观测点的间距可根据开采深度确定,并大致相等。

③观测周期应根据地表变形速度和开采深度确定。

9.11　岩土工程勘察报告的内容及编写要求

▶ 9.11.1　岩土工程勘察报告的内容

岩土工程勘察报告的内容,应根据任务要求、勘察阶段、地质条件、工程特点等具体情况确定,一般应包括下列内容:

①勘察目的、任务要求和依据的技术标准。

②拟建工程概况。

③勘察方法和勘察工作布置。

④场地地形、地貌、地层、地质构造、岩土性质及其均匀性。

⑤各项岩土性质指标,以及岩土的强度参数、变形参数、地基承载力的建议值。

⑥地下水埋藏情况、类型、水位及其变化。

⑦土和水对建筑材料的腐蚀性。

⑧可能影响工程稳定的不良地质作用的描述和对工程危害程度的评价。

⑨场地稳定性和适宜性的评价。

⑩岩土利用、整治和改造的方案,并进行分析论证,提出建议。

⑪对工程施工和使用期间可能发生的岩土工程问题进行预测,提出监控和预防措施的建议。

⑫勘察成果及所附图件。报告中所附图表的种类应根据工程具体情况而定,常用图表有:勘探点平面布置图、工程地质柱状图、工程地质剖面图、原位测试成果表、室内试验成果图表。当需要时,尚可附综合工程地质图、综合地质柱状图、地下水等水位线图、素描、照片、综合分析图,以及岩土利用、整治和改造方案的有关图表,岩土工程计算简图及计算成果图表等。

岩土工程勘察报告中的岩土指标包括:天然密度 ρ,天然含水量 w,液限 w_L,塑限 w_P,塑性指数 I_p,液性指数 I_L,饱和度 S_r,相对密实度 D_r,吸水率等,应选用指标的平均值;正常使用极限状态计算需要的岩土参数指标,例如压缩系数 α,压缩模量 E_s,渗透系数 k 等,宜选用平均值,当变异性较大时,可根据经验作适当调整;承载能力极限状态计算需要的岩土参数,例如岩土的抗剪强度指标,应选用指标的标准值,载荷试验承载力应取特征值;容许应力法计算需要的岩土指标,应根据计算和评价的方法选定,可选用平均值,并作适当经验调整。

岩土参数选用应按下列内容评价其可靠性和适用性:

①取样方法和其他因素对试验结果的影响。

②采用的试验方法和取值标准。

③不同测试方法所得结果的分析比较。

④测试结果的离散程度。

⑤测试方法与此计算模型的配套性。

▶ 9.11.2　岩土工程勘察报告编写要求

1)岩土工程勘察报告的基本要求

①岩土工程勘察报告所依据的原始资料,应进行整理、检查、分析,确认无误后方可使用。

②岩土工程勘察报告应资料完整、真实准确、数据无误、图表清晰、结论有据、建议合理、便于使用和适宜长期保存,并应因地制宜,重点突出,有明确的工程针对性。

③岩土工程勘察报告应根据任务要求、勘察阶段、工程特点和地质条件等具体情况编写。

④岩土工程勘察报告应对岩土利用、整治和改造的方案进行分析论证,提出建议;对工程施工和使用期间可能发生的岩土工程问题进行预测,提出监控和预防措施的建议。

⑤对岩土的利用、整治和改造的建议,宜进行不同方案的技术经济论证,并提出对设计、施工和现场监测要求的建议。

⑥当任务需要时,还可根据任务要求提交下列专题报告:岩土工程测试报告,岩土工程检验或监测报告,岩土工程事故调查与分析报告,岩土利用、整治或改造方法报告等。

⑦勘察报告的文字、术语、代号、符号、数字、计量单位、标点,应符合国家有关标准规定。

⑧对丙级岩土工程的勘察报告可适当简化,采用以图表为主,辅以必要的文字说明;对甲级岩土工程的勘察报告除应符合上述要求外,尚可对专门性的岩土工程问题提交专门的试验报告、研究报告或监测报告。

2)岩土工程勘察报告的图表要求

根据《岩土工程勘察规范》(GB 50021—2001),勘察报告中应附下列图件:

①勘探点平面布置图;

②工程地质柱状图;

③工程地质剖面图;

④原位测试成果图表;

⑤室内试验成果图表。

当需要时,尚可附综合工程地质图、综合地质柱状图、地下水等水位线图、素描、照片、综合分析的图表,以及岩土利用、整治和改造方案的有关图表,岩土工程计算简图及计算成果图表等。

▶ 9.11.3 岩土工程勘察报告的实例介绍

1)工程概况及勘察工作量

杭州某体育中心工程,主体育场及附属设施总建筑面积为 220 231 m^2,其中地下建筑面积为 59 123 m^2,地上建筑面积为 159 108 m^2。主体育场设地上 6 层,地下 1 层,高 58.30 m,本工程暂定±0.000 相应的绝对标高为 7.500 m,地下室底板相对标高−5.40 m。

主体育场及附属设施与周边地下商业设施的部分结构拟不设永久伸缩缝。下部混凝土结构采用框架-剪力墙结构体系,利用布置较均匀的电梯间,合理布置混凝土墙体,形成承载力及延性均较好的混凝土筒体为混凝土结构主抗侧力构件。

主体育场各柱所承担的荷载差异较大,预估多数看台下(A 轴~F 轴)柱底竖向力标准值在 6 000~17 000 kN,支承钢结构屋盖的 G 轴柱底竖向力标准值最大可达 29 000 kN 以上。钢结构罩棚以外的钢筋混凝土平台下(H 轴~M 轴)的柱底竖向力标准值在 6 000 kN 以下。由于各柱所承担的内力差异较大,可能会引起较大的基础沉降差,本工程结构体系对不均匀沉降较敏感。

建筑结构安全等级为一级,结构重要性系数 1.1。结构设计使用年限 100 年。建筑抗震设防类别:重点设防类。抗震设防烈度 7 度。

本次地质勘探点线布置见图 9.17,勘察采用方法及实际投入工作量见表 9.27。

表 9.27 完成工作量汇总表

钻探	$\dfrac{进尺/m}{孔数}$	$\dfrac{13\ 556.67}{242}$		常规/组	1 214
静探	$\dfrac{进尺/m}{孔数}$	$\dfrac{736.70}{28}$		直剪快剪/组	453
扁铲侧胀试验	孔数	8		直剪固快/组	317
	试验点数	412		三轴快剪/组	148
取样	原状土样/件	1 128		三轴固快/组	96
	扰动土样/件	590		高压固结试验/组	20
	岩石样/块	27	室内试验	无侧限抗压强度试验/组	65
	水样/组	4		颗分/件	1 125
重型圆锥动力触探/次		724		静止侧压力系数/件	41
标准贯入试验/段		227		水平渗透/组	38
单孔波速测试/孔		5		垂直渗透/组	38
工程地质测绘	放样测量/点	242		岩石抗压/组	27
	地下水位/次	234		水质简分析/件	4
注水试验/(段·孔$^{-1}$)		14/5		有机质/件	5
注水试验孔深/(m·孔$^{-1}$)		45.0/5		封孔/孔	238

注:钻探孔数中不包括 5 个注水试验孔及其钻探工作量。

2)场地描述

场地属钱塘江冲海积平原区,地形开阔平坦,地面高程一般在 3.82 ~ 9.46 m。对照原始地形,场地原为农田、厂房和宅基地。东南面自南往北分布有一小河,宽 18 ~ 25 m;在原铁陵链条总厂一分厂北面有一长条形水塘分布,长约 145 m,宽 10 ~ 25 m。场地中部沿勘探孔 ZK10,ZK15 一线有一小水沟,河流、水塘及水沟现均已回填。场地内民宅已经拆除,场地西面部分厂房尚未拆除,南面因奥运路施工有部分土堆。

3)场地地层分布

钻探结果表明,场地第四系厚度较大。根据场地地基土(岩)成因类型、组合特点、物理力学性质,在勘探深度 75.50 m 范围内,划分为 7 个工程地质层,共 18 个工程地质亚层和 4 个夹层。自上而下分述如下:

0-1 杂填土(mlQ):杂色,松散,稍湿,主要由粉土组成,局部混砖块、碎石和混凝土块,土质不均匀,主要分布在老宅基地、河岸、水塘、道路分布区,层顶标高 5.52 ~ 9.46 m,

厚0.40~12.00 m。

0-2 素填土(mlQ):杂色,松散,稍湿,主要由粉土组成,局部混少量碎石,土质不均匀,主要为场地平整回填,层顶标高3.65~8.94 m,厚0.30~4.50 m。

0-3 塘泥(fQ):灰黑色,很湿,松散,由粉土组成,多见黑色有机质,有臭味,土质不均匀,性质差,局部分布在池塘、河道及水沟中,厚度一般在0.50~1.50 m以下。

1-1 黏质粉土(al-mQ3 4):黄灰色,稍湿~湿,松散~稍密。含少量铁锰质,土质不均匀,局部为砂质粉土,摇振反应迅速,无光泽,干强度低,韧性低。本层物理力学性质一般,具中等压缩性,基本上全场分布,层顶标高2.98~7.94 m,厚0.50~4.70 m。

1-2 砂质粉土(al-mQ3 4):灰色、黄灰色,湿~很湿,稍密,薄层状,下部砂粒含量较高。摇振反应迅速,无光泽,干强度低,韧性低。本层物理力学性质一般,具中等压缩性,基本上全场分布,层顶标高0.44~6.93 m,厚0.90~9.30 m。

1-3 砂质粉土(al-mQ3 4):灰色,湿,稍密,土质不均匀,局部为黏质粉土,摇振反应迅速,无光泽,干强度低,韧性低。本层物理力学性质一般,具中等压缩性,局部分布,层顶标高-2.65~2.15 m,厚1.00~4.60 m。

2-1 砂质粉土(al-mQ2 4):灰色,很湿,稍密,薄层状,土质不均,局部含少量有机质条纹。摇振反应迅速,无光泽,干强度低,韧性低。本层物理力学性质一般,具中等压缩性,基本上全场分布,层顶标高-4.79~5.04 m,厚1.10~10.70 m。

2-2 砂质粉土(al-mQ2 4):灰色,很湿,稍密,薄层状,质不纯,局部夹黏性土条带。摇振反应迅速,无光泽,干强度低,韧性低。本层物理力学性质一般,具中等压缩性,局部分布,层顶标高-6.77~1.32 m,厚0.80~9.50 m。

3-1 粉砂夹粉土(al-lQ1 4):灰色,很湿,稍密~中密,薄层状构造,以粉砂为主,夹砂质粉土,局部为细砂。摇振反应迅速,无光泽,干强度、韧性低。本层物理力学性质较好,中偏低压缩性,场地普遍分布,层顶标高-10.10~-1.85 m,厚1.00~9.80 m。

3-2 黏质粉土(al-lQ1 4):灰色,很湿,稍密,层状构造,土质不均,局部为砂质粉土,间夹黏性土团块或薄层淤泥质土。摇振反应迅速,无光泽,干强度、韧性低。本层物理力学性质一般,中等压缩性,场地局部分布,层顶标高-13.41~-6.64 m,厚0.70~10.00 m。

3-3 淤泥质黏土(mQ1 4):灰色,饱和,流塑。局部为淤泥质粉质黏土或粉质黏土,鳞片状构造,片径约2 mm,含有机质、腐殖质,夹薄层粉土或粉砂,偶见贝壳碎片。无摇震反应,切面光滑或较光滑,干强度、韧性偏高。本层物理力学性质差,具高压缩性,全场分布,层顶标高-18.07~-8.60 m,厚2.40~11.00 m。

4-1 粉质黏土(al-lQ2-2 3):灰色、青灰色,饱和,可塑,局部软塑,厚层状,粘塑性一般,偶见少量有机质团块和粉土,稍有光泽,无摇震反应,干强度、韧性中等。本层物理力学性质一般,具中等压缩性,局部分布,层顶标高-21.19~-14.42 m,厚0.50~6.10 m。

4-2 粉质黏土(al-lQ2-2 3):灰黄色、褐黄色,饱和,可塑,厚层状,粘塑性一般~较好,局部夹粉土团块,见铁锰质斑,稍有光泽,无摇震反应,干强度、韧性中等。本层物理力学性质较好,具中等压缩性,基本上全场分布,层顶标高-23.55~-15.35 m,厚0.50~7.30 m。

4-3 粉质黏土(mQ2-2 3):灰色、褐灰色,饱和,软塑,局部可塑,厚层状,上部粘塑性较好,下部含少量粉土、粉砂薄层或团块,土质不均匀。无摇振反应,稍有光泽,干强度、韧性中等。本层物理力学性质较差,具中偏高压缩性,局部分布,层顶标高-26.49~-18.73 m,厚 0.90~7.40 m。

5-1 含砂粉质黏土(al-lQ2-1 3):黄灰色,饱和,可塑,层状构造,粘塑性偏差,土质不均匀,局部夹粉砂薄层。无摇振反应,稍有光泽,干强度、韧性中等。本层物理力学性质较好,具中等压缩性,局部分布,层顶标高-29.55~-18.98 m,厚 0.50~6.10 m。

5-2 粉细砂(alQ2-1 3):灰黄色,饱和,中密。厚层状构造,砂质不纯,分选性一般。顶部含少量黏性土,局部含少量砾石;局部以中砂或砾砂为主。本层物理力学性质较好,具中偏低压缩性,场地局部分布,层顶标高-30.54~-20.17 m,厚 0.70~8.60 m。

6-1 圆砾(alQ1 3):灰黄色,饱和,中密,局部密实。砾石的质量分数 25%~35%,粒径一般 0.5~2 cm,卵石质量分数 20%~30%,粒径一般 2~5 cm,大者 5 cm 以上,卵石、砾石次圆形为主,成分为中风化石英砂岩、石英岩、凝灰岩等,粒间充填中粗砂和少量黏性土,胶结较差~一般。本层物理力学性质较好,低压缩性,场地普遍分布,层顶标高 - 31.01 ~ - 21.37 m,厚 1.10~10.30 m。

6-1 夹粉细砂(alQ1 3):灰黄色,饱和,中密。厚层状,砂质较纯,分选性一般,局部含少量砾石,土质不均匀。本层物理力学性质较好,具中偏低压缩性,场地局部分布,层顶标高-36.74~-25.05 m,厚 0.70~4.50 m。

6-2 卵石(alQ1 3):灰黄色、黄灰色,饱和,中密~密实。卵石的质量分数 55%~70%,粒径一般 2~10 cm,最大 12 cm 以上,其中粒径 5 cm 以上者的质量分数约占 50%,砾石的质量分数 20%~30%,粒径 0.2~2 cm 不等。卵石、砾石呈次圆形、次棱角状为主,分布不均,其成分为中风化石英砂岩、石英岩、凝灰岩等硬质岩,钻进较困难,粒间充填较多砂土和少量黏性土,胶结差。钻进过程中孔壁易坍塌、漏浆。本层物理力学性质较好,低压缩性,场地普遍分布,层顶标高-38.34~-24.26 m,厚 2.80~13.00 m。

6-2 夹 1 粉砂(alQ1 3):黄灰色,饱和,中密。厚层状,局部含少量黏性土,土质不均匀。本层物理力学性质一般,具中等压缩性,呈透镜体状,层顶标高-41.97 ~ -33.15 m,厚 0.50~3.80 m。

6-3 卵石(alQ1 3):黄灰色,饱和,密实,局部中密。卵石的质量分数 60%~80%,粒径一般 2~12 cm,大者 15 cm 以上,粒径 5 cm 以上者的质量分数约占 55%以上,砾石的质量分数 20%~30%,粒径 0.2~2 cm 不等,卵石、砾石呈次圆形、次棱角状,分布不均,其成分为中风化石英砂岩、石英岩、凝灰岩等硬质岩,硬度大,钻进较困难,粒间充填较多砂土和少量黏性土,胶结较差。钻进过程中孔壁易坍塌。本层物理力学性质较好,低压缩性,场地普遍分布,层顶标高-45.28~-37.76 m,厚 6.10~15.70 m。

6-3 夹 1 粉砂(alQ1 3):黄灰色,饱和,中密。厚层状,局部含少量黏性土,土质不均匀。本层物理力学性质一般,具中等压缩性,常呈透镜体状分布在 6-3 卵石下部,层顶标高-50.38~-46.60 m,厚 1.00~4.30 m。

6-3 夹 2 粉质黏土(al-plQ1 3):灰兰色,饱和,可塑~硬塑。厚层状,切面稍光滑,干强度、韧性中等。本层物理力学性质较好,中低压缩性,常呈透镜体状分布在 6-3 卵石底部,仅在钻孔 ZK13,SZ105,SZ183,SZ261,SZ289 中揭露,层顶标高−56.43~−42.54 m,厚 0.30~4.600 m。

10-2 强风化含砾砂岩(K1c):紫红色,较软,砂砾结构,中厚层状构造。砾石的质量分数为 50%~60%,砾径 2~4 cm,泥质胶结,风化强烈,岩石破碎呈碎块状。局部夹中风化岩块,单轴天然抗压强度 0.64 MPa。场地内普遍分布,层顶标高−57.73~−49.28 m,厚 5.30~11.300 m。

10-3 中等风化含砾砂岩(K1c):紫红色,较软,砂砾结构,中厚层状构造。含较多砾石,泥质胶结,节理裂隙不发育。岩芯多呈碎块状,少量柱状。单轴天然抗压强度 0.39~3.52 MPa。本层物理力学性质较好,场地内均有分布。层顶标高 −61.80 ~ −56.21 m,勘察最大控制厚度8.70 m。

该场地的工程地质剖面图见图 9.18,钻孔地质柱状图见图 9.19。

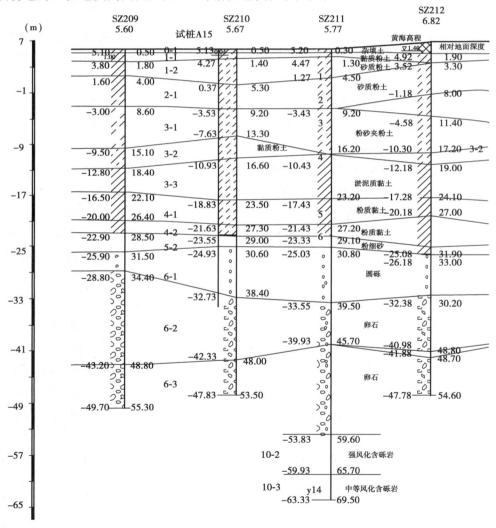

图 9.18 工程地质剖面图

层号	深度	标高	地层柱状 比例尺 1:200	岩土层性质描述	取样位置	分层代号	样号
0-1	1.40	5.36		杂填土：灰色，灰黄色，稍湿，松散。主要由碎石、块石、粉土及瓦片、碎砖块等建筑垃圾组成，局部含少量生活垃圾。粗颗粒的质量分数一般为15%左右，局部达50%以上，粒径一般0.2~5 cm		0-1	01
0-2	4.50	2.26		素填土：灰色，灰黄色，稍湿，松散。主要由粉土组成，局部含少量碎石		0-2	02
1-2	7.40	-0.64		砂质粉土：黄灰色，湿~很湿，稍密，薄层状，下部砂粒含量较高。摇振反应迅速，无光泽，干强度低，韧性低		1-2	03
2-1	10.20	-3.44		砂质粉土：黄灰色，很湿，稍密，薄层状，土质不均，局部含砂量较高。摇振反应迅速，无光泽，干强度低，韧性低		2-1	04
2-2	12.50	-5.74		砂质粉土：灰色，很湿，稍密，薄层状，质不纯，局部粉砂含量较高。摇振反应迅速，无光泽，干强度低，韧性低		2-2	05
3-1	16.30	-9.54		粉砂夹粉土：灰色、黄灰色，很湿，稍密~中密，薄层状构造，以粉砂为主。摇振反应迅速，无光泽，干强度、韧性低		3-1	06
3-3	23.40	-16.64		淤泥质黏土：灰色，饱和，流塑。局部为粉质黏土，鳞片状构造，片径约2 mm，含有机质、腐殖质，夹薄层粉土或粉砂。无摇震反应，切面光滑，干强度、韧性偏高		3-3	08
4-1	25.60	-18.84		粉质黏土：黄灰色、青灰色，饱和，厚层状，粘塑性一般，稍有光泽，无摇震反应，干强度、韧性中等		4-1	09
4-2	28.40	-21.64		粉质黏土：灰黄色、褐黄色，饱和，可塑，厚层状，黏塑性一般~较好，局部夹粉砂团块，见铁锰质斑，稍有光泽，无摇震反应，干强度、韧性中等		4-2	10
5-2	35.40	-28.64		粉细砂：灰黄色，饱和，中密。厚层状构造，砂质不纯，分选性一般。顶部含少量黏性土。局部含少量砾石		5-2	11
6-1	40.00	-33.24		圆砾：灰黄色，饱和，中密~密实。砾石的质量分数25%~35%，粒径一般0.5~2 cm，卵石的质量分数20%~30%，粒径一般2~6 cm，大者5 cm以上，卵石、砾石以次圆形为主，成分为中风化石英砂岩、石英岩、凝灰岩等		6-1	12
6-2	46.40	-39.64		卵石：黄灰色，饱和，中密~密实。卵石含量55%~65%，粒径一般2~10 cm，最大12 cm以上，其中粒径5 cm以上者的质量分数约占50%，砾石的质量分数20%~30%，粒径0.2~2 cm不等。卵石、砾石呈次圆形、次棱角状为主，分布不均，其成分为中风化石英砂岩、石英岩、凝灰岩等硬质岩，钻进较困难		6-2	13
6-3	52.10	-45.34		卵石：黄灰色，饱和，密实。卵石的质量分数65%~73%，粒径一般2~12 cm，大者15 cm以上。粒径5 cm以上者的质量分数约占55%以上，砾石的质量分数20%~30%，粒径0.2~2 cm不等。卵石、砾石呈次圆形，次棱角状，分布不均，其成分为中风化石英砂岩、石英岩、凝灰岩等硬质岩，硬度大，钻进较困难		6-3	14

图 9.19 钻孔工程地质柱状图

4）地下水情况

按地下水的含水介质、赋存条件、水理性质及水力特征,勘察区地下水可分为第四系松散岩类孔隙潜水、第四系松散岩类孔隙承压水和基岩裂隙水三大类。

场地浅部粉土、粉砂层渗透系数的准确取值对基坑开挖、降水和围护影响较大。本次勘察取土样进行了室内渗透试验,其成果详见表9.28。

表9.28　土层渗透系数成果表

层　号	土层名称	渗透系数/$(cm \cdot s^{-1})$	
		k_h	k_v
1-1	黏质粉土	6.23E-05	5.9E-05
1-2	砂质粉土	8.1E-05	7.8E-05
1-3	砂质粉土	8.7E-05	8.2E-05
2-1	砂质粉土	9.4E-05	8.8E-05
2-2	砂质粉土	1.5E-04	1.1E-04
3-1	粉砂夹粉土	2.3E-04	1.7E-04
3-2	砂质粉土	7.05E-05	6.6E-05

经分析该场地孔隙潜水对混凝土具微腐蚀性,对混凝土结构中钢筋具微腐蚀性,对钢结构有弱腐蚀性。

5）场地岩土层的工程地质评价

由上述可知,拟建区域0-1层杂填土、0-2层素填土、0-3层塘泥松散状,力学性质较差,分布不均匀,未经处理不宜作天然地基使用。1-1层黏质粉土松散~稍密状,物理力学性质一般,可作轻型建筑物的天然地基持力层。1-2层、2-1层砂质粉土稍密状,物理力学性质一般,全场分布。2-2层砂质粉土稍密状,物理力学性质一般,具中等压缩性,局部分布。3-1层粉砂夹粉土稍密~中密状,物理力学性质较好,中偏低压缩性,全场地分布,可作一般建筑物短桩持力层。3-2层砂质粉土稍密状,物理力学性质一般,中等压缩性,局部分布。3-3层淤泥质黏土流塑状,物理力学性质差,具高压缩性,全场分布,是本场地的主要软弱层。4-1层冲湖积可塑状粉质黏土,物理力学性质一般,局部分布。4-2层冲湖积可塑状粉质黏土,物理力学性质一般~较好,可作一般建筑物中长桩持力层。4-3层海积软塑状粉质黏土,物理力学性质较差,具中偏高压缩性,局部分布。5-1层含砂粉质黏土,可塑状,物理力学性质较好,具中等压缩性,局部分布。5-2层粉细砂中密状,物理力学性质较好,具中偏低压缩性,局部分布。6-1层圆砾中密状,重型动力触探试验实测锤击数为8~47击(平均击数24.2击),局部夹中密状粉细砂,物理力学性质较好,是较好的桩基持力层。6-2层卵石中密~密实状,重型动力触探试验实测锤击数为11~167击(平均击数36击),物理力学性质较好,具低压缩性,场地普遍分布,局部夹中密状粉细砂,是场地理想的长桩桩端持力层。6-3层卵石中密~密实,重型动力触探试验实测锤击数为20~250

击(平均击数 48.9 击),物理力学性质较好,厚度大,具低压缩性,可作主体育场的桩端持力层。根据原位测试资料及野外综合鉴定判别,本层土层物理力学性较好,但不甚均匀,且下部局部有可塑~硬塑状粉质黏土或中密状粉砂夹层。在用作桩端持力层时,应充分考虑上部荷载和变形要求,结合本层土的不均匀性,具体进入持力层深度应考虑各钻孔柱状图后确定。10-2 层强风化含砾砂岩风化强烈,性质一般;10-3 层中等风化含砾砂岩属软质岩,性质较好,具低压缩性高承载力的特点,是场地内良好的长桩桩端持力层。

6)体育场基础桩持力层的选择

拟建主体育场为重要建筑,A 轴~F 轴柱底竖向力标准值在 6 000~17 000 kN,支承钢结构屋盖的 G 轴柱底竖向力标准值最大可达 29 000 kN 以上。钢结构罩棚以外的钢筋混凝土平台下(H 轴~M 轴)的柱底竖向力标准值在 6 000 kN 以下,场地浅部没有可以利用的基础持力层分布,采用天然地基难以满足设计要求,应采用桩基础。

根据拟建主体育场的特点、荷重及场地地质条件,可选择钻孔灌注桩,桩端持力层可选择 6-2,6-3 卵石层和 10-3 中风化含砾砂岩。6-2,6-3 卵石层性质相差不大,总体上可看作一个持力层,但 6-2 卵石层中存在较多性质稍差的粉细砂夹层,不利于作持力层。6-3 层性质好,承载力高,厚度大,仅局部在底部存在粉砂或粉质黏土软弱夹层。若选卵石层为桩端持力层时,桩端应穿透 6-2 夹层进入下部分布稳定的 6-3 卵石层。10-3 中风化含砾砂岩承载力较高,稳定性较好,若选 10-3 层中风化含砾砂岩为桩端持力层,则需穿过 22~29 m 厚的卵砾石层,施工难度大。

由于主体育场荷载大,对差异沉降敏感,若选用 6-3 层卵石作桩端持力层,考虑到桩底沉渣的影响,必须对桩底进行注浆,以确保成桩质量。若以 10-3 层中风化含砾砂岩为桩端持力层,则需穿过 22~29 m 厚的卵砾石层,施工难度大。设计可根据建筑物的结构形式、荷载大小合理选择桩端持力层。

综上所述,建议拟建主体育场采用钻孔灌注桩,以 6-3 层卵石为桩端持力层并实行桩端注浆。

7)基坑开挖方案的建议

本工程基坑开挖面积大,应有专门的基坑围护设计方案。根据现有的施工经验,基坑围护结构可采用土钉墙或桩排式围护墙结构,埋设深度应通过对坑底土的稳定、抗倾覆、抗管涌等项目的验算后确定。本场地北东面紧临河堤,围护方案专项设计时应特别提出堤坝段围护应注意的问题。

由于除场地北东面紧临河堤外,其余地段周边环境相对较为空旷,也可采用上部放坡,下部采取其他适宜的围护措施。

场地浅部孔隙潜水水位埋深一般较浅,勘察期间测得稳定水位埋深 0.80~4.20 m,水位标高在 2.85~6.76 m,建议采用井点降水,以降低孔隙潜水水位,确保基坑工程顺利进行。

施工中,为确保基坑围护结构本身和周边环境的安全,应进行岩土工程监测工作。各层土的试验指标见表 9.29。

表9.29　各层土的试验指标

主要指标	地层名称	天然含水量 w/%	土的天然重度 γ/(kN·m⁻³)	孔隙比 e	液限 w_L/%	塑限 w_p/%	塑性指数 I_p	液性指数 I_L	压缩模量 E_s/MPa	压缩系数 α_{1-2}/MPa⁻¹	抗剪强度指标值（固结快剪）		桩周土摩擦力特征值 q_{sia}/kPa	桩端土承载力特征值 q_{pu}/kPa
											黏聚力 C/kPa	内摩擦角 φ/(°)		
0-1	杂填土	25.9	16.2	1.056					7.91	0.26				
0-2	素填土	26.9	18.8	0.789	28.1	19.5	8.6	0.94	10.81	0.18	13.7	30.2		
0-3	淤泥	43.3	17.0	1.272	39.7	21.7	18.0	1.20	2.77	0.82				
1-1	黏质粉土	28.3	18.5	0.834	28.1	19.2	8.9	1.05	10.78	0.18	13.9	28.0	14	
1-2	砂质粉土	27.99	18.63	0.820	28.69	19.52	9.17	1.09	11.45	0.18	11.3	29.6	22	
1'-3	砂质粉土	27.1	18.6	0.812	27.7	18.6	9.1	1.19	12.38	0.16	11.0	30.3	18	
2-1	砂质粉土	26.8	18.8	0.784	29.6	19.4	10.1	1.11	11.8	0.16	12.6	27.8	23	
2-2	砂质粉土	25.5	18.8	0.768	28.4	19.2	9.3	1.07	10.88	0.18	8.8	29.7	19	
3-1	粉砂夹粉土	24.8	19.1	0.728	29.5	19.5	10.0	1.01	11.33	0.17	8.8	30.1	25	
3-2	黏质粉土	29.38	18.55	0.849	30.61	20.82	9.78	1.13	8.37	0.33	13.2	19.1	15	
3-3	淤泥质黏土	41.38	17.33	1.185	39.93	22.41	17.51	1.09	3.36	0.70	16.8	8.8	10	
4-1	粉质黏土	27.3	18.8	0.809	35.5	20.6	14.8	0.45	6.49	0.29	54.5	14.2	27	
4-2	粉质黏土	23.65	19.29	0.705	30.74	18.76	11.98	0.41	7.01	0.26	50.93	13.75	31	
4-3	粉质黏土	27.7	18.7	0.812	31.2	19.0	12.2	0.65	5.49	0.38			27	
5-1	含砂粉质黏土	22.5	19.5	0.666	27.3	17.5	10.3	0.51	7.06	0.25	23.8	19.9	34	
5-2	含砂粉质黏土	20.58	19.71	0.616					8.56	0.22	11.93	25.85	35	
6-1	圆砾												40	2 000
6-1'1	粉细砂	18.7	20.2	0.560					9.48	0.17	4.5	31.5	30	
6-2	卵石												55	2 500
6-2'1	粉细砂	23.2	19.3	0.695									38	
6-3	卵石												60	2 700
6-3'1	粉砂												35	
6-3'2	粉质黏土	24.9	19.1	0.736	29.7	18.7	11.0	0.38	6.15	0.29			30	
10-2	强风化含砾砂岩												70	
10-3	中等风化含砾砂岩												100	3 500

8)设计试桩静载试验结果

设计试桩静载试验结果见表9.30。

表 9.30　单桩竖向抗压极限承载力平均值

试桩类型	设计图纸桩编号	桩径/mm	持力层	是否注浆	试桩数量	单桩竖向抗压极限承载力平均值/kN
抗压试桩	T-ZH6,T-ZH5a	700	6-2	注浆	6	7 670
	T-ZH4a	800	6-2	未注浆	5	6 720
	T-ZH3a、T-ZH1	800	6-2	注浆	17	9 470
	T-ZH2	1 000	6-3	注浆	4	13 690

9)附件

包括平面图、柱状图和工程地质剖面图。

本章小结

　　岩土工程勘察是整个工程建设工作的重要组成部分之一,也是一项基础性的工作。只有进行详细的岩土工程勘察,才能对工程项目选择合适的基础形式,并确保工程的安全。因此需了解岩土工程勘察的基本要求,并熟悉工程地质测绘,勘探与取样,室内土工试验分析以及现场原位测试,包括静力载荷试验、静力触探、动力触探与标贯、十字板剪切试验、扁铲侧胀试验、旁压试验、波速测试、地球物理勘探等的技术方法。另外,还需了解深层土体水平位移监测,地下水位监测,建(构)筑物沉降监测,基坑监测,不良地质作用和地质灾害的监测,岩土工程勘察报告的内容及编写要求。

思考题

　　9.1　岩土工程勘察如何分级? 岩土工程勘察可分为哪几个阶段? 各阶段的勘察内容和方法是什么?

　　9.2　工程地质测绘的目的是什么? 测绘的比例尺如何选取? 观测点如何布置? 工程地质测绘和调查主要包括哪些内容? 工程地质测绘方法有哪几种?

　　9.3　工程地质勘探方法主要有哪几种? 钻探、井探、槽探、洞探的适用范围和特点是什么?

　　9.4　室内土工试验主要有哪些内容? 各种试验的试验方法如何?

　　9.5　岩土工程现场测试包括哪些方法? 各种方法的试验仪器是什么? 适用范围是什么? 测试成果如何应用?

　　9.6　深层土体水平位移监测、地下水位监测、建(构)筑物沉降监测、基坑监测以及不良地质作用和地质灾害的监测的注意事项有哪些?

　　9.7　工程地质勘察报告包括哪几部分内容? 勘察报告编写要求有哪些?

手机扫码阅读

第10章 工程地质
实验与实习

参考文献

［1］《工程地质手册》编写委员会.工程地质手册.［M］.5版.北京:中国建筑工业出版社,2018.

［2］周斌,杨庆光,梁斌.工程地质学［M］.中国建材工业出版社,2019.

［3］苏德辰,孙爱萍.地质之美——经典地貌［M］.北京:石油工业出版社,2017.

［4］宰金珉.岩土工程测试与监测技术［M］.北京:中国建筑工业出版社,2008.

［5］李广诚,王思敬.工程地质决策概论［M］.北京:科学出版社,2007.

［6］李忠建,金爱文,魏久传.工程地质学［M］.北京:化学工业出版社,2015.

［7］国家发展计划委员会,建设部.工程勘察设计收费标准［M］.北京:中国市场出版社,2018.

［8］陈洪江.土木工程地质［M］.2版.北京:中国建材工业出版社,2010.

［9］王奎华.岩土工程勘察［M］.2版.北京:中国建筑工业出版社,2016.

［10］高金川,杜广印.岩土工程勘察与评价［M］.2版.武汉:中国地质大学出版社,2013.

［11］吴泰然,何国琦.普通地质学［M］.2版.北京:北京大学出版社,2011.

［12］胡厚田,白志勇.土木工程地质［M］.3版.北京:高等教育出版社,2017.

［13］王铁儒,陈云敏.工程地质及土力学［M］.武汉:武汉大学出版社,2014.

［14］臧秀平.工程地质［M］.3版.北京:高等教育出版社,2016.

［15］孙家齐,陈新民.工程地质［M］.4版.武汉:武汉理工大学出版社,2018.

［16］李相然.工程地质学［M］.2版.北京:中国电力出版社,2016.

［17］沈明荣,陈建峰.岩体力学［M］.上海:同济大学出版社,2015.

［18］陆延清.地质学基础［M］.2版.北京:石油工业出版社,2015.

［19］胡广韬,杨文元.工程地质学［M］.北京:地质出版社,2005.

［20］蔡美峰.岩石力学与工程［M］.2 版.北京:科学出版社,2019.

［21］张忠苗.桩基工程［M］.2 版.北京:中国建筑工业出版社,2018.

［22］刘尧军.岩土工程测试技术［M］.重庆:重庆大学出版社,2013.

［23］江见鲸,徐志胜,等.防灾减灾工程学［M］.北京:机械工业出版社,2017.

［24］候献语,殷雨时,袁金秀.岩土力学［M］.北京:中国水利水电出版社,2017.

［25］赵成刚,白冰.土力学原理［M］.2 版.北京:清华大学出版社,北京交通大学出版社,2017.

［26］邢皓枫,徐超,石振明.岩土工程原位测试［M］.上海:同济大学出版社,2015.

［27］袁聚云,钱建固,张宏鸣,梁发云.土质学与土力学［M］.4 版.北京:人民交通出版社,2009.

［28］倪宏革.工程地质［M］.3 版.北京大学出版社,2019.

［29］李伍平,郑明新,赵小平.工程地质学［M］.中南大学出版社,2016

［30］杨树锋.地球科学概论［M］.2 版.杭州:浙江大学出版社,2001.

［31］施斌,阎长虹.工程地质学［M］.科学出版社,2019.

［32］刘忠玉.工程地质学［M］.中国电力出版社,2016.

［33］高大钊.土力学与基础工程［M］.北京:中国建筑工业出版社,2002.

［34］都焱.土力学与基础工程［M］.北京:清华大学出版社,2016.

［35］耿增超,戴伟.土壤学［M］.北京:科学出版社,2018.

［36］杨景春,李有利.地貌学原理［M］.4 版.北京:北京大学出版社,2017.

［37］石振明,黄雨.工程地质学［M］.3 版.北京:中国建筑工业出版社,2018.

［38］毕思文,耿杰哲.地球系统科学［M］.北京:科学出版社,2009.

［39］孔思丽.工程地质学［M］.重庆:重庆大学出版社,2017.

［40］兰艇雁,马存信,李红有等.工程地质分析与实践［M］.北京:中国水利水电出版社,2016.